W'
万榕

传播新知 优美表达

1天1页，
世界上最短的
心理课
365

[韩] 郑丽蔚——著   刘煜菡——译

SPM 南方传媒 | 花城出版社

中国·广州

图书在版编目（CIP）数据

1天1页，世界上最短的心理课365 / (韩) 郑丽蔚著；
刘煜菡译. — 广州 : 花城出版社, 2023.11
ISBN 978-7-5749-0031-8

Ⅰ.①1… Ⅱ.①郑… ②刘… Ⅲ.①心理学 – 文集
Ⅳ.①B84-53

中国国家版本馆CIP数据核字（2023）第187762号

1 일 1 페이지, 세상에서 가장 짧은 심리 수업 365 (1 Page a Day, Shortest 365 Psychology Lesson in the World)
Copyright © 2021 by 정여울 (Jung Yeoul / 郑여울)
All rights reserved.
Original Korean edition published by Wisdom House, Inc.
Simplified Chinese copyright © 2023 by Liaoning Wanrong Book Co., Ltd.
Simplified Chinese language edition arranged with Wisdom House, Inc. through
Rightol Media Limited (本书中文简体版权经由锐拓传媒取得)

出 版 人：张　懿
选题策划：王会鹏
责任编辑：王铮锴
特约编辑：裴　楠
责任校对：卢凯婷
技术编辑：林佳莹
封面设计：任展志

书　　　名　1 天 1 页，世界上最短的心理课 365
　　　　　　1 TIAN 1 YE, SHIJIE SHANG ZUI DUAN DE XINLIKE 365
出版发行　　花城出版社
　　　　　　（广州市环市东路水荫路 11 号）
经　　　销　全国新华书店
印　　　刷　天津鸿景印刷有限公司
　　　　　　（天津市宝坻区马家店工业区）
开　　　本　880 毫米 × 1230 毫米　32 开
印　　　张　12
字　　　数　395,000 字
版　　　次　2023 年 11 月第 1 版　2023 年 11 月第 1 次印刷
定　　　价　59.80 元

如发现印装质量问题，请直接与印刷厂联系调换。
购书热线：024-23284481

中文版序：敲开你心门的 365 天"疗愈手记"

　　《1 天 1 页，世界上最短的心理课 365》是《致连创伤都美丽的你》的续作。写《致连创伤都美丽的你》这本书时，我开始考虑是否要将自己对现代人心理创伤和压力的思考汇编成能一天读一页的讲义录。凑巧收到 Wisdom House 出版社的提议后，我开始动手写作《致连创伤都美丽的你》。说实话，我的心中不乏恐惧，唯恐被人问及："创伤怎么可能美丽？"其实，与创伤长期交手的人都懂，创伤有时会成为自己的靠山。

　　当然，这不是让大家将创伤当成可供躲藏的盾牌。如果因为创伤而退缩的话，我们就会错过人生中最好的机会。躲在创伤背后的我们，无法成为负责任的大人。创伤之所以能成为靠山，是因为与之斗争的人拿出了充分的勇气。随着与创伤的斗争经验愈加丰富，我们会积攒无数"斗争记录"，这本书就承载了我的斗争记录。

　　不知不觉间，失败的经历、失落的时刻、失恋的伤痛不断堆积，最终组成了现在的"我"。与创伤斗争惨烈的回忆成了记忆中的一块块砖，最终建成了我坚固的生命之屋。这间也许从基础工程就出错的几无希望的小屋，因为与创伤顽强斗争的回忆而一点点地抹好水泥，终于出落成了勉强能住人的模样。

　　从远处望去，我们只能看到某人的资历或履历。倘若我们走近一些以饱含爱意的视线予以凝视，就会发现对方最耀眼的潜力正源于与创伤搏斗的经历。

　　所以，即便"致连创伤都美丽的你"的标题既不够大众化也不够酷炫，只因与创伤斗争的记忆构成了我所拥有的全部美丽，这样的标题令我无法放弃。我愿与创伤缠斗，直至与之共舞；我会与创伤共舞，直至丑陋的伤疤化作奇特的文身与闪耀的群星；我将与创伤舞至尽头，始终坚守名为"我"的独一无二的生命之屋。

　　与我的担忧相反，读者们竟然非常喜欢《致连创伤都美丽的你》的书名和内容。喜欢标题的读者很快就理解了"受伤的疗愈者 (the wounded healer)"的概念。过去，我总会在演讲时介绍这个词，现在它已经成为深受许多人喜爱

1

的概念。这当中不仅包含了我的一份力量，还要归功于许多人对荣格心理学不断的热爱和传播。怀有缺陷和伤痛的人比完美而伟大的人更容易成为疗愈者。失落痛苦于创伤的人能更迅速深刻地理解他人的眼泪，这样的事实给了我很大的力量。

如今，比起沉浸于自己的创伤，我会花更多时间关怀他人的创伤。每每致力于抚慰他人的伤痛，我都意识到自己在逐渐朝着"受伤的疗愈者"更进一步。就算被创伤攻击，我们也不会被其击垮。我们不是屈服于创伤的牺牲者，而是以创伤为养分勇敢上路的前行者。

《1天1页，世界上最短的心理课365》记录了我向"受伤的疗愈者"迈进的365天冒险之旅。鉴于一下子跑完全程会气喘吁吁，我建议大家像牛反刍一样缓慢地对这本书进行品读。如此一来，书中的文字会与大家内心的创伤激荡出更美的共鸣。

继韩语、越南语之后，这本书将被中文圈的广大读者阅读，这真是令人欣喜和激动的事。兼具温暖心灵和渊博知识的译者刘煜蔺令这本书拥有了强大的支持。这样精彩的译本诞生之后，我更想目睹大家用优美的中文朗读它了。开口朗读的一瞬，你将更清楚地听到创伤疗愈的声音。

只有这本书的文字与大家内心深处的创伤发出"和音"，我们才能创造出镌刻于心的"创伤交响乐"。长记于心的书籍必然会与读者进行美妙的"合唱"。我笔下的所有书籍都是恳切的信件，只为找寻能共鸣我心声的你。如果说作家笔下的句子是"原版乐谱"，那读者对句子略有差异的解读就是"创意性改编"。希望这本书能被你们以不同旋律进行"改编"，最终化为疗愈创伤的清新旋律。创伤无法轻取生命，而杀不死我们的创伤，只会令我们更聪慧勇敢。我清楚地知道，在与创伤斗争之后，你将以更耀眼的姿态自由翱翔。

郑丽蔚

2023 年

于复杂拥挤又美好可爱的首尔

作者序：365 天，与心理学相伴的喜悦

——365 个疗愈行动，献给与自我厌恶做斗争的你

"我并非由发生在我身上的事构成，而是由我选择去做的事构成。"

——卡尔·古斯塔夫·荣格

不知为何，有些问题总是久久扣动我的心弦。譬如"您究竟是怎么缓解压力的？""感到抑郁时，您会怎么做呢？""老师是怎么治愈心理创伤的？""我真的也拥有自我疗愈的力量吗？""我好像没有那种巨大的内在潜力""事情毫无头绪或灵感枯竭时，我该怎么办呢？"这些是我每次进行心理学演讲时，经常被问到的问题。本书是对这些迫切追问的回答。我想把这本书作为礼物，送给所有因伤痛而疲惫不堪的人。与此同时，本书作为我所积攒的内在精神资产，也是一座能帮人增强复原力的宝库。书中所记载的各种心理疗法，曾在以往的每一次危急状况中将我拯救。哪怕身处无人岛，就算丢了所有书籍，我也绝不能忘记这份有关解压的自我关怀记录。可以说，它汇集了一切抚平过我心理创伤的人、事、物。

我期待的心理学不以冰冷的理论，而以充满激情的实践来改变人生。于我而言，心理学不是艰深的学问，而是"此时此地用来改变人生的疗愈行动"。因此，我在这本书中介绍了 365 个自我疗愈行动（healing action），以此献给深陷不安和抑郁的现代人。本书将围绕"改变人生的心理学、阅读、日常生活、人、电影、艺术、对话"7 个不同的主题，开启一段为期 365 天的奇妙旅程。受伤的我不应该感到羞耻，这样的启迪出自星期一的心理学板块；人能拥有无尽的勇气和力量，这样的思考出自星期二的阅读板块；疗愈创伤的力量随处可见，这样的洞见出自星期三的日常生活板块；因他人而受伤，最终也会因他人而痊愈，这样的感触出自星期四的人物板块；电影将我们引入别人的人生，让我们得以反观自己的生活，这样的奇遇出自星期五的电影板块；艺术的香气能抚慰疲惫的心灵，这样的芬芳出自星期六的画作板块；有些朋友通过对话克服

了创伤和压力，他们的故事被盛放在星期日的对话板块。通过长达 365 天的跋涉，我希望让大家知道的是：在平凡的日常生活中，也能诞生无比灿烂的疗愈奇迹。

通过不断的学习，我明白了心理学并非仅仅隐藏在专业书中。日常生活、人、画作、音乐、舞蹈里都渗透着疗愈心灵的力量。疗愈人类痛苦的一切力量的别名，就叫心理学。只要某物能增强复原力并充实我们的内在精神资产，它就能成为心理学的内容。

过去 15 年间，我沉迷于心理学。为了不再受困于心理创伤，我不断奋斗并开发出自我疗愈的方法。虽然无法阻挡一次创伤，但为了不被二次创伤和三次创伤损毁，我积攒了疗愈创伤的内在精神资产。得益于持续不断的"二次创伤阻断大作战"，我养成了只要一受伤，就敢于与创伤对话的习惯。只回避创伤是没有用的。每当创伤攻击我心灵的免疫系统，我就会自问："创伤啊，你到底想把我毁到什么地步？"令人惊讶的是，我体内名为"自性（Self: 内在的自己）"的小家伙勇敢地抬起头，说："你在说什么呢！我一点也没坏！我只是暂时休息一会儿而已。整顿过队伍之后，我马上就会去战斗。醒悟吧，我可是比创伤更强的存在。我一次都没有放弃过。战胜创伤，然后按照自己的意愿生活，我从未放弃过这样的希望。所以，这一次，我也一定会赢。"

幸亏有自性在。它是比自我（Ego：社会性的自己）更坚韧聪慧的存在。擅长演戏和伪装的"自我"过分在意他人的视线，有时甚至为了虚荣和体面，过度地浪费能量。但"自性"却像一位贤者，给我们独自前行的勇气。通过培育"自性"的力量，我们可以抵御"自我"的善变和贪欲。借由两者之间的和谐对话，我们将与更耀眼的自己相遇，这也是本书指向的终极目标。

写下 365 个自我疗愈行动的时候，我的心中有一次次点亮萤火之感。这心灵的萤火，将在我们内心最黑暗的时刻绚烂地飞向夜空。这本书正是基于这样的期盼而写成。当你的心逐渐沉重并凄凉地坠落，请记住我用写作为你点亮的全部萤火，而我也会一直向你发射疗愈人心的萤火。

于寒冬历尽的路口
思念着蔚蓝天空的，郑丽蔚

本书所包含的 365 篇随笔，可分为以下领域。

星期一——心理学

杰出心理学家的经典理论及实践理论的建议，令人准确理解和疗愈内在创伤。

星期二——阅读

从童话到古典文学，书中包含的温暖抚慰和深刻启迪，令人立身并收获迈向世界的勇气。

星期三——日常生活

日常生活中随处可见的痛苦和细小珍贵的抚慰，令人在抚慰彼此心灵的同时，体会相互包容的温暖。

星期四——人

从文学作品中的主人公到家人、朋友和偶遇的陌生人，被人所伤的我们终将因人而痊愈。

星期五——电影

伤痛和悲伤、爱意与丧失，绝望与痊愈……电影中蕴含丰富情感的场景，令我们共情他人并回望自己。

星期六——艺术

杰出艺术家将痛苦升华成艺术，以美妙作品抚慰疲惫心灵并予人希望。

星期日——对话

不同情景和关系下发生的对话，令我们领悟人际关系的珍贵。

人在确信自己被爱时最勇敢。

How bold one gets when one is sure of being loved.

——西格蒙德·弗洛伊德

在梦中，我偶尔以"男人"的模样现身。这既让我感到惊慌失措，又觉得神奇有趣。梦中的男人气宇轩昂，比现实中的我更果敢和富于挑衅。按照荣格心理学派的观点，这个男人被称为我体内的"阿尼玛斯（女人无意识中的男人性格与形象）"。荣格又用"阿尼玛"来形容男人无意识中的女人性格与形象，他提出当人最终兼具这两种成分时，人性才能达到至善至美的境界。梦以此种方式暴露我无意识层面的匮乏，使我记起意识层面被忽略的事物。

我对梦中变身的自己很满意。作为女性，每当遭遇某些歧视和不公，我都会悲愤地想："如果我是男人的话，还会受到这种委屈吗？"也许，正因这种愤怒在无意识中不断堆积，才产生了"梦中的男人"这一崭新的自我形象。梦中的男人让我更果敢、不要回避斗争、活出真正的自己。他之所以能如此真诚地劝勉，只因我体内早已具备与各种困难相抗衡的勇气。梦中的一切似乎都在暗示着：无意识在向意识发送某种恳切的信息。现实中的我有小心谨慎、优柔寡断的一面，梦中的我为了弥补这种缺失，也为了帮我成为更好的自己，创造出了"我的另一个形象"。

通过无数次的梦境分析与心理咨询，我们能够解读无意识向意识发送的信息。这种解读以荣格心理学为基础，荣格心理学将梦视为无意识的助手。人们常用吉梦、凶梦、噩梦和预知梦等词语来给梦分类，但荣格心理学派不强行区分梦的好坏。噩梦并非人们通常以为的凶兆，而是提醒我们"错过了某些东西"的信号。无意识以导师和救赎者的身份，在每个夜晚不断向意识发送恳切的信息，以唤醒被我们丢弃的无意识的热望。对于那些以忙碌和接受现实为由被丢弃的想法和情感，无意识恳切地呼唤着它们的回归。

如果没有教育的力量，我会是什么模样？这真是想想都令人晕眩。虽然影响人生的价值和关系还有很多，但有什么东西比教育拥有更大的力量呢？我所说的教育当然不仅局限于学校教育，还包括家庭教育、终身学习以及各种自我教育活动。我们可以通过熟人、朋友和擦肩而过的陌生人，潜移默化地学到某些东西，而这些东西都是构成教育的一部分。

书籍《你当像鸟飞往你的山》的作者塔拉·韦斯特弗，17岁前从未上过学。由于父亲怀揣的某些信念，她甚至没有出生登记。身为摩门教原教旨主义者的父亲，被"不知世界何时灭亡"的恐惧深深裹挟着，他用自己的世界观支配了小塔拉的人生，不愿将她置于文明世界。但塔拉却通过自学考入了名牌大学，既向着无止境的学习之路进取，也向着属于自己的世界奋力前行。长大后的塔拉终于意识到自己所遭受的一切，包括儿时遭受的隐秘虐待、没有出生登记、生病也无法就医，都是暴力的体现。至此，她再也无法以女儿的身份继续生活。

塔拉以自己纯真的灵魂书写出绝美的文字，这令剑桥大学的教授十分感动，他如此盛赞她的文字："这是我在剑桥大学任教30年以来，读过的最优秀的随笔之一。"塔拉早已习惯了被侮辱，但对这样的盛赞，却毫无准备。她的自尊心已经脆弱到了随时准备受辱的程度。即便如此，她还是慢慢意识到，自己拥有着谁都无法夺走的杰出才能。"学生并非假陶瓷碎片，而是沉甸甸的真金。"与真正理解自己的人相遇，我们就能唤醒内心深处沉睡的真实自我。塔拉不是想通过教育获取成功，而是渴望找到一条能"做自己"的路。我们只凭自身的能量，很难发现自己的才能和渴望。只有与真心理解自己、真正尊重自己的人相遇，与能欣赏自己内在潜能的人相遇，教育才能发挥真正的力量。

● 17岁之前从未上过学的塔拉，在哥哥的鼓励和支持下开始学习，进入由摩门教基金会运营的杨百翰大学。之后，她又在斯坦伯格教授的鼓励下获得奖学金，并拿到了剑桥大学的硕士学位。

关怀至亲带来的伤害

很久以前，我梦到自己从父母身边逃走，逃到一个谁都找不到我的地方，过上了幸福的生活。那个地方是连名字都无从知晓的乌托邦，我却在梦中幸福到再也不愿醒来。做过这种梦之后，我才明白自己在无意识中渴望逃离父母。也许只有解决了这个问题，我才能真正迎来独立。在意识层面，我认为自己爱着父母；但在无意识层面，我被困在一种名为"应该爱父母"的责任感里。

现在的我，始终与因与父母不和而深感痛苦的自己保持着一定的距离。为了保持这种距离，我拼尽了全力。然而，一旦追忆过往，伤痛还是猛然袭来。所以，我只能努力让自己不去回忆。对于所有子女而言，将"自己对父母的爱"和"父母带给自己的伤痛"分开很不容易。怎样才能将两者分开呢？我采取的策略是"身渐远，心渐近"。如果我们直接与父母发生冲突，十有八九会陷入争吵或抑郁。我们可以在尽好自己的本分之后，尽量减少与父母接触的时间。譬如，我在妥善处理好红白喜事、按时给父母零用钱的同时，减少了与父母直接见面的时间。这样一来，我总是为他们着想的心，第一次产生了空位。曾因倾听妈妈琐碎的烦心事而满身疮痍的我，终于有了关怀自己的时间。借助这种方法，我也发现自己与妈妈有不同的一面：原来，我能不为所有事持续担忧和恐惧。原来，在无意识中，我早就准备好去过不同的生活。所以，就算我非常爱妈妈，也不得不与她暂时分手。因为我不想过小心翼翼、充满担忧和悔恨的人生，我想选择不断挑战、兼具热情与理性的人生。

令人惊讶的是，在我采取这样的策略之后，我的父母也开始有所改变。父亲因为接到我的电话而由衷地感到高兴，母亲对我的情感依赖也减弱了。哪怕她是通过新闻得知我出书，也没有觉得受伤。"你幸福，妈妈就幸福。"收到她这条短信的时候，我忍不住哭了。面对那些伤害我们的至亲，我希望大家都敢于这样开口："我很爱你，但我们还是暂时分开吧。"我们都会慢慢接受彼此相爱但终究无法融为一体的事实。虽然如此相爱，我们仍需要远离对方。

获得活下去的力量

作家马娅·安杰卢（Maya Angelou，1928—2014）教给了我：当人身处低谷时，熊熊燃烧的勇气颇具力量。她在《妈妈和我，我和妈妈》一书中，坦诚说出自己十多岁时曾意外怀孕，被男友绑架后遭到严重殴打，甚至因此濒临死亡的经历。好不容易活下来的她因为心神不宁和深感抑郁，跑到附近的精神病院寻求诊断，她对医生如此说道："再不给我看病的话，我真的不知道自己会做出什么事来。"然而，与主治医生相遇时，她又感到十分挫败，因为自己好像无法向眼前的人吐露心声。这位医生是散发着富人气息的白人男性，她则是从未真正感受过幸福的黑人单亲妈妈，他又怎么可能会理解她？

马娅找到自己学生时期的恩师，对他坦白："我再也受不了了，我没法再这么生活下去了。"教她声乐的恩师听后，向她递来纸和笔，让她暂时忘记不能做的事，只把目前能做的事写下来。起初摇头拒绝的马娅，最后还是坐到桌前，开始下笔："我能听能说，我有儿子、哥哥，我能自由地舞蹈和歌唱，我能做出美味佳肴，我能畅读任何文章，也能书写自己的故事。"

这样的短文是马娅真正意义上的处女作。有时，正是这些单纯的东西，譬如拥有亲人、能尽情舞蹈、能自由书写，给人活下去的力量。就算别的道路都阻塞不通，只要能继续写作，马娅就会充满力量。在人种歧视颇为严重的社会环境下，她超越了作为贫穷黑人女性和单身母亲的痛苦现实，以作家的身份勇敢地重生了。

我也是如此。以作家的身份重生，意味着在写作的过程中，能获得不被任何外部刺激撼动的勇气。我希望表达自己的梦想，也希望将大家的梦想紧密相连，写作正是这种真挚渴望的紧急出口。只有在写作时，我能历经各种苦痛又不濒临破碎。仅凭写作这一件事，就足以让我完全自由，并散发出夺目的璀璨光芒。

抹不掉的无意识

有些人想从失恋的痛苦中逃走，因为不管如何追忆或想念心爱之人，他都不会再回来。在电影《暖暖内含光》中，乔尔和克莱门汀因离别之苦，中断了一切日常生活。曾经相爱又分开的回忆囚禁了克莱门汀，因此，她找到一家能清除痛苦记忆的公司。在公司的帮助下，她成功清除了一切与乔尔有关的记忆，并与其他男人开启了新的相遇。得知这个消息的乔尔大受冲击，他报复似的要清除自己对克莱门汀的一切记忆。如果她选择就这样遗忘他，那他也要把她从心中永远抹去。然而，做到这一点并不容易。哪怕消除记忆在技术层面能够实现，乔尔的心依旧无法原谅这一切。他喃喃自语："你怎么能完全忘记我呢？怎么能早早就和新欢开始了恋爱？"他怀着许多仍未解决的问题参加了记忆清除项目，想将有关爱人的记忆永远从内心驱逐。神奇的是，清除记忆的两人再一次被对方吸引。就算遗失了以往的记忆，那颗爱对方的心依旧挥之不去。

在电影的最后一个镜头里，当乔尔呼唤即将离开的克莱门汀时，我看到了他脸上闪烁着的爱情之光。乔尔已经不再是那个胆小、无趣又单调的人了。经历过记忆清除的可怕体验，他变成了比以前更深邃、聪慧和坚韧的人。哪怕他再次与克莱门汀陷入爱情，也不会像以前那样沉闷谨慎。

活出真实自我的克莱门汀在任何情况下都能让乔尔陷入爱河。哪怕再怎么分手，哪怕再怎么给予彼此伤害，两人也会重启爱情。乔尔懂得"深爱自己的命运"，他以全身心理解了 Amor Fati 一词的含义。他超越了回忆中掩埋的创伤，爱着回忆中闪过的高光时刻。两人能在意识层面忘记对方，却无法在无意识层面相忘。一提到无法停歇的爱情之歌，我的脑海就会浮现出这部电影《暖暖内含光》。就这样，放任爱火重燃，再相爱几次都好。无论离别时的话语曾如何刺痛彼此的心，只要还活着，我们就会再次相爱。

悬崖尽头的吻

如果要选出世上最受欢迎的接吻场景，这份令人窒息的杰作一定能排名前五。它展现了恋人之间哀切的爱情，梦幻又凄美的接吻场景以压倒性的气势强烈吸引着无数观众。初次在奥地利美景宫美术馆看到这幅画时，我勉强忍住了想要瘫坐在地上的心情。这幅不被允许拍照的画作萦绕着戒备森严的气息，但就算弥漫着紧张感，游客也想在它的面前逗留更久。可以说，这幅让人深感不虚此行的画作——古斯塔夫·克里姆特的《吻》（1908—1909），以超乎期待的壮观场面征服了观众。

也许是想永远珍藏最后一次接吻的喜悦，画中的女人以梦寐以求的神情流露出无比神秘的悲伤。为了展现这一瞬间的无限狂热，画家尽情地挥洒金色颜料，使画中的男女都沉溺于金色的旋涡中。如果长久凝视这样的画面，观众就会被这份充满遗憾的爱情触动。恋人们在悬崖边相拥的惊险姿势，让人产生一种预感：他们的爱情并不顺利，悲剧好像会在不久之后降临。然而，画中的女人对蕴含悲剧性的爱情似乎毫无悔意，她清澈喜悦的神情引人遐想："陷入爱情的人都是如此吗？"她头上的绚丽花朵如新娘的头饰一般，散发出灿烂的光芒。就算此刻是生命的最后一刻，这对眷侣也应无憾，他们的身姿展现了一种决绝的悲壮之美。

坠入爱河的人，总是梦想着拥有这样的吻：它能让世间的一切变得与以往截然不同，能使围绕自己的一切都像中了魔法一样。接吻能让我们以全身心接纳原本难以理解的他人。哪怕这样的吻是迈向悲剧的第一步，哪怕它不是甜蜜的休憩而是痛苦的入场券，陷入爱情的人也能懂得吻中所蕴含的不朽之美，因为吻是永不干涸的灵感宝库。如果有人一言不发地吻你，他并非想对你的耳朵说话，而是渴望向你的灵魂倾诉。终将消亡的人类梦想着永恒不灭的爱情，古斯塔夫·克里姆特的《吻》展现了人类渴望爱情之时迸发出的耀眼的美丽。

在写作课上，有位学生发来了这样的文字："小时候我曾失去过一只宠物狗。我本来能好好照顾它的，但有一天趁我散步没注意的时候，它叼起路边的鱼吃了。它因此得了肠炎，之后再用药治疗也没用了。我像疼妹妹一样疼它，它对我来说是最亲近的朋友，但它却因我而死。"看到之后，我给她回了这样一封信。

"你的文字让我感到非常心痛，我能深切体会你失去它的心情。但我也特别欣赏你写的'在那以后我的人生发生了变化'，这就是你在经历过丧失之后，为了成为更好的人而努力过的证明。通过丧失，我们迎来了内在的成长和疗愈。"

她当时太过年幼，受到的创伤很大。她埋怨自己使最爱的存在消亡，深陷在负罪感里，度过了一段极为艰辛的时光。"因太年幼而格外辛苦"和"那时候还太年轻"这类话中，隐藏着我们儿时没被充分关爱的记忆。我们很自然地想到，如果那时有人能给出安慰和帮助，自己也不会那么恐惧。这些遗憾都悄然隐藏在"当时太过年幼"的表述中。现在，已经长大的我们应该向儿时的自己主动伸出双手并亲切地说："你一定能熬过这个时期。有朝一日，你会成为更好的人。"为了自我守护，我们应该准备好哪种武器呢？我的武器是学人文学、热爱艺术和不断写作。

我时常会想起因太过年幼而没被好好照顾的自己。我想对那个经历过太多悲伤的自己说："熬过去，你一定会和更美好的日子相遇，你一定能守护你所爱的一切。"有能力守护自己的挚爱，一直是人类成长的重要动力。曾经那个因为没能守护宠物狗而自责的少女，现在也长成能好好照顾宠物狗的大人了。我们都是这样长大成人的。如今更为坚韧的我，已经能与内在小孩对话，也能以更宽广的爱去关怀以前那个脆弱的自己了。我们每天都在成长为能够守护自己的大人。

暴露情结使人强大

初次到陌生的地方演讲时，我总是不可避免地感到紧张。在陌生的听众面前分享自己的想法，真令人汗流浃背。其实不光是演讲者，就连听众也很紧张。他们一边疑心"演讲能有我想象中的那么好吗"，一边期待"应该会是一场精彩的演讲吧"。我总是苦恼于该如何缓解这种紧张，后来就开始运用一种"破坏作战法"了。这一战术的核心是：比起遮遮掩掩，不如直接展示自身的弱点。

我之所以这么做，是因为没有信心展现出强大的面貌。倒不如坦诚现出自己原本就脆弱的一面，也许还能让听众感到舒适。起初，有一些听众交叉着双臂，脸上满是"看你能讲得多好"之类的怀疑与戒备。但当我开始讲述自己以前有多么无知，坦白自己在关键时刻犯过多么致命的错误，陈述自己那令人厌烦的情结时，他们也在不知不觉中绽放出朴实随和的微笑。

倘若暴露弱点会使我们更强大，那尽情坦露脆弱也无妨。我们越是倾吐自身的弱点，就越能真正摆脱情结。我们时常为了看起来强大而选择隐藏真实的自己，但越是如此，就越远离了自己的真心。幸福之人的特征是能坦然拥抱自己的脆弱。出身、外貌、学历等一切情结都会折磨世人，比起装作对这些情结若无其事，不如完整地接受它们。能对自己做到完全坦诚的人，更有可能获得幸福。

一旦暴露弱点，我们就能变得强大。《脆弱的力量》的作者布芮尼·布朗坦言："我并非靠优点获得周围人的真心爱戴，而是靠自身的弱点。"当我们不为了装酷而伪装自己，勇于展露自己的真实面貌，就会有人朝我们迈进一步。真实的我是什么样子呢？有时略显可怜，有时又挺可爱。我充满了缺点。我由一簇簇情结构成，我的人生就是一座盛满情结的博物馆。但我有一个最大的优点，那就是从不逃避自身的种种缺陷。

解读梦发送的信号

身体会向我们发出生病和疲劳的信号，梦也会向我们传递无意识的信号。如果我们不去无视这些信息，就能把潜力乃至负面记忆都变成自己的朋友和助手。高慧京在《梦境转交给我的话》一书中，提到梦对人的健康和成长总是起到帮助。梦是蕴含着丰富暗示、埋藏着无限潜力和记忆的宝库。

她在另一著作《我的梦想使用守则》中，将梦的角色比作白雪公主故事中的"魔镜"。童话中的镜子在回答"世上谁最美丽"这一提问时，讲出了"白雪公主最美"的真相，尽管这绝不是皇后想听到的答案。作者认为梦会反映有关人类存在根源的真相，即灵魂的真相。梦的目的并不在于讨好意识或愉悦心情，因而时常会揭露人们不愿正视的真相，传递人们预料之外的信息，扰乱人们原本平静无波的心。

童话中的皇后不想听真话，只想听好话。她希望听到的话，是自己比白雪公主更美丽。但镜子是不会撒谎的，只讲述真相是镜子的本性。无意识正是起到这样的作用。就像镜子只对皇后讲真话一样，梦也在诉说我们必须知晓的真相，只不过这些真相常常被我们回避。梦就是这样一面能反映心灵面貌的镜子。

《塔木德》是这样描述梦的："上帝每晚都向我们送来情书，但我们却连信封都不拆就把它们扔掉。"如果神向世人表达爱的方式是寄送情书，这样的情书大概就是梦。梦是无意识写给意识的信，邀请我们凝望自己的内心深处。无意识每晚都通过梦向意识发出求救信号，它在窃窃私语："你有权更热情地追逐自由，请活出'未曾经历的人生'（the unlived life）。"梦提醒我们在任何情况下都别畏缩，要不留遗憾地爱护更多的人。

凝望晚霞的权利

"总有一天,我要写一段关于晚霞的文字。"我已经许下这个承诺十多年了,直到现在,我才开始挑战。写晚霞是尤其难的一件事,难在晚霞并非由语言构成。就算我非常喜欢它,也很难用言语描述。同理,书写关于音乐、美术和自然的文章也绝非易事。以语言来表述这些难以描绘的对象,能带给我很大的成长。人生在世,如果能怀有欣赏晚霞的从容,又拥有能一起看晚霞的人,那该有多好啊。只要能和那个人共赏云霞,哪怕只是默然相伴也好。仅凭这一点,生活之美就值得称赞。

和圣埃克苏佩里笔下的小王子一样,我疯狂地迷恋着日落时分的晚霞。因为夕阳美到令人悲伤,有一天,小王子在极小的行星上足足搬了四十四次椅子,看了四十四场日落。但地球这么大,就算我再怎么挪动椅子,也没法在一天内看好几次晚霞。所以,我只能在日落时分望向天空,却又总会误时。我常以忙碌和所在的地方看不清晚霞为由,错过晚霞浸染天幕的场景。遗憾的是,随着与晚霞不断地擦肩而过,我的生活也变得更贫瘠了。夕阳西下,我再也找不到能默然相伴的人。很多时候,我也找不到满意的场所来眺望晚霞。在偶尔能看到晚霞的日子里,我幸福到难以言喻。只因看到晚霞,我就能如中了头彩般欢呼。

几天前,我爬上工作室的屋顶,茫然地看着日落。原来在城市中心也能看到如此鲜红欲滴的晚霞。望着这样迷人的晚霞,我发觉自己内心的某些东西正在伤感地逝去,同时另外一些东西也在蠢蠢欲动,叫嚣着重新开始。假如能一天一次,哪怕能一周一次这样凝望晚霞,我们的内心也会受到触动。那么,被触动的又是什么呢?或许是自以为早就遗失了的热情、自以为早就抛却了的悲伤和那些早就不再坚信的希望。

现在,我才醒悟自己为何如此歌颂晚霞。美丽的风景是映照心灵的伟大镜子。只凝望晚霞短短几分钟,生活就会变得更加灿烂。

011

在"我的家园"被治愈

在 20 多岁的时候，我对莫奈的画没有什么特别的感觉。比起欣赏莫奈过于静谧的作品，当时的我更喜欢在画中探寻细腻精妙的人间故事。在那个时节，我酷爱凡·高的激情、克里姆特的绚烂和申润福的深情妙趣，而莫奈如沉思般的寂静似乎很难入眼。莫奈总离自己描绘的对象很远，这份距离感和旁观感始终令以前的我感到惋惜。但随着年纪渐长，我竟越来越懂得莫奈的好。

几年前，在巴黎的玛摩丹美术馆里，我感受到了《睡莲》系列作品的威严。它们如管弦乐般庄严地响彻云霄。"原来画作也能如音乐一般待人倾听啊。"这种想法迸发的瞬间，莫奈的画开始看起来和以前完全不同了。我不仅听到了莫奈的耳语，还听到了画中的睡莲、庭院里的花草树木、女人及孩子们的低沉哼唱。画中恰好有一对银发夫妇在长椅上相互倚靠，他们的耳语更令人心潮澎湃。

从那时起，我的吉维尼综合征发作了。因莫奈在吉维尼度过晚年，并于此创作出《睡莲》系列作品，整个吉维尼小镇都变成了惹人喜爱的观光胜地。莫奈在此修整庭院、凝望莲塘、日日作画，度过了一段无比美妙的岁月。整个小镇被他视为巨大的露天画室，我一直期待着与这样的梦幻之地相遇。如果能够前往吉维尼，我也许就能克服对莫奈的生疏和恐惧。

终于，我来到了如完整宇宙一般的莫奈花园。这个地方恰到好处到无须任何增减。奇异的平和感与满足感浸染着此地，使置身其中的人感到安心，再也不好奇外界的生活。漫步在这座花园里，我终于体会到从未感受过的莫奈的魅力。就好像只要待在这里，我就不必为了追寻新事物而徘徊于世。

我们终生都在追寻更好的工作和住所。就算我们最终找到了一个可以安顿余生的地方，也会疑心是否存在更好的地方，并因此而荒废许多机会。莫奈自从在吉维尼打造了可供休憩的花园，就再也没有因为外面的任何风景而患得患失。画家已经找到了永远闪耀的家园。

唤醒我潜力的缪斯

电影《伯纳黛特你去了哪》用"贴现效应（discounting mechanism）"来解释幸福感受力减退的现象。人在收到钻石项链的那一天会欢呼雀跃，但是过不了几天，人脑就不再对此做出惊讶的反应并感到幸福了。如果感知喜悦或心动的频率极易减少，感知危险的机能却不断增强，幸福感受力就会逐渐减退。为了谋求生存，比起当下的幸福，人脑会消耗更多能量于感知未来的危险。如此一来，人对喜悦、心动等珍贵的情感就变得钝感了。电影的主人公伯纳黛特就是这样一个会考虑到各种危险的人。就算准备一趟前往南极的家庭旅行，她也会购买形形色色的物品，在旅行开始前就把自己搞得疲惫不堪。虽然幸福的机会就摆在眼前，但她总会想起过去的伤痛和对未来的不安，哪怕在睡眠中也会惊恐发作。

伯纳黛特原本是位才华横溢的建筑家。她摘获建筑大奖的雄心之作被一位房地产富豪购买后炸毁，这使她陷入了难以摆脱的心理创伤。在这之后她又经历了四次流产，身心遭受了更大的伤痛。丈夫面对妻子藏起来的许多药瓶茫然若失，为了治好妻子的抑郁，他聘请专业的心理咨询师来进行治疗。但心理咨询师用尖锐的话语给伯纳黛特带去了更严重的伤害："你有极其严重的焦虑症和自以为是的倾向。"只有伯纳黛特的女儿才知道，自己的妈妈没有患上心理疾病，只是陷入了一种敏感忧郁的状态。在她失踪后，丈夫疑心妻子要自杀，女儿却坚信妈妈不可能选择没有自己的世界，摆出一副毫不担心的样子。

其实，伯纳黛特为了履行对女儿的承诺，独自前往了遥远的南极。她被选为新南极基地的建设者。就算她只能住在一个既不能淋浴也无法伸展身体的地方，她也毫不在意。通过从事创造性活动并找回自己最喜欢的工作，她重新获得了快乐的能力。治愈抑郁的最大力量就是发掘被压抑的潜力，去做有创意的事情。我想把这部电影送给所有因中断职业道路而遗失梦想的人。

世间只有你和我便足矣

世上有这样一幅画，它能给人一种"只有你和我便足矣"之感。这里所谓的"你"并非一定指人，也可以指物。譬如全情投入于乐器演奏之人、全神贯注于书本之人、尽情作画于画布之人，这些人都拥有不受限于周遭环境的自由。只凭借与单一事物建立的联系，他们就能度过无比充盈的时光。金弘道的《月下吹笙》（创作年代不详）便展现了这种完全充实的感觉。画中的乐师手握着笙，脸上洋溢着喜悦，好像这乐器已经珍贵到万物都不复存在，珍贵到让他忘记了现实中的任何痛苦。

金弘道曾描绘过孩子们在书院里的诙谐之貌，也勾勒过人们兴味盎然地起舞之貌，但这幅《月下吹笙》却与以往的任何一幅画作都不同。他没有聚焦于熙熙攘攘的市街，而是描绘了只有独处时才能产生的隐秘喜悦。独处的人不为他人的视线所扰，尽情享受着隐秘的快乐。尽管他描绘的个体与近代意义上的"个体"具有不同的含义，却以十分璀璨的画笔演绎了书生的完美世界：哪怕独自吟诗奏乐，也绝不会孤单寂寞。

这也许就是檀园金弘道的自画像。此刻，他无须违背自己的意愿为王亲贵族绘制肖像，也没有满怀热忱地用风俗画勾勒民众的喜怒哀乐，他只在描摹无人注视的自己。一位男子以粗大的芭蕉为席，孤零零地坐着吹笙，喜悦之情溢于言表。他那随意凌乱的头发和毫无规矩的着装，使人感受到一股浓烈的醉意。只要有笔墨纸砚和笙，这个世界就是美妙的。画中人物在完美的幸福中颤抖不已。这是存在于我想象之中的孤寂：金弘道时常描绘旁人托付的画作，此刻终于在无人托付的自画像中，得以与孤身一人的自己相遇。

诗句"月堂凄切胜龙吟（月堂笙声的凄凉程度更胜龙鸣）"如乘着歌声的翅膀，进一步将这幅画的兴致升华到更浓烈的层次。这种兴致并非只包含着愉快。艺术家因穷极一切也无法到达理想中的世界而发出悲鸣，我借由这幅画得以与之相伴，一同听取这种悲声。

SUN 对话 | 更加深爱一切

有时，我感到自己拥有的一切语言都消失了。当我惊慌不安且深陷忧郁时，以往学过、读过、写过的语言都会变得陌生。我读了那么多书，写了那么多文章，但脑海里还是一片空白，什么都写不出来。幸运的是，一位非常令我尊敬的作家前辈将我突然打去的电话看得无比重要。我先问候他是否安好，接着又抱怨道："再怎么费劲，我也写不出好文章了。"前辈似乎认为这没什么大不了，只如此回道："你也只是自认为写不好的程度吧？我现在可是完全写不出来。"这样的回答太令人无语，我俩听了都大笑起来。前辈为了使我安心，毫不犹豫地自毁形象。不管是多么勇敢坚韧的作家，都没法在完全写不出文章时，依旧保持愉快的心情。但前辈却能把这种艰难的境况幽默地化为情景喜剧，安慰我说暂且休息也无妨、暂时玩乐也无妨。在一阵大笑过后，我终于找回了以前的自己。"创作瓶颈（writer's block，指无法写作的状态）"对作家来说是可怕的敌人，但这种瓶颈也能这样被突破。

人越急于解决某事，越不能懈怠于细缓地观察世界。赫尔曼·黑塞曾就"顺利地鉴赏艺术作品"一事开出这样的秘方："以平躺的姿态，缓慢而不带焦躁地凝视。"《天方夜谭》一书具有极尽纤细的描写，西方人却因太过忙碌而难以被打动，自然也就无法体会到它真正的价值。细想，连我们的盘索里[①]，哪怕是稍微一唱，也得超过三个小时。哪种人才算是真正懂得享受人生呢？我想，是能完整地鉴赏盘索里的人，能毫无遗漏地欣赏歌剧、话剧、戏剧的人。这样的人懂得品味人生的幽微之处，大概近乎智者了吧。

活在现代社会的我们，总是以最高的性价比攫取文明的便利。我们是否早已经忘了怎么仰望天空？是否早已经忘了怎么品热茶？是否又早已遗失了欣赏行人华裳的权利？诗人尹东柱懂得倾听流星划过夜幕的声音，为了让我们能离他更近一些，请仔细聆听周遭事物的絮絮低语。别让美丽平白地掠过我们，尽情享受人生无比美妙的精髓吧。

---

① 盘索里：朝鲜传统曲艺形式，流行于朝鲜半岛及中国东北朝鲜族聚居地区。

015 | MON 心理学 | 在撤回投射时与真实相遇

　　我倾听了某位出版社社长的苦恼，他讲到自己几年来一直颇为爱重的某位职员在没和他进行任何商议的情况下，在一天之内辞职的事。他说就在几个月前，这位职员还一字一句恳切地写信说"社长是我永远的导师，也是我的精神支柱"，后来竟连一句商议也没有，就匆匆提交了辞职信。听完之后我瞬间想到，对于这位职员来说，社长可能是一种类似"亮影、白影"般的存在。就像《化身博士》的哲基尔博士一样，阴影并非人心中黑暗的唯一反映。当他人拥有我们最匮乏的东西，我们就会将代表憧憬与羡慕的白影（white shadow）投射到对方身上。

　　例如，对明星的过度狂热就是投射白影的典例。因为明星拥有自己所缺乏的某些才能，就向其发送充满期待和热望的狂热欢呼。然后，即便明星只是犯了很小的错，某些粉丝也会立马变身为"黑粉"，倾倒出一堆恶意评论，或是朝着明星的爱人、熟人散布可怕的恶意谣言。这都是将自己的愿望过度投射到"白影"身上的结果。憧憬很容易变成嫉妒。哪怕是极小的一个错误，也能把无比深厚的敬意变质为无法挽回的失望。人对某人的渴望和憧憬越强烈，对他失望的可能性也就越大。我们应当拨开对某人无条件的好感和憧憬，破除对他的浪漫幻想，客观地看待对方真实的面貌。这在心理学中被称为"撤回投射"。

　　成为某人的导师或榜样，也会有意或无意地给那个人带去负担。那个人也会执着于成为榜样的样子，或是恐惧如果无法赶上榜样就是失败或落后。这就是白影的体现。想要摆脱它，就不能对热爱的榜样抱有太大的期望。如果只是搁置影子的话，我们就永远无法获得解放。与无法轻易隐藏的影子对话，也就是与自己的创伤和情结对话，通过时不时地沟通和安抚它们，我们能够找到一种更为深广的为人处世之道。可以说，直面阴影是实现终身成长的必经之路。

美好的沟通始于创伤

聆听讲述悲惨伤痛的故事，绝不是一种无力的行为。相反，与悲剧的主人公一同战胜痛彻心扉的创伤，能帮助我们更好地克服一些凡人都会经历的伤痛。以人生为主题写下随笔时，我发现自己的文字离不开对伤痛的描绘。当伤痛不仅再也无法刺伤我，反而成了帮我理解他人的珍贵武器，我的写作才真正开启了。我逐渐注意到，创伤竟然带有某种出人意料的可能性。

最近，我读了罗克珊·盖伊的《饥饿》、莎拉·斯玛斯的《腹地》和塔拉·韦斯特弗的《你当像鸟飞往你的山》，从中收获了巨大灵感。《饥饿》的作者罗克珊·盖伊儿时初恋遭受了可怕的性暴力，但她最终战胜了过往的创伤，成长为一名出色的作家。《腹地》的主人公虽出生在美国这一全世界最富裕的国家，却世世代代以"贫困层乡村白人"的身份生活。最终，她用尽全力开拓自己的人生，也成了一名作家。《你当像鸟飞往你的山》则描绘了一位受信念所限的少女是如何通过后天不断的学习与写作，从无出生证明、无教育、医疗的悲惨状态，成长为拥有崭新自我的故事。这三本书的共同点是，可怕的创伤几乎毁掉了主人公的人生，但他们都在痛苦中完成了自救。这类故事不仅为我带来了灵感和勇气，也让我敢于重新开启自己的故事。

我的创伤与和我相似之人的创伤能够相互连接。我一直相信自己能够理解读者的痛苦，我希望自己的文字能够启迪一些读者，我希望能让大家明白："原来这个世界上有和我差不多的人，有和我拥有相同创伤的人，但他们勇敢克服创伤并坚持活着。"为了温暖地抚慰你痛苦的心，今天的我也在书写。因为我知道，和我有着相似创伤的你能通过文字与我相连。总有一天，我们会成为耀眼的朋友。

读《饥饿》时，我不得不数次合上书。从性暴力这一可怕的创伤中逐渐痊愈的作家经历了坚韧不拔的自我斗争，这种斗争的艰辛令我不忍卒读。作家谈到少女时代的自己深感渺小无力，宁愿通过暴饮暴食使身体变得硕大，变得看似强大而具备威胁性。但真正拯救她的不是食物，而是写作。她的作品闪耀着理性与才智，既做到了毫不回避地直视伤痛，又做到了精准地瞄准加害者。可以说，写作不仅拯救了作家自己，也拯救了读者。通过写作，她从伤痕累累的受害者重生成了强大的角斗士。

017

WED
日常生活

压力能激发创造性

开写作课时，我最常收到这样的问题："该怎样才能写出有创意的文章呢？"我的想法是，找出自己想效仿的作家，不断阅读、诵读甚至是抄写他的文章，这会对创意性写作起到很大的帮助。然而，比起茫然地认为"总有一天能写出好文章"，截稿日期才是最实在的刺激。巨大的压力和痛苦总是与截稿日期相伴，但这显然有助于开发发人的创造性。可以说，截稿日期是可靠的兴奋剂。

有人如此向我吐露心声："我真的很想写文章，但一坐在书桌前，我就犯困，要不就跑去干别的事。"对怀有此种困扰的人，我能给出的建议是拜托某个人催自己截稿。有值得信赖的人在等待自己的文章，仅凭这一点，我们就能体会到独自写作时感受不到的紧张。假如怀有不能让读者失望和要比之前写得更好的压迫感，就能写出更富于创造性的文字。每到出新刊的时候，我都背负着这种压力。这种压力强劲地推动着我的身体，像在悬崖边推幼崽的母鸟一样猛烈。压力使人痛苦，但与痛苦共存的还有令人战栗的快感。我怀着迈向光明未来的希望，坚信自己会变得更加优秀，这进一步刺激了我对创意性写作的渴望。

极度的压力会妨碍创造，适当的压力却有助于构建富含创意性的生活。例如，"每天写作十小时"这种不合理的计划会给身心带来压力，但"每天写一页我非常喜欢的文章"这类目标，既朴素又有可实践性，恰好能以最低限度的压力激发最高限度的创造性。人类需要在玩乐与休息之间、紧张与放松之间、激情与平静之间找到一种恰到好处的平衡。让我们都来试验一下，哪种程度的压力能给自己带来最合适的刺激吧。就我个人而言，每天写五页以上的文章就会背负严重的压力，写两至三页的话，就可以兼顾休息和玩乐。虽说一周之内总有一天的时间，特别想丢弃"我一定要写作"的强迫观念，但目前为止，我还没能达到这种境界。每个人都应该知晓最适合自己的压力程度，了解自己在怎样的情况下压力会骤增或骤减。对自己的最高理解，就是清楚地知道自己在何时何地能最自由地激发创造力。

THU
人

懂得道歉的人更美

在这个复杂危险而美丽的世界里，"成为大人"究竟意味着什么？看着茁壮成长的外甥，我醒悟到，哪怕成为只有一点儿优点可供学习的大人，也很不容易。如果外甥的父母就在身边，一切事务自然归家长处理，但也有需要我和外甥独处的时候，这时难免要因为某些事对其进行严厉的管教。一到这样的时候，我就直冒汗。我总会担忧外甥是否因我而受到伤害，是否会误解我的话，是否会对严格的我感到恐惧。就连我的教育是否会妨碍他父母的教育，都是我疑虑的问题。

几年前，外甥在滑轮滑的时候与一个女孩相撞了。他看起来很疼，但女孩看起来更疼。女孩哇哇地哭了起来，我看了感到很心疼。抱歉又恐惧的外甥试图逃跑了事。我一把抓住他的手，说要和他去道歉。外甥摆出一副要哭的样子，一直嘟囔着不想道歉，说自己也感到很害怕。我听后如此安慰他："只有主动道歉，才能成为更好的人。在做错事的情况下，如果只是一味地逃避，当缩头乌龟，就没法成为优秀的大人。别担心！姨妈陪你一起去。要记得，懂得道歉的人很酷。"为了扭转他的心意，我找尽了各种理由。

他没怎么听进去其他的话，却从"姨妈陪你一起去"这句话中获得了勇气。我紧握着他的手，小心翼翼地走近正在号啕大哭的女孩。女孩正紧紧地抱着自己的父母，哭着说要离开游乐场。我先上前道歉，又说外甥也想道歉。直到此时，女孩父母僵硬的脸色才开始缓和。外甥说道："对不起，我不是故意撞你的。真的对不起。"

女孩的哭声也开始减弱。我问她是不是伤得很重，提议说一起去医院看看。这时，女孩的父母安慰我，说："只是稍微碰到了，没到要去医院的程度。孩子吓了一跳，才会不停地哭。"这一刻，我又冒出了冷汗。我本就担心女孩受伤严重，所幸女孩父母和蔼地接受了我们的道歉，这让我很感激。和女孩父母聊天的时候，女孩的哭声也完全停止了。在回家的路上，我和外甥聊了一会儿："贤书啊，你道歉是对的吧？""嗯。""如果你不道歉的话，心情就会一直沉重下去；如果女孩没有得到你的道歉，也会觉得委屈、痛苦，会哭很久。以后也是这样，如果你犯错了，尽快道歉是最好的解决办法。"

触动我创伤的惊喜之作，《公主日记》

有时，电影中一个非常普通的场景也会使我泪流满面。面对这种状况，我既感到心痛，又感到惊慌。细想来，也许是因为电影触动了埋藏情结和创伤的内心角落。电影中的场景没有刻意催泪，只是令我的情结受到意料之外的刺激，然后诱发了我的创伤。在安妮·海瑟薇主演的电影《公主日记》中，祖母克拉丽莎难过地看着孙女米娅。第一次找到孙女时，她正急着为吉诺维亚王国找到继承人。吉诺维亚是她毕生守护的珍贵王国，比起初次见到孙女的喜悦，她更忧心眼前这个不明事理的孩子能否成为一名合格的统治者。

克拉丽莎一生从未偏离过模范的生活。然而，当看到失误的孙女在交际场上失落地垂着双肩，她第一次想要脱离既定的生活。现在站在她面前的，不是下一位继承人，而是令自己感到心疼的孙女。于是，她对孙女提议，说："我们今天就去玩吧！"作为一位模范君主和完美主义者，她取消一切日程安排，甩开全部护卫，独自驾驶着野马汽车，带着孙女去兜风。

奇怪的是，这个场景令我的眼泪夺眶而出。为什么会这样？也许我长久期待着有人能对我说出这样的话。我不会对自己说："今天去玩吧。别担心，取消所有日程，直接去玩吧。"我只会暗自等待拥有温暖眼神的奶奶、母亲或某个无条件爱我的人亲切地伸出手来，对我说出这些话。我在无意识中恳切地追寻着这些，却不敢说出口。这就是我的情结和执念所在。我如此期待休息和玩乐，但强大的超自我却不断地压迫着我，说："你不能玩，你必须不停地努力。"

看完电影之后，我试着和自己对话："什么也不用担心，今天爱怎么玩就怎么玩吧。从来不懂该怎么好好玩的内在小孩啊，就算尽情地玩耍，也不会发生任何坏事。"就这样，我愉快地告别了长久以来的情结。

微笑让人忘我

弗兰斯·哈尔斯的画作《快活的醉鬼》（1630），使人一看就发笑。酒味自画中扑面而来，快活的醉鬼摇晃着酒杯，令画面也跟着一起晃动。看着这幅画，原本十分清醒的我也好像醉了一样。这种感觉真不错。弗兰斯·哈尔斯的其他画作里也多次出现"醉汉"的形象，大概是因为他早已在轻微的陶醉和慵懒的醉意中，发现了人类宿命般的本质。

醉汉摇晃着右手，左手拿着半杯白葡萄酒。他的表情展现了陶醉与喜悦原本该有的模样。满面红光的他手拿酒杯，脸上荡漾着心满意足的微笑，样子很是滑稽有趣。他似乎对未来没有任何担忧，对过去也毫无留恋。这种明朗纯净的陶醉，让观众不禁露出微笑。"幸福的酒鬼"似乎在和我们自然地进行对话，这让人不禁想到：画家为了在短时间内让模特感到舒适、捕捉到他醉酒的自然面貌，究竟需要多么敏锐灵活。比起讲述特别的故事，经常描绘酒鬼的弗兰斯·哈尔斯更致力于捕捉"瞬间蒸发的微笑"。也许是因为他已经懂得，曲折人生中的耀眼时光其实就是这种看似平淡无聊，却以微笑点亮世界的时间。

悲伤是不断渗透到体内的情感的重力。与悲伤相配的许多词语，譬如"深深""沉浸""下沉""挣脱"等，都给人一种沉重感。悲伤能将人囚禁在自己制造的情感监狱里。因此，待在陷入悲伤的人身边，我们会感受到巨大的壁垒。陷入悲伤的人离自己太近，因而陷入一种以自我为中心的状态，这就是悲伤所具有的消极的内向性。然而，笑容能让人突然抛开"自我"。我在何处、我在做什么事、我要承担什么责任、我有怎样的悲伤，这些念头在我们绽放笑容时，会被暂时搁置。笑容有使人忘我和远离自我中心主义的魔力，这就是笑容所具有的积极的外向性。这幅充满欢笑的画作，总能把我从悲伤和忧郁的泥沼中救出。

想说给受伤的我听

　　有时，跟自己对话比跟他人对话还难。直到今日，我的心中还会传来这种声音："你就只能做到这个程度吗？这就是你才能的极限了？你真的竭尽全力了吗？"这种声音的源头是严厉鞭策我的母亲。一旦我睡了懒觉，就会听到她的训斥："怎么这么能睡，我看你长大了能出息成什么样子?!"

　　我在这种严格的教导中长大，既梦想着成为母亲期望中的模范女儿，又总是被不安和忧郁紧紧缠绕。至今，我在交友方面还是有困难，并且患有质疑别人好意的心灵洁癖。我没有孩子，不至于将这种心理创伤传递给他，但在我的内心深处，始终蜷缩着一个内在小孩。这个小孩总是痛苦地呐喊着："你没有真正的朋友！"

　　值得庆幸的是，我的侄子侄女们拥有玩到累倒的自由，拥有学习不好也不会被父母责备、不以成绩被评判价值的权利。我的妹妹们似乎下定决心，一定不要把自己的孩子培养成像我这样的——孤独可怜的模范生。知道这些事之后，我终于松了一口气。还好妹妹没有成为可怕的母亲，她依旧享有被孩子深爱的权利，我对此感到安心。

　　抚慰自己的情结，其实出人意料的简单。"抚慰心灵训练"能够绘制出情结的地形图。因外貌、社会地位、学历、财产、人气或名誉等引发的无数情结，一同构成了名为情结的星宿图。我们不妨像寻找穴位进行针灸的医师一样，怀着抚慰伤痛的心情，寻找并安抚被缺失所折磨的部分。如果你也有很多情结，我想对你说："我知道你有所欠缺，但珍贵如你、美丽如你、耀眼如你，就算怀有很多情结，也还是顺利地坚持到了现在。这样的你，真的很了不起！"

　　尽管我有太多情结，也遗失了自我关怀之法，但我仍然希望今天的我能抱紧自己。我不因自己的优点而美丽，我的美丽体现在能拥抱一切缺点，勇敢地坚持到今天。情结所在的地方不仅有痛苦在蠢蠢欲动，还会上演疗愈的奇迹，并且有望发生人生的转折。

我的梦常有无法好好到达目的地的情节。梦中的我总是重返 20 多岁，场景是要去做课外兼职，却突然碰上了以前从未遇到过的巨大洪水，只能急得在路边直跺脚。洪水泛滥，公交车也走不了，我虽然连路都不知道，却想着走也要走到打工的地方去。就算在梦里，我也没担心因洪水而不能回家，而是担心无法遵守与学生的约定，害怕失去打工的机会。实际上，现实中从未发生过这样的事，这样的梦给我带来了难以置信的伤痛，妨碍我迎接幸福的早晨。这种迫切地想到达某地却失败的故事，算是我梦里的常客了。

荣格心理学派所追求的是：通过梦中的故事，发现自己看待人生的蓝图。"那只是一场荒唐的梦，没有任何意义。"如果这样无视梦中的故事，就会阻碍梦对生活给予真正意义上的帮助。梦总是通过"象征的语言"与我们对话。例如，假如梦中的故事是家人遭遇交通事故，那这并非意味着次日该让家人小心，而应通过"家人的交通事故"这一象征，努力了解无意识传达的恳切信息。这个梦可能意味着我们的人际关系出现了重大问题，也可能象征着自己内心深处有尚未解决的矛盾。我们不一定要把对梦的解释交给医生或精神分析专家，也可以通过自己的意志和努力来进行解释，这一点非常重要。比起依靠他人的帮助，当人相信自己可以解释梦的意义时，意识与无意识之间的关系更容易达成和谐。

无意识不是意识堆放压抑之物的内在垃圾场。如果把意识比喻成树，那无意识就是潜藏各种精神养分的土壤。我们掌控着意识的方向盘，播下不同的精神种子，这决定了"意识"之树的种类和成长程度。读什么样的书、见什么样的人、去什么样的场所，都算意识的种子。无意识的内容物会不断向意识的方向上升，为后者提供成长的养分。将隐藏在无意识中的潜能提升至意识层面，这才是完善自我的自性化过程。

童年时代吸引我的东西

　　小时候，我喜欢一切纸质品，比如纸质书、折纸、报纸、杂志、钢琴乐谱、传单，甚至连火车票和公共汽车票，我都爱不释手。其中，我最爱的当然还是纸质书，从袖珍版童话到大人的杂志，都被我看了个遍。大人曾经警告我说"小孩子不能看这种杂志"，但我并没有把这话放在心上，也就那么看完了。有些内容在当时确实是不解其意，长大之后才了解了其中的含义。我曾经阅读过的一切书籍，最终都变成了滋养我的养分。阿斯特丽德·林格伦有个不怎么迷人的童话故事，叫作《小小流浪汉》，它整整被我读了一百多遍。这个故事讲述了少年拉斯莫斯在逃离孤儿院后，是怎样更彻底地沦为悲惨孤儿的。

　　拉斯莫斯梦想着能被优秀的养父母领养，但这个梦想却总是受挫。他一直以失误精、淘气包、捣蛋鬼的身份过活，总是被人狠狠教训，从来没被好好爱过。一天夜里，他不小心犯了个错误，因害怕被孤儿院院长教训，就毅然决然地跑出了孤儿院。在路上，他结识了快乐的流浪汉奥斯卡尔。奥斯卡尔习惯了漂泊不定的生活，他靠去别人家里做杂活来养活自己，是一个贫穷又诚实的人。奥斯卡尔宁愿流浪也不愿给任何人添麻烦，他自由的灵魂让拉斯莫斯非常着迷。不光是他，我也对奥斯卡尔的每个行动感到心动。当拉斯莫斯与奥斯卡尔一起辗转于世界的各个角落，他慢慢发现了最宝贵的人生价值。

　　当拉斯莫斯终于遇到愿意接受他的养父母时，我的心中燃起了难以名状的火焰。我一边希望他能和养父母一起幸福地生活，一边又希望他能和奥斯卡尔无止境地流浪，这两种愿望不断拉扯着我。拉斯莫斯终于找到了自己的安身之所，但流浪旅程中那些让人捏一把汗的刺激冒险也很美好呀。通过这本书，我仿若亲身体会了渴望独立的梦、彷徨的权利和四处奔波的美。

　　直到现在，在我心底的某处，还残存着孤儿拉斯莫斯刻骨铭心的孤独，还弥漫着对流浪汉奥斯卡尔的心动。每当我想到"可以这么彷徨吗？可以这样漫无目的地继续苦恼吗？"，我心中的故乡——《小小流浪汉》就会回归。这本书仍在我的耳边窃窃私语，告知我安心彷徨也无妨。就算漫无目的地去冒险，也没有关系呀。只要是留有爱意和希望的地方，无论多么简陋，也都能成为我坚实的家。

幸福地迷失于理想中的书店

　　我理想中的书店不仅堆满了书，还应设有一直延伸至天花板的古朴阶梯，仿佛从地面流向永恒。每层阶梯都横放着美妙的书籍，供客人喝咖啡和品茶的桌子随处可见。即便有几千人同在书店，大家也能各自阅读、放声朗读或围绕书籍进行研讨。在此进行的一切，丝毫不令人感到吵闹。

　　只是想象一下这些场景，我就感觉很幸福。书店店员和读者这两种身份不应分离，我希望所有客人都能像店员一样，不管别人前来询问哪一本书，都能滔滔不绝地对其进行介绍。譬如"请留意第148页，此处对主人公的心理描写是点睛之笔"。以这种方式提供书籍具体信息的人，若是能在书店各处安营扎寨的话，该有多好。任何人都能轻松地翻开书本，但谁也不会在书上留下任何污垢，所有人都保有对书籍的无限尊重和热爱。这就是我心中的理想书店，也是我日日渴望访问的乌托邦。

　　这世上的许多书店，原封不动地呈现着店主人的世界观和品位。有的书店只为一个人、一本书策划出版，有的书店连招牌都不挂，仅凭口碑和常客就成了业界隐藏的宝石。有的店主会把自己的书房改为贴近生活的书店。有的书店考虑到只想专注于书籍的顾客，为他们提供完全与外部隔绝的安静空间，这类店不通电，客人也无法使用电视和智能手机，只能做阅读这一件事。我曾去过这样一家书店，那里的店员会认真地读完一本书，然后在漂亮的便利贴或明信片上写下喜欢该书的理由。任谁看过这些温馨的手写推荐，都不可能一本书都不买吧？

　　上述的这些书店，比起追逐书籍的市场性和营利性，只将店主人对书籍的热爱作为真正的动力。在媒体复杂多变的当今时代，这类充满个性的社区书店逐渐增多的事实，是否意味着仍有许多人想通过书籍这一媒介来分享人生中珍贵的温暖呢？我们应当鼓起勇气，放声朗读书籍、举办书籍研讨会，与他人分享好书里的故事并相互赠送书籍。就让我们轻轻拂去书架上的灰尘，拾起很久以前就决心要读的书，从今天开始阅读吧。

025

THU 人

急需文学青年的时代

文学青年正在慢慢减少。所谓的"文学青年"，未必一定要以当作家为目标。只要是阅读、谈论文学作品就会感到充实的人，无论他在什么年纪，都算是纯粹的"青年"。大学时期，文学社团可谓门庭若市。很多前后辈并非有志于成为作家，他们只是认为"老是感觉文学好"。我当时羞于直说文学好，就只讲自己对文学稍微有点关心。本来就有那么多人喜欢文学，多到似乎不能再加上一个我的地步，文学在当时就是这样人气满分。但如今，在大学或图书馆进行人文类演讲时，我很难再找到真正的文学青年了。文学作品常作为人文类演讲的"套餐"进入公众视野，在大学中演讲的时候，集中学生注意力比以往任何时候都难。

在一次活动上，主办方邀请了某著名法学院教授接受采访。他提到自己从小就诗集、小说不离手。一提到"法学"二字，我的脑海中首先浮现出生硬呆板的印象，便提了这样的问题："其实最近法学院的学生里，几乎没有喜欢文学的。您是怎么做到在研究法学几十年的同时，没有错过与文学的缘分呢？"教授反问道："你是在说，法学生就不能对文学有关心了吗？"我忙解释："不，绝对不是这个意思。我是因为太激动了才这么问，怀着希望大家都能够像您一样的心情。"虽然我事后替自己进行了辩解，但也等于是坦白了"法学生不喜欢文学"的偏见。此刻，教授的眼神才柔和了一些，他继续讲道："我上大学的时候，法学生也非常热爱文学。有些学生想成为小说家或诗人，但不忍心告诉父母，就选择了法学院或经营学院。"

我真心羡慕那个年代。倒不是因为我的专业是文学，而是因为我始终坚信：热爱文学的人越多，这个社会就越温暖，也越值得人们身处其中。只要你能真心热爱着什么，与之相关的道路就会为你敞开。文学总能给我朝人生更进一步的勇气，越处在紧急状况下，这种勇气就越使人昂扬向上。

026 二次创伤的冲击

倘若连世上最能理解我痛苦的人都背弃了我,那这种痛苦还能被忍受吗?比起"一次创伤","二次创伤"能以更强的破坏力摧毁我们的生命。二次创伤的本质是无人理解和共情"一次创伤"带来的痛苦。比伤痛更可怕的,大概就是最亲近之人的回避。有时,即便我们面对挚爱,也会行使"回避"的权利,因为反复咀嚼痛苦是痛苦的事。就算我们没有刻意回避,也会不知不觉地远离正在痛苦的人。

由凯拉·奈特利主演的电影《余波》(*The Aftermath*)讲述了一对夫妇因"回避"而使彼此更加痛苦的故事。二战期间,主人公瑞秋在德军的轰炸中失去了年幼的儿子迈克尔,接着又因恐惧失去丈夫而战战兢兢。她的丈夫刘易斯是一名英国军官,负责重建战争后化为废墟的汉堡,但他似乎对重建妻子崩塌的生活漠不关心。从瑞秋的立场来看,一直往家门外跑的丈夫太过冷漠,让自己非常受伤。他不愿意陪伴在丧子的自己身边,甚至连儿子的事都不愿意再提,这让她深感绝望。经历过每晚的哭泣,她终于向他坦白:"对于儿子的死,你好像没有我那么伤心! 你好像也没有我那么痛苦!"陷入极度孤独的瑞秋,最终与能理解自己的德国男人坠入爱河,她想离开丈夫。

镜头一直站在妻子的立场上刻画丈夫无情的一面,直到故事结尾才将焦点放在了丈夫不为人知的痛苦上。当妻子终于收拾好行李准备离开时,丈夫也向她吐露了心声:"只要看到你,我就会想起我们的孩子。只要拥抱你,我就能嗅到儿子的气息。"丈夫坦白说,即使妻子离开,她也永远是自己生命中最重要的人。在妻子离开时,他看到了儿子的旧毛衣。终于,他的悲伤爆发了。直到妻子要和别的男人离开,丈夫才开始注意到妻子从未被关怀过的创伤。如果他们能读懂对方发出的求救信号,那这段关系就还有希望。这个故事讲述了"二次创伤"的冲击力,故事的力量在于让人听到不被注意的心声。

爱于痛苦中再次绽放

《圣母怜子图》（1889）既是凡·高的自画像，也描绘了圣母怀抱着耶稣悲叹的模样。如果能给这幅画起个名字，我希望它叫作《路上的圣母》。与我们经常看到的圣母马利亚像不同，这幅画中的圣母并没有待在特定的场所，而是彷徨在一条无名之路上。这幅画的主人公似乎不是耶稣，而是为耶稣遮挡狂风的圣母马利亚。随风疯狂舞动的长袍下摆，彰显着她不得不承受的世间风暴之重。

奇怪的是，比起痛苦，马利亚的脸上流露出神秘的喜悦。她的姿势好像不是怀抱耶稣，而是在向整个世界张开双臂，展现出意欲雄辩的强烈意志："看看这个人吧！看看神的儿子吧！就是你们把他推入了绝望的深渊！"马利亚的尖叫在狂风中显得尤为坚决凝重。她超越了母性，向着使儿子沦落至这种悲惨境地的世间伸出了宽广的怀抱。

受伤的人之所以会受到更深的伤害，是因为哪怕自己伤势严重，也不被别人理解。我们应当将这一事实告诉深感痛苦之人：虽然你受伤了，但你没被创伤彻底摧毁。你的心还在怦怦跳动，你的未来将迎来更加耀眼的日子。

当一个人想了结一切，他人的共情是最后一根稻草。当一个人呆立在悬崖边上，共情会恰如其分地勾勒出他的绝望。不知疲惫的共情不懂该如何屈服，它只会温柔地去牵我们的手。共情不管我们现在有多沮丧，也不在意我们现在能否被别人接纳。扑通扑通，我们的心脏正在跃动。这是心在努力让我们感知到生命的律动。就让我们以温暖的共情来与痛苦的他人双手交握。

展露关怀的言行

　　小学时的我是个孤独的孩子。那时，我害怕交朋友，又总希望有朋友先向我靠近。我内心深处幻想的美妙友情，正如诗人柳岸津的《梦想着芝兰之交》一诗所呈现的那样。如果要问我的理想朋友是怎样，我希望能在晚饭后毫无拘束地找他喝茶；我希望就算我没换掉微有泡菜味的衣服，他也不会揭我的短；我希望不管我对他讲了什么，他都不会向任何人吐露。年幼的我一边好奇能否交到这种朋友，一边充满永远都交不到这种朋友的恐惧。追忆往昔，也有朋友曾主动接近我。她以温暖的目光主动向我致意，还教动作慢吞吞的我做针织。我很难主动接近别人，而她是第一个主动来接近我的人。像我这样的孤单少女，最迫切需要的就是关怀。决心教我做针织的她，以一颗无比真诚的心，给予了我这种关怀。正是这种温暖的关怀，使我摆脱了"没有朋友"的孤立感。此后，我也学会如何主动靠近害羞的人，并与其慢慢成为朋友。事到如今，我才明白关怀能融化人们冰封已久的心。

　　哪怕只能给予别人微小的关怀也好。譬如，打开门走进餐厅时，为身后的陌生人撑一下门；看到有人好像迷路时，主动询问他是否需要帮助；看到搭公交车或地铁的陌生老奶奶时，帮她提一下沉重的行李；看到不想独自吃饭的朋友饿肚子时，给他打电话发出"今天我请客"的温暖邀请。这样的关怀会给早已失去温暖的生活带来温热的人性能量，也能给他人重启人生的勇气。关怀所包含的精神是对他人的"尊重"。爱情和友情的前提是对彼此怀有深刻的理解，关怀却能给予完全陌生的人。关怀本身就意味着对陌生人的无条件尊重，意味着即便今日才与某人初遇，也无条件地相信对方是值得尊重的人。关怀的前提是珍视相遇的心，这种珍视并非出于某人对自己不错，或是出于某人给过自己实质性的利益，而是仅凭相遇这件事。

　　关怀和尊重能打破人种、文化及制度的所有界限，也能打破男女老少之间的界限。溢满温暖的关怀和充满修养的尊重比任何最尖端的新型药品都更能保护我们免受伤害，大概就是最切实的"心灵免疫力"。

真正站在自己这一边

有的人虽然被别人认可为"善良的人",却没法忠实地表达自己的情感。每个人在遇到困难时都会想到这类人,但当他们自己也遇到困难,又能向谁求助呢?"empath"(共情者)就用来指代这样的人,他们能对他人发挥无限的共情能力,却无法真正站在自己这一边。"共情者"的特征是擅长迎合他人,能够轻易对他人的痛苦产生共鸣,却无法充分关怀自己的痛苦情感。

为了帮到这类"共情者",我会推荐他们开启"自我与自性的对话"。因为越是训练自己与内心深处的念头对话,就越能掌握"真正站在自己这一边"的方法。当有人以无比恳切的表情,开口吐出令我为难的请求,我的自我会这样对我说:"如果拒绝这个请求,他会不会讨厌我呢?他也是因为太疲惫了,才这么拜托我的吧?"然而,自性会如此回答:"如果是你的话,你会尽量不去拜托他人做为难的事吧?他提出这种艰难请求的瞬间,比起考虑你的感受,其实是首先站在了自己的立场上。无论他有多么疲惫,你现在最应该照顾的人还是你。在我看来,此刻最需要关怀和照料的就是你自己。"

我通过这种方式来训练自己学会拒绝。如果我们站到"自我"的一边,就会为了看起来善良而站到别人那一边,从而践踏"自性"真正的期盼。为了能真正站在自己这一边,我们有时需要拒绝他人的请求。

这种自我与自性之间展开的对话,在每个需要做出决定的瞬间,都对我起到了帮助。自我总是试图无视自性渴望的挑战,这样冷嘲热讽地发问:"这么做能行吗?这能被人理解吗?"但自性却以提问的方式来回应体内的自我:"这是你真正想要做的事情吗?如果是的话,就去挑战吧。你在这件事上倾注了全部的心血吗?如果是的话,那就不要后悔。"自性以比自我更勇敢智慧的姿态开启自问自答,始终致力于找寻人生的道路。我们每个人的灵魂都有一面镜子,它映照着我们体内自性的美丽背影。

在他人的创伤中旅行

读着丁柚井的小说《真伊，智妮》，我好似在他人的创伤中旅行，深切地感受到了悲伤。这趟旅程的目的地并非值得拍照的观光名所，而是他人受到伤害的内心深处。这是一次既悲伤又美妙的体验，也是一次让人感恩生命的旅行。读完这部作品之后，我才明白在别人的心理创伤中旅行是一件多么悲伤的事。小说里，饲养员"真伊"进入了倭黑猩猩"智妮"的幻想，踏上了体验智妮创伤的旅程。真伊与智妮进行了灵魂互换，这让真伊有机会探访智妮的无意识空间。倭黑猩猩是地球上仅剩100余只的稀有物种，而真伊则见证了倭黑猩猩被当作昂贵商品贩运的悲惨命运。

读到这本书时，我不得不痛苦地回顾人类的历史。我们通过无止境地吃肉来维生，每年都有数以百万计的动物在比智妮更糟糕的条件下被饲养和虐待，最后被可怕地遗弃。大多数被食用动物都在悲惨的条件下被饲养。智妮梦想在活着的时候获得快乐，友好的饲养员真伊则将自己的最后一口气送给了智妮。如此一来，真伊离人与动物幸福共处的世界更近一步。

野蛮的暴力总是打着文明的幌子。为了终结暴力，我们必须一步一个脚印，迈出与其他生灵共存的步伐。人类与其他生灵的共情、共生之路并不遥远，其他生灵也像我们一样会生病、哭泣和悲伤。只要铭记这一点，我们就能成为更好的人。愿这个美丽的故事唤醒我内心的治愈者（healer），让我能够倾听倭黑猩猩智妮的故事，她曾被人类虐待和卖掉，曾可怕地丧失整个家庭。如果还能保有一颗温暖的心，我们就会懂得倾听别人的痛苦。在这个注重效率的世界里，如果有人能真正理解我们的痛苦，生活就会变得完全不同。当我们很累的时候，只要有一个人能来轻拍我们的后背，就会彻底改变我们的生活，我们会因此迈向一个比今天更加美好的世界。

以朗读之力疗愈创伤

我曾默诵一首诗走过了夜路。"永失挚爱的我这般苦涩 / 永别了，短暂的夜晚 / 窗外飘荡的冬雾 / 一无所知的蜡烛，永别了。"就算只念到这里，独自走夜路的恐惧也已烟消云散。"永别了，再不属于我的热望 / 我如盲者，跌跌撞撞地锁上了门 / 可怜的爱情，也被锁在了空房里。"默诵着诗人奇亨度的《空房》，我的悲伤和忧郁慢慢平息。这首诗如朋友一般，陪我一次次走过夜路。

我从未刻意背诵这首诗。令我惊讶的是，这首 20 年前知晓的诗，直至今日也没被我忘记。这首诗的美是如此特别，以至于连无意识都不愿遗忘。如果说独自默读一首诗是独享丰盛的饭菜，那朗诵一首并与他人分享，就像与亲朋好友一同大快朵颐。

通过文学疗愈创伤的起点，是让蜷缩在内心角落、不断自我虐待的自己，暂时进入文学作品中旅行。比起生猛地直抒胸臆，借助诗的含蓄语言来委婉地抒情吧。只有在脱离日常语法的场合，才能像注视别人一样注视自己，才能以从容的心隔开距离审视自己的苦闷。如同望向一首美丽的诗，望向人生的心也要和自己保持一定距离。于"过分火热的主观"和"过分冰冷的客观"之间，找一个能不偏不倚地看待自己的最佳审美距离，是自我抚慰的最短疗愈之路。随着他人的故事在心中筑巢，我们满载苦闷和渴望的内心海啸也会平息。

如果能长期读诗，就会形成相对的视线，自己的故事像是别人的故事，别人的人生会变成自己的人生。如果你心存苦闷，心底的火山仿佛就要喷发，那就试着开启这个不着边际的冒险——放声读诗吧。就算不朗诵家中存放的名作，只读学生时期教科书里的某一段也好。先平息因愤怒而急促的呼吸，再与能冷静倾听自己声音的另一个"我"相遇，我们才能看清自己那因愤怒而扭曲的脸。

使我成为作家的人

在做书的过程中，作家和编辑间的协作最为关键。借助编辑的各种建议，作家创造的原始语言化为了读者想读的书籍语言。论及使我成为作家的力量，内部来讲是源于自身的努力，外部来讲有八成源自编辑，编辑的杰出建议和指挥能力发挥了巨大力量。那么，作为一位优秀的编辑，应该具备怎样的才能？

一位优秀的编辑应当具备深刻的洞察力，能分辨出作家是否拥有尚未诞生的佳作。写《当时知道就好了》这本书的契机，始于编辑拜托我写下"想转交给20多岁年轻人的信"。我自认无论如何也写不出这样的信，但编辑还是留住了想要临阵脱逃的我，他这样为我应援："老师想写什么就写什么吧!"这种朴素的鼓励是我从"文学评论家"变身为"作家"的原动力。

同时，一位优秀的编辑还应善于等待，并能将痛苦的等待转化为创造性的协作。作家也急于交付优质的原稿，但苦于难以在短时间内写出好的文章，就会在很多时候无意中让编辑久等。在编辑感到痛苦的同时，作家也因让人等待深感心痛。写作本来就是既痛苦又孤独的事，每当作家产生"不如现在就放弃"之类的想法，聪明的编辑会给作家不放弃的勇气。在制作《郑丽蔚月刊》系列时，是编辑给了我无论多辛苦都要继续创作下去的理由。通过编辑，我才得以知晓：有的读者以等待远方来信的心情等待着我的文字。有的读者会在月刊寄送稍迟时，迫不及待地打电话给出版社，忧虑地询问没能送去的缘由。编辑既是作品的初始读者，也是将读者的心声传递给作家的不凡信使。多亏了温暖人心的编辑，我才收获持续创作的力量，至今都没有放弃写作。

最后，一位优秀的编辑还应在心中描摹好书。在急剧变化的媒体大环境下，书籍的立足之地正在逐渐收窄。一位编辑所具备的最高德行，是对创作和读者怀有矢志不渝的热爱。

033 | FRI 电影 | 《晚秋》，被偷走时光的女人

在电影《晚秋》中，安娜被偷走了七年的时光。这种丧失时光的苦痛，无法用任何东西来弥补。在监狱中压抑地度过七年之后，因为母亲的过世而获得特别休假的她，邂逅了一个令自己心动的男人。如果安娜不曾经历痛彻心扉的丧失，只是过着正常的生活，大概不会遇到这样的男人。如果没有发生意外，勋是安娜偶然遇到也不会多看一眼的男人。他以自己的青春为诱饵诱惑中年女性，靠她们的钱维生。奇怪的是，安娜每次与他会面，都有一种即将诀别之感。她的心竟在一次次的会面中变得焦躁起来。人的渴望越大，心便愈加急切，更是什么都抓不住。如果陷入无法实现的爱情，世间于自身而言，终归是晚秋。寒冬即刻便要来临，如果能将秋日的暖阳多留住一天，那该有多好。

蒙受杀人冤屈的安娜仍须重返监狱，而勋也给不出任何关于离别的解释。在离开之前，他只留给安娜一个难忘的吻，以及沾有他体温的手表和大衣。旧手表对人的告白，是"我的时间现在属于你了"。勋想让安娜活出属于自己的时间。不为任何人而活，也不为任何人的错误而活，就只开启属于自己的时间。勋送给她的不仅是旧手表，还是崭新命运下的无尽时光。从现在起，不要被已逝的光阴束缚，要将时间作为厚礼送给自己。不要受限于世人行走的速度，也不要去责怪任何人，要好好珍惜属于自己的时光。

在这之后，两年的时光匆匆而过，安娜表现得好像从未遇到过勋。她一生中最灿烂的时光是在监狱中度过的。等到刑满释放的那天，她的沧桑面容比以往任何时候都更加富有生机。是什么使她变得如此耀眼？或许是对勋的等待和对崭新生活的纯真向往。被困在监狱的七年间，安娜的人生时钟停止了。勋的到来使她重启了时间。纵使再难相遇，某人留下的时光礼物，永远不会被抹去。

每个人都会迎来人生的新纪元。哪怕自以为希望之火早已熄灭，只要生命不息，这样的时刻终究会降临。永远不要嫌弃它来得太晚，哪怕是在世界末日那天，只因生命会在迎来新纪元的前后呈现出截然不同的面貌。随着新纪元的开启，我们尘封的心扉会豁然敞开。于世间飘零已久的你，终将迎来新生。到了那个时候，在我眼前的你虽然陌生，但会面带微笑。我会凝视你的微笑，以坠入爱河作为回敬。

母亲和儿子之间的无形矛盾

初次在奥赛博物馆看到詹姆斯·惠斯勒的《灰与黑的协奏》（1871）时，我对他的亲生母亲产生了强烈的好奇。惠斯勒以母亲为原型创作的这幅画，不知为何给人一种全副武装的距离感。透过这幅画作，我们感受不到画家对年迈的母亲有任何怜悯之情，也捕捉不到恶意和善意。答应当模特的母亲和作为画家的儿子之间，似乎笼罩着一种紧张感。

惠斯勒曾强调说："与其说这幅画是在画母亲，不如说这是一场展示灰与黑之间和谐关系的视觉实验。"但人们似乎更想从这幅画中看到另外的一面，也更常将这幅画视为画家母亲的肖像画。美国人将画家母亲的朴素衣着和禁欲表情解读为"美国人的理想母爱"。实际上，母亲认为儿子支付给其他女人的模特费太多，担忧给模特包揽衣食的儿子总是艰难过活。母亲无法理解儿子为了美而搞出的种种浪费，因而总是暗含隐忧。而这份忧虑，大概就是画中紧张感的源头。

据说，惠斯勒因母亲的反对而与心爱的女人分手，甚至被迫回到美国。母子之间可谓事事对立。正因两人的不和，这幅画才保留了令人刺痛的紧张感和美学上的距离感。儿子为了美丽的画作而不惜一切耗费，母亲则更看重眼前的现实与经济稳定。两人之间锋利的紧张感，反而使这幅画成了独具魅力的故事宝库。

伟大的画家也与自己的母亲有过矛盾，这对我构成了某种安慰。自古至今，理想与现实之间的矛盾是父母和子女都会反复经历的。我们和父母所经历的种种矛盾具有普遍性。所以，对于与父母太过不同的自己，希望你能给予更多的爱意、支持和安慰。

035

SUN
对话

再也不要因你受伤

不仅是爱情有不平等的时候，就连友情也不例外。我曾发觉朋友对我好的程度不如我待他那么好。意识到这一点的瞬间，我像被恋人抛弃了一样，觉察到自己的悲惨。以前的我非常喜欢交朋友，也有过很多次类似的经历。现在的我报复般地要封心锁爱，但又每每输给一个"情"字，到头来还是降服于友情。直到某位朋友长期回避我，一直不停地冷落我，也丝毫不给予我任何回应，我才终于受够了持续不断的伤害，决心停止这段友情。

他是让我喜欢的朋友，却万万不是能让我幸福的朋友。越是想起他，我的身影就越加渺小，我的情绪就越加悲伤、愤怒。他因沉浸于忧郁而选择冷落我，却完全没能意识到，这种冷落会夺走我内心的光。他那令人无法忍受的漫不经心，让我显得更加悲惨。

于是，我试着这样问自己："你到底有没有无条件喜欢他的勇气呢？就算他完全不喜欢你，你也敢于继续喜欢他、疼爱他、思念他吗？"此时，我感到"是"与"否"两种回答同时从体内喷涌而出。我的确非常中意他，但也的确再无毅力，去悲惨地完成又一次的自我弃置。所以，我要把自己从对他的感情中解救出来。

现在我和他已经不再联系。在他向我递来重燃友情的信号之前，我们恐怕都很难再有联系。也许在未来的某天，我能彻底摆脱对这份友情的执念，忘掉他是否中意我之类的事。那么，我会打电话向他告白："这个世界上再也没有像你一样的朋友了。"然而，现在谈论这些还为时尚早。除非我能拥有更宽广的胸怀，得以无条件地去爱。否则，现在的我，只想抱抱总是单方面受伤的自己。现在的我只想告诉自己："没关系，没关系的啊。你对这个朋友已经竭尽全力了。你不顾岁月漫长，持续朝他发送友谊的信号，而这份对你毫无回应的友情，终究不属于你。"

原来这份友情终究不属于我。某人是我真正的朋友，我曾对此深信不疑。直到现在，我终于醒悟，他的美丽绝不属于我。泪水开始积蓄。现在真的到了该放手的时候。有时，人要有对挚爱放手的勇气。

MON
心理学

一次创伤和二次创伤

　　如果说一次创伤不可避免，那二次创伤的发生往往缘于身边人的反应。倘若一次创伤的表现是儿时遭受父母的虐待，那二次创伤就是产生"谁都不爱我"的自我认识，并在这种认知的不断固化下，逐渐关闭心扉。二次创伤可能比一次创伤更加痛苦和致命，它会摧毁人疗愈创伤的意志。一次创伤主要是指在童年时期或刚步入社会时意外经历的心理创伤，它因无法预料而难以阻挡。二次创伤在某种程度是可以预测的，它的存在有一个前提，就是我们已经清楚地认识到：自己是在什么情况下被伤害的、自己曾被怎样的话语所伤害。

　　通过观察和审视自己受伤的模式以及别人伤害自己的模式，我们能看清二次创伤的来源。二次创伤主要来自于亲近之人的横加指责、加害者荒唐的辩解和贼喊捉贼式的回应。"为什么要因为那种事而受伤""别人也都是这么过来的，你也忍忍吧""是你太敏感了才会这样，别人都忍得好好的"之类的话，都会诱发二次创伤。还有"并不是我要打你，而是你总是干会挨打的事""肯定是因为他自己不会做人，才碰到这种事"之类的狡辩和指责，也会点燃二次创伤。最后，"只这样还算是好的了"这类无用的安慰，也会促使二次创伤发生。这样的话语并不珍视当事人的伤痛，这种将伤痛变得微不足道的试图，使原本就受伤的人感到愈加无力。类似的话语都在强化二次创伤。

　　一次创伤像皮肤上的伤口，二次创伤则像肉眼看不见的致命内伤。表层的创伤让感知到严重性的人决心治愈，但受伤程度更严重的内伤却很难显现完整的轮廓。我们的目标不是阻挡一次创伤，而是开发出能抵御二次创伤的自我疗愈之法。我们的身体不该因为受伤而愈加恐惧和不安。为了描绘比创伤更宏大的人生蓝图，负伤的我们要勇敢地前行。

037

TUE
📖
阅读

想要窥探某人的心灵宝库

读着诗人李根华的作品《渺小的人说话时》，我想把诗人喜欢的一切都找来看看。这不只是因为作品合我心意，也是因为诗人本身令我产生了一种难以抑制的好奇。我十分好奇她的成长经历、钟爱的事物和心底埋藏的东西。这本书记录了诗人的日常生活和读书目录，谈论了诗人钟爱的孩子、电影、照片和音乐。读着读着，我想悄悄潜入她的心，在蔚然可观的爱的回忆中旅行。仅是读着她的文字，我的心就变得宽广而深沉，散发出无尽的芬芳。在她的文字中，有关孩子的故事总是突然登场。这些故事的存在就像难以被意识到的空气，渗透到我们日常的各个角落。孩子总是用意料之外的提问和突如其来的成长令大人备感惊慌。如果你正因抚育孩子而备感辛劳，如果你的孩子也在日益飞速地成长，那你一定能在李根华的书中找到片刻的安宁。诗人为了成全读者的这份安宁而迫切地写作，这份迫切打动着我的心。

在读到诗人的喜爱之物时，关于钢琴家玛塔·阿格里奇的部分很是显眼。阿格里奇曾三次结婚，在每段婚姻里都生下了一个女儿。她的人生可谓波澜壮阔，而诗人则以一种别样的声音与其对话。阿格里奇和女儿就像朋友一样相处，有时反而给人一种女儿在照顾妈妈的感觉。她从不催促孩子学习，甚至对女儿这样说："为什么要去学校那种无聊的地方呢？"原来不强求孩子按自己想法生活的妈妈，当真存在于世。

阿格里奇是一位因赴海外演出而时常离家的妈妈，一位因过于天才而难以望其项背的妈妈，但她又是一位绝不自大、绝不训斥孩子的妈妈，一位偶尔也像孩子一样需要照顾和安抚的妈妈。她没有将艺术家的生活和作为母亲的生活强行分开，为了维持这种美好自然的生活，她也没有遵从任何人提出的建议。虽然女儿缺乏严格的教育和温暖的关怀，也有很多感到孤独和辛苦的瞬间，但她们丝毫没有显得阴郁或匮乏。她们完整地继承了妈妈的热情、才华和对生活的热爱，就算不得不面临悲伤和忧郁，也能将其看作心灵成长的必经之路。读完李根华的这本书，她和阿格里奇的身影极为相似地在我心中重叠。艺术家的人生与普通人的人生交织着融为一体，李根华和阿格里奇这两位战士的形象也住进了我的心中。

毫无保留地展露内心

偶尔会有人向我吐露深邃的心声。这时，我好似看到了儿时的自己，心里感到麻酥酥的。我总是不自觉地觉得，如果不能好好隐藏情感，就会因此而受伤。事实上，一遇到对我倾诉一切的人，我的心就会跟着对方痛苦，并对他的故事难以忘怀。我对每位前来坦诚痛苦的人，都怀着一种责任感。我想，这个人捧着创伤朝我走来，一定有什么理由。经过长期的社会生活，我们理应熟知何时该隐藏自己的故事，何时该向他人讲述自己的故事。但当痛苦到达忍耐的极限，这种有关诉说的规则就会轰然倒塌。就"职场霸凌"一事向我寻求咨询的 A 就处于这种状况。A 明知我并非专业的心理咨询师，还是哭着给我打来了电话："除了您，我想不到任何人能听我的故事了。"

我听后顿感慌张，但也只得继续听下去。要不是到了万不得已的程度，他又怎么会向我这个不太亲近的人求救呢？虽说在此之前，因为工作的原因，我与他的全部接触仅限于一起吃过几次饭，但我一直认为他很有才能。这样一位我眼中的好人、具备卓越才能和热情的人，居然会在职场中受欺负，这样的事实令人难以置信和心痛。听过他的诉说，事情的始末开始渐渐明了。自从 A 受到社长的称赞，嫉妒他才能的前辈 B 就开始排挤他。B 将 A 排除在重要业务之外，切断了 A 再次被夸奖的一切可能，甚至离间 A 和所有高度评价 A 的人。自此，没有人再和 A 一起吃饭，也几乎没有人先向 A 打招呼。听完他在职场上是如何被完全孤立的，我感到郁闷不已。更令人难以置信的是，他没有犯过任何错误，仅因"被某人讨厌"这一个理由，就遭受了被迫离职的无言的压力。

我设法让他倾听我的心理学演讲，并与他一同分担痛苦，直到他最终得到对方的正式道歉。值得庆幸的是，现在的他幸福地适应着新的职场生活。我也是通过他才得以领悟，只有怀有充分的勇气，才能向某人展现自己全部的内心。这种将痛苦心事坦诚的勇气会成为疗愈创伤的第一步。

039 踏上无尽的觉醒之路

有时，人会难以看清前路。有些事仅靠努力是不行的，有些人生课题就算得到别人的帮助也依旧无法解决。这时，比起以悲壮的姿态疯狂寻找出路，不如慢慢欣赏前辈的人生之旅。他人要走的路未必与我们相同，但所有讲述开拓艰辛道路的故事都能让人有所启迪。

兼具智慧与勇气的梅丽尔·斯特里普不仅是世界级电影演员，也是值得每个人效仿的杰出导师。每当我感到疲惫和不安时，我就会从她的电影中获取勇气和安定。在《妈妈咪呀》中，梅丽尔饰演了一位独自抚养女儿、勇敢开拓自己人生之路的母亲。这位母亲在自己的初恋面前，依旧脸红得像位害羞的少女。在《穿普拉达的女王》中梅丽尔饰演了主编米兰达·普雷斯丽，这位主人公的性格寒冷如冰，但内心深处却蕴藏着对工作的无限热情。梅丽尔出演的《走出非洲》《朱莉与朱莉娅》《廊桥遗梦》等作品也是宝石般的佳作，可谓融真诚和热情于一体。

无论身居何处，梅丽尔都懂得怎样成为人生的真正主人公，她靠的并不是华丽的外表或绚烂的动作戏，而是对他人的深刻理解和共情，以及对工作的无限热情和信心。除此之外，她也懂得该如何称赞别人。作为一个无论何时都能给予后辈勇气的人，她不仅是后辈演员的职业模范，就连在日常生活中，她也能以温暖坚韧的面貌为后辈以身作则。正因如此，喜欢梅丽尔的人不胜枚举。与梅丽尔演对手戏的演员，面对她饰演的恋人，会真的和她坠入爱河；面对她饰演的敌人，会发自内心地感到畏惧；面对她饰演的朋友，会与她结成真正的友谊。梅丽尔似乎拥有一种神奇的心灵魔法，能令一切关系拥有恰到好处的默契。

在镜头面前，梅丽尔是一位在演技中燃烧一切的优秀演员。但在拍摄结束后，她也能毫不犹豫地重回"普通人"的角色。她没有过分在意他人的视线，而是敢于毫无修饰地忠实于自己的人生，这大概就是在践行"活在当下"这一最高智慧。她曾参与反核运动、环保运动、女性运动，不断朝更好的世界迈进。可以说，她不仅发挥着自己超凡的才能，还将生活之美表现得愈加动人。聪慧坚韧的梅丽尔不断给我们带来耀眼的灵感，提醒我们世间之物的紧密相连。

毫不掩饰地成为自己

奥黛丽·赫本主演的电影《蒂凡尼的早餐》既展现了情侣间的浪漫史，也是情侣在图书馆里确认真爱的代表作。霍莉和保罗是租住在同一栋楼的邻居。保罗是一位真挚单纯的青年，梦想着成为杰出的作家。他试图向霍莉吐露爱意，但霍莉身后总有很多追随她的男人，这让他很难找到告白的机会。当他在图书馆发现正在安静阅读的霍莉，一个告白的机会来了。然而，霍莉不想与任何人建立真挚的关系，更不愿意接受保罗的爱。害怕受伤的她拒绝一切关系，不向任何人敞开心扉。保罗还很贫穷，未来的路也并不明朗，但毫无疑问的是，他的爱是能让霍莉幸福的钥匙。霍莉从不提及自己的创伤，只是如同被久久围困一般，偶尔冒出这样的话语："我就像这只猫一样。我没有名字，也不属于任何人。""不要对野生动物投入太多感情，因为不知何时，动物就会逃回树丛或者飞回树上。"

看着将真心隐藏在面具后的霍莉，我想对保罗说："拜托你赶紧向她吐露真心吧！你的内心也渴望爱情吧？"在图书馆里，他们迎来了第一次争吵，但正是通过这场争吵，两人才初次理解彼此。不管是被一群人包围还是气氛变得真挚，霍莉都会突然拿别的话来搪塞保罗的告白，以至于他迟迟没有机会讲出那句"我爱你"。不知为何，在喧闹混乱的日常氛围中，这句话就是难以开口。但在这场争吵中，保罗终于勇敢地讲出了"我爱你"。

看这部电影时，男主人公背后的浩瀚藏书让人感觉如同千军万马一般。图书馆里摆放的书籍既像他的坚实警卫，也像保卫他真心的守护天使。只有身处图书馆，他才能变得这么勇敢。所有的书都沉眠于此，等待着有人前来赏读。就在这样的空间里，主人公最终发现了最深沉的真心。

捕捉不可逆转的瞬间

有些画作因描绘不可逆转的瞬间而显得迷人，因捕捉人生急转直下的瞬间而充满残忍。眼前不起眼的一瞬或许就是生命最后的一刻，勾勒这一刹那图景的画作展现了人类某些无法隐藏的真相。

约翰·威廉·沃特豪斯的画作《克娄巴特拉七世》（1888），展现了克娄巴特拉七世①决心赴死的悲壮觉悟和对仇敌杀气腾腾的仇恨。在决心赴死的瞬间，她的眼前会掠过怎样的场景？作为一位已经拥有一切的女王，她直到赴死前也没有丧失威严。她那如雕塑般僵硬的模样，完美展现了从"拥有一切"，到坠落至"什么都抓不住"的瞬间。尽管她看起来还活着，但那逐渐幽深的憔悴脸庞似乎暗示着她将不久于人世。与此同时，她的神情堪称无比坚决。她仿佛以犀利的眼神看穿一切，以双目圆睁的姿态，徘徊在生死之间的交界地带。作为一位气宇轩昂的埃及女王，她的国家曾一度对罗马帝国造成巨大威胁。哪怕即将赴死，她也不肯丢掉这种威严，因而露出难以瞑目之貌。她那集智慧与谋略于一身的凛然面貌，使人不禁忆起埃及的光辉历史。

虽然还有许多描绘克娄巴特拉七世之死的画作，但比起对她性感之美的展露，我更喜欢这幅画作，它堂堂正正地展现了死亡也带不走的尊严。尽管生命迎来遗憾的终结，但在历史和文学中，克娄巴特拉七世依旧保持着不灭的威严。思考死亡不是坏事，重要的是"如何思考死亡"。总有一天，我的生命也会结束。我也想像这位女王一样，怀着对自己至死不渝的爱，不失尊严地死去。为了能如此，我想炽热地拥抱人生的每个瞬间。

---

① 克娄巴特拉七世：古埃及托勒密王朝末代女王，中文圈亦称为"埃及艳后"。

据说，来找弗洛伊德的患者中，有人会要求"请让我的孩子听话"。无论是当时还是现在，不听话的孩子都是父母的难题。但弗洛伊德明确表示，将孩子驯服到听话的状态并非精神分析的目标。无条件听大人话的孩子，只能顺从超我（superego）的命令。超我由各种命令组成，这些命令源于父母或教师给出的"禁令"和"处罚"。问题是，即便已经成年，它们仍会以内化的语言形式留在我们的心中。

折磨我的命令是什么呢？大概是这样的低语："你只能做到这个程度吗？""我就说吧，你算什么东西！"小时候，对优秀的执念最让我感到痛苦。那时的我怀着只有得到第一名，才能被父母和老师认可的强迫观念。对我来说，拿到第二名或第三名，仿若天都要塌了。将这种恐惧内化的后果，是我的心中一直翻滚着"必须拿第一名"的命令。那时的我，还不知道这就是来自超我的命令，也就感觉愈加辛苦。

超我向我下达的第二个命令是对诚实过度执着。我总是强迫自己不管做什么都要竭尽全力，成了不懂得休息、无法理解玩乐之喜的人。超我总是这么折磨我："这就是你所说的用尽全力？不能做得更好了吗？你这么懒，又能做成什么大事？"

超我向我下达的第三个命令是一直维持强大的姿态。在社会生活中，无论何时，我都得摆出一副大姐姐的姿态，给人带去值得信赖的感觉。"要显得善良和坚强，不能被别人抓住什么把柄和短处。"这些来自超我的命令，让我沦为了不自由的人、没有创造力的人、不敢开启新挑战的人。

我再也不想维持这种既不敢挑战又不敢挑衅的样子，再也不想被束缚在自我防御机制中，再也不想被"别人眼中理想的我"困住。我想与超我下达的命令做斗争，点燃我内心清纯的创造力与生机勃勃的潜力。事实上，每当我去到美丽的地方、遇到伟大的书籍、一行行用心书写自己的文字，我都超越了超我的命令，朝真正的自己迈进。

043

摆脱超我的监控

在自我（ego）、本我（id）、超我（superego）中，超我就像 24 小时监视我们的无敌警察。如果说本我是不断溢出的原始冲动，超我就是监控这种冲动的检察官，而自我则负责调解本我与超我之间的矛盾。在超我面前，一切都无处遁形。不管是我们的一举一动，还是内心产生的所有情绪和欲望，都摆脱不了超我的监视网。

摆脱超我的过度监控，培养自律性和自主性是成长的课题，也是找寻真实自己的精神冒险。我们从儿时起便反复听到来自父母和老师的唠叨，就算记不清他们当时的面孔，他们下达过的各种命令会久久留存在我们心中，在日后以超我的内容呈现。超我在无人监视时能起到规范行动的作用，其作为"良知"的道德判断显然具备存在的必要，但对于善良的人来说，超我更可能压抑创造性和自律性。哪怕无人在一旁监视也过分地自我控制，就算被他人认可为完美的模范生也深感空虚，这类被规则和制度压制的人、连自由和想象力都被压抑的人，都因超我的过度统治而无法尽情发挥潜力。

如果父母养育子女的标准是将其塑造成卓越的模范生，就会给孩子的超我蒙上一层深重的阴影。完美卓越的父母、任谁看都无可挑剔的父母，反而会在养育孩子这件事上遭遇困难。因为他们在抚养孩子时，所有的标准都由自己制定。"为什么我的孩子学习不如我，为什么他还没有我出色？"将此类问题刻在心底的父母，倾向于以过于严格的标准来对待孩子。"我为什么不如妈妈聪明、为什么不如爸爸学习好呢？"久而久之，孩子的超我也会以如此残酷的视线看待自己。而那些时而惹是生非时而失控的孩子，因为努力守护属于自己的世界，反而能培养出更自由、更富创造性的想象力。

对于丧失之物的永恒热爱

"恨"这种情感凝聚了一切悲伤，但又无法解释清任何东西。"恨"容易被理想化和抽象化，比起具体说明"恨"的内容，人们更常陷入"都是因为恨啊"式的还原论。个人层面的悲伤很难超越"恨"的次元。很多时候，"恨"从怨愤和委屈开始，以郁愤和挫折感结束。比起流淌在外，"恨"这种情感更常积蓄于内，因此更难被我们安抚和缓和。然而，金星雅的小说《永别》超越了这种天生具备封闭性的"恨"。

被叔叔首阳大君篡夺王位的朝鲜第六代王端宗惨死后，端宗的正妃定顺王后开始四处流浪，她独自生活了65年之久。她的经历堪称人间怨恨的集合，但《永别》没有局限于个体之恨，它对冤死的端宗含有怜悯，对首阳大君表达了抵抗，并将视野扩展到抚慰所有人的悲伤。

《永别》跟随定顺王后的魂魄，见证了置身历史旋涡之人的悲伤。小说对定顺王后一生的还原，不仅局限于17岁少年和18岁少女诀别的爱情故事，透过她的视线，我们还会目击朝鲜王朝六位君主——端宗、世祖、睿宗、成宗、燕山君、中宗在位时期的所有"事件"。在不乏诬陷、告密和谋杀的时代，定顺王后目睹了人们为了权力的明争暗斗，她一声不响地挺过了那段跌宕起伏的岁月。她不仅要活下去，还要把和自己一样可怜的人和以首阳大君为首的背信者都置于宏大的屏风之上，一针一线地绣上自己的悲伤。

从王妃沦落至平民的过程中，定顺王后做过短工、乞丐和尼姑，让她活下来的是许多双充满怜悯的温暖的手。共情和联结是摆脱"恨"这种封闭回路的唯一窍门。与此同时，这部小说也向永远难觅故土的人伸出了双手，给了他们一个放声大哭的契机。所以，如何才能超越"恨"这一情感呢？大概就是超越"小我"的局限，将触角伸向我们原来根本无法合作的人，最终与其一同走向更为广阔的"我们"。

当我需要思索时

出人意料的是，很多情侣初次陷入爱情的地点是图书馆。不管是和对方一同准备考试时渐生情愫，还是收到来自陌生人的信件和饮料而坠入爱河，这种体验都很幸福吧？图书馆是用来阅读、学习和查找资料的地方，也是许多人为了追寻梦想而不断进出的人生隧道。对于那些正穿梭于人生最艰难隧道的年轻人来说，图书馆既是准备考试的空间、为未来打下基础的空间，也是莫名想要陷入爱情的空间，更是令人幻想浪漫和热情的抒情性空间。

小时候，我有要找的书或想要学习时才会去图书馆。但长大后的我，只要有需要思考的事情，就会选择去图书馆。每当我被无数书籍环绕，静静地沉浸于安宁的氛围中，苦恼就会逐渐消失，内心也会变得很舒适。我的安宁不一定缘于刻意挑选的书籍，亦缘于偶然瞥见的好书。我的心灵时常被日常中的纷杂苦闷所笼罩，图书馆则能将它温柔地包裹。当我走进图书馆，路过整齐摆放的书籍时，好似听到它们在窃窃私语：只要与书为伴，万事皆可明朗。只要还能阅读写作，就能成为更好的人。

某次，因苦闷堆积而心情复杂的我闲逛到了图书馆。茫然的我拖着疲惫的心，不晓得该读些什么。走着走着，我到了空无一人的文学分区。此时，心中突然有股强烈的冲动，叫嚣着要将这里所有的书都读完。我自认为是努力读书的人，却仍有许多书未曾读过。该读的书还有这么多，想读的书还有这么多，好像永远都读不完的书也有这么多！惊异之余，我感到头晕目眩。奇怪的是，我心中复杂的波澜突然平息了。这一刻，我与自己纯粹的真心相遇了。无须艰难跋涉到远方，仅凭待在此处，我就获得了云游世界之感，有无尽安心涌上心头。只要悄悄地坐在这里，世间无穷的知识就咯咯笑着朝我奔涌而来。足不出户就能开启世界之旅，我喜欢图书馆给我带来的这种感觉。我在图书馆收到的礼物，满载着人生的温暖和芬芳。

罗蕙锡，给我勇气之人

"你的文字太多愁善感了。在我的印象里，你的文风一直很少女。"有多少作家只因身为女性，就会遭到此类评价呢？这种不当的指责大多缘于男性视角，但凡是走在时代前列的女性作家，都不得不忍受这种来自社会的视线。一些女性作家显然具有颇为细微缜密的描写能力和共情力，她们的成就却因"多愁善感"的责难而无法得到认可。然而，对于韩国第一位女油画家罗蕙锡来说，她受到指责的理由和他人有所不同，她因"太过坦率"而被指责。

例如，罗蕙锡在《成为母亲的感想》一文中，生动展现了做母亲必然要经历的生育痛苦。她没有赞扬崇高的母性，反而坦率地展现了为母的痛苦。她因这份坦率而被指责，这类指责在《离婚告白书》发表后达到了顶峰。《离婚告白书》是罗蕙锡写给前夫金雨英的长文，她在文中控诉前夫不让自己抚养孩子，一一声张了自己的一切委屈，并主张自己拥有看望孩子的权利。这样的言论在20世纪10年代是超乎想象的，一经发表，便震惊了朝鲜八道。直至今日，一名女性想要如此直言也绝非易事。走在时代前列的罗蕙锡因为太过勇敢、因为堂堂正正地发表了自己的观点而受尽指责。

在那个女性越勇敢、越理直气壮、越热衷于挑战，就越受到指责的时代，罗蕙锡满足一切遭受指责的条件。她作为一位毫无顾忌的女权主义者，用自己的言行给无数女性带去了灵感。无比坦率、堂堂正正、略显鲁莽的态度是她自主性和独立性的体现，也是她创造力的源泉。

罗蕙锡清楚地知道，只有超越为女性设下的束缚，寻找能够发挥才能和热情的平台并不断向理想前进，才能品尝自我发现的耀眼喜悦。不懂放弃的她，一步一步地向前迈进着。在任何厌恶女性的狂潮中，在任何遍布男性中心主义的箭雨里，罗蕙锡都没有倒下。为了有朝一日，女人和男人都能平等地实现梦想，她大步流星地迈向解放的世界。

047

选择爱和幸福的权利

电影《儿童法案》的女主角菲奥娜·迈耶是高等法院的法官，她总是站在遭受歧视和虐待的孩子们的一边，为作出优质的判决而不断奋斗。她处理着超乎想象的业务，但绝不会对孩子们的悲伤感到迟钝。所有的悲伤都有相似的主题和相似的人性元素，菲奥娜不断地为它们着迷。她总是沉浸于孩子们的悲伤，并试图以某种疗愈悲伤的方式作出公正的判决。然而，尽管她已经下了最好的判断，有时还是目睹某些孩子的牺牲。连体双胞胎的分离手术就是这样一个案例。分离手术将导致一个时日无多的孩子直接死亡，但由于这个孩子的大脑和其他身体机能已经无法正常运转，如果不将其与另一个孩子分开，另一个健康的孩子也会跟着死去。想到一个孩子要因救另一个孩子而死，深感惋惜的菲奥娜因为负罪感而痛苦了许久。对她来说，孩子们不是被判决的对象，而是一个个被她在意和共情的对象。

一天，拥有出色共情能力的菲奥娜又接手了一个大案。距成年仅剩几个月的17岁少年亚当以宗教信仰为由拒绝输血。患有白血病的他如果再不输血，几天之内就会有生命危险。主治医生就此申请了法院的裁决。

有时，尽管每个人都已经尽力而为，但事情还是会走向悲惨的结局。竭尽全力的亚当和菲奥娜同样无法阻止局势走向惨淡。或许，如果菲奥娜没把亚当视为孩子，而是把他当作成年人来对待的话，亚当就不会陷入无法逆转的绝望的深渊。若能如此，就算她无法满足亚当的愿望，也许还能倾听更多他的心声。菲奥娜冷冷地将亚当送回家的决定，让他坠入了绝望的苦海。她的判决彰显了亚当的生命比尊严更有价值，从而挽救了这位少年的生命，但在这之后，她是否还应关怀生命之外的事，也就是他遭受创伤的心灵呢？我们成为成年人的时候，最迫切需要的不就是别人的尊重和敞开的胸怀吗？

痴迷于书的傻瓜

宫廷画家主要受王室和贵族的委托，为他们画肖像画。意大利文艺复兴时期著名肖像画家朱塞佩·阿尔钦博托一边画着无聊的"高官"，一边为自己找到奇特又富于创造性的逃生口。阿尔钦博托在给马克西米利安二世当肖像画家时，为历史学家沃尔夫冈·拉齐乌斯（Wolfgang Lazius）画了一幅肖像。阿尔钦博托通过《图书管理员》（1566）这一滑稽的画作，描绘了这位疯狂收藏书籍的历史学家。只要是近距离看过书痴的人，看到这幅画就会立马爆笑。有时候，书痴（指一味死读书的傻瓜）看起来就是如此。

我一度也是书痴，虽然现在已经变为所谓的"正常人"，但还是时不时流露出书痴的一面。藏书和读书这种行为，大概正需要某种疯狂。书痴们收集书、珍藏书、翻动书，他们那副沉迷其中的模样，看起来就像一堆随意摆放的书。有人认为这幅肖像画颇具讽刺意味，是在嘲讽那些只知道藏书而不知道看书的人，但在我眼中，画中人似乎是位真心爱书的人。他因为太过爱书，连自己全身都变成书的事实都无法感知。这副对书疯狂的傻瓜模样虽然滑稽，但也很美丽。阿尔钦博托擅长以花朵、果实、蔬菜等元素完成自由奔放的抽象拼贴画，这次则以"书"这一细胞构建了人物的面貌。对着这幅画发笑的人，并不是因为画中人可笑而笑，而是在笑那个有趣的自己。

我想成为书痴。我想成为不看任何人眼色，不顾任何人指指点点，仅凭对书籍的热爱就能感到全然幸福的"书呆子"。我对这幅肖像画感到无限亲切，因为它压缩了我期望成为的存在、我理想中的生活、我所爱之人的模样。

　　每日自我观照并非易事。以毫无宽宥的态度、极其严格的尺度来进行自我审视，更是难上加难。在过去的几年间，每值新年之际，我都会下定相同的决心：为了关怀心灵，我绝对不会再发火。但这样的决心却每每在一个月内，就遗憾地宣告失败。现在的我早已不记得当初究竟为何而发火，不过是一些琐碎的小事，就能令我勃然大怒。事后，我都会立马向家人道歉，但心情不免变得沉重。

　　在这个世间，家人是我最该温和对待的存在。我明明对此再清楚不过，却还是让他们沦为自己愤怒的首要目标。他们仅因离我更近，就被我愤怒的流弹击中，首当其冲地成为替罪羊。与此同时，我自己也常常沦为家人怒火的替罪羊。就算我没犯任何错误，也会被他们愤怒的流弹击得直趔趄。有时，人们在家庭生活中会如此向着无辜的人射出指责之箭："难道你就不能偶尔接收一下我的愤怒吗？""我接收的难道还不够多吗？""可是全世界只有你可以听我讲这些啊！""那也别再念叨了，真是吵死了！"人和人若是以这样的方式对话，动不动就会吵起来。其实我们只需要五分钟来冷静，就能压制怒火，只消喝上一杯茶，就能送走怒气，但若以言语相互攻击，这种怒气的"水波"就会升级成更大的"波涛"，最终引发愤怒的"海啸"。如果过后再回想起这些争吵，必然会感到羞愧难当。爱意和幸福会在这种幼稚的对话中，一瞬间被破坏殆尽。

　　最近我又重新树立了目标。我不用做到"绝不发火"，只要不忘记"就算我发火了，也有一个没发火的'我'在看着自己"就好。关怀自己的心灵应该从何处开始？从让没有发火的"我"苏醒开始。我们要时刻观察自己内心的动向。只请求别人接收自己的愤怒不可取，因为自己能接收别人的愤怒就埋怨别人做不到相同的事也不合适。过度的期待会化为失落，失落会积攒成恨意，而恨意则会导致愤怒的爆发。

　　现在我一感到愤怒，脑海中就会浮现出"水"的形象。我会想象喷出清凉水流的喷泉，想象自己在茫茫大海中畅游，想象海面闪耀着祖母绿色的璀璨光芒。洗碗或沐浴也是能够舒缓愤怒的"身体疗愈法"。我总是这样开导发火的自己："你能够比现在的你更好，你是比愤怒更强大的人。"于我而言，与自己展开对话才是平复愤怒的最佳镇静剂。

050

MON
心理学

创造我的内在神话

对于我们自以为能做成的事，别人有时会投来怀疑的目光："我认为这是不可能的，这么做能行吗？"但总有某些时候，无论别人如何阻拦，我们都会一意孤行。心理学家卡尔·荣格将此称为"内在神话觉醒的时刻"，弗洛伊德的继承者——充满创造性的雅克·拉康则将此称为"对现实界（the Real Order）产生觉察的时刻"。我们的内在神话或现实界被埋藏在无意识中，是尚未被挖掘的潜能。电影《黑客帝国》中的尼奥起初只是一个普通的上班族，在经过大量的训练和痛苦的自我发现后，他终于意识到自己是世界上唯一的"救世主"。尼奥实现了自己的内在神话，阔步迈向了现实界中的奇迹。

"我是由一簇簇情结组成的，我绝对克服不了这些伤痛。"心理学的课题就是破除这种迷信，通过与我们内在的各种怪兽战斗，解放我们被压抑的种种潜能。因此，只有与阻碍自己的内心阴影不断斗争、和解，将阴影的黑暗能量作为内在成长的契机，我们才能创造属于自己的内在神话。《哈利·波特》中的魔法在成人身上也发挥了神话般的力量。哈利·波特从未得到过任何人的认可，但当他去往魔法学校，所有人都认出了他。他成了无须多言也能被认出的存在。所有像哈利·波特一样看似平凡的孩子，心中都潜藏着一所霍格沃茨魔法学校。那是蕴含着神话能量的奇迹之地。如果我们也可以迈进霍格沃茨，便能离自己的内在神话更近一步吧。

我们将自己的内在阴影推到内心的地下室，一旦锁上门，便再也不去探视。与自己的内在阴影融为一体，就是开始照顾这些从未被探望过的部分。我们不愿注视、不断回避着的心理创伤，会在不知不觉间变成怪物，隐藏在无意识的洞穴深处。我们应该亲自与怪物对话，为它清洗身体、抚摸拥抱它、喂它吃饭，和它建立依恋关系。如果我们能这样抚慰内心的怪物，就会意识到我们比自己以为的更强大。心理学的终极目标是什么？大概是让我们相信无意识蕴藏的无限可能，培养改变现实生活的力量。

050

如果我的人生被别人操纵

就算我们再怎么戴上面具，发誓自己什么事都没有，也迟早会暴露内心真正的想法。即便极小的缝隙也能暴露出真实的心灵，这就是无意识的核心。作家金书英的《弗洛伊德的患者们》讲述了倾听无意识之声的方法，提出了克服意识与无意识之间裂痕的方案。作者正面反驳了"弗洛伊德将一切归于性"的批评，并借由很多事例证明了弗洛伊德式精神分析的效果。另外，她还收集了弗洛伊德著作中有助于探索无意识的具体事例，开启了一场名为"为了100万人的精神分析"的挑战。

例如，弗洛伊德注意到某位图雷特氏综合征患者有一直喊"玛利亚"的症状，便对其进行了精神分析，并得出以下结论：此患者在学生时期非常喜欢一位名为玛利亚的少女，且时常在心里反复念叨"玛利亚"这个名字。终于有一天，他开始在课堂上不由自主地大喊"玛利亚"。这种不受控制的症状持续了数十年，就算他已经不再迷恋那个女孩，也会时不时喊出"玛利亚"的名字。究其原因，是他以前过度压制了对少女的喜欢，而这样的症状则体现了他无意识中埋藏的痛苦。

意识越是努力避开折磨自己的对象，无意识就会越执着于那个对象。这样的话，被我们深埋在内心的故事就会以"症状"为武器来攻击我们的身体。精神分析的关键词是"承认"。无论你正在经历多么难以忍受的痛苦，都要以全身心去接纳这样的现实，这就是"承认"的含义。我们分明拥有对自己人生的选择权，拥有变得更勇敢的机会，也拥有真正成为自己的机会，但我们却丢弃这些权利和机会，任悲伤开启。如果我们认为自己的人生正在被人操纵，那么放任他人这样做的自己也有责任。只有我们不再依靠他人，开始自我拥抱和自我抚慰，心灵的疗愈才可能实现。

与其说"疗愈"是直接走向幸福，不如说是敢于争取幸福。比起成为幸福的人，精神分析的真正目标是让我们成为具有自主性的人。不要假装善良、假装高兴、假装幸福，只有在坦率的接纳与承认中，才能开启真正的疗愈。

珍贵的协作时光

什么能让我们变得更好呢？诚然，自身的努力最为重要。但是善于与人合作是使我们变优秀的最高秘诀。每次出版新书时，我都会意识到"写作"和"出书"之间有着巨大的距离。如果说写作是钢琴独奏，那出书就是管弦乐队的合奏。写作是随时可以一个人进行的事，但出书却需要许多人的帮助和合作。印刷、装订人员将电子书稿变为能触摸的实体书。向大众推广书籍时，又需要市场营销人员和书店职员的努力。可以说，一本书能够顺利出版的前提，是许多人欣然参与到图书制作和流通的过程中。

在出版关于凡·高的随笔《文森特，我的文森特》期间，编辑每天给我发消息的频率比家人还要高。"老师，今天我完成初校了。""今天设计方案出来了。""书正在印刷呢，我已经嘱咐过要用足墨水，好让照片清楚一些。"编辑总是这样细致亲切地讲述做书的过程，让我认识到自己并非孤身一人。编辑和作家都拥有热爱语言的心，也深爱着用语言制成的书籍。我们成为彼此灵魂的旅伴，也成了一同撑过艰辛岁月的同志。

出书不仅仅是客观地向大众提供信息。出书人要坚信书中每一句话都能触及读者的心，要坚信只凭一本书就足以和读者成为朋友。出书人还应坚信在出书的过程中，能与许多人进行深厚温暖的交流。只有经历温暖的共鸣和沟通，书籍出版工作才能完成。

虽然越来越多的人担心读书的人正在变少，但我仍相信某些沟通带来的温暖只能通过书籍来达成。亲眼见证过书籍制作的每一步之后，我认为自己的书能将共情和疗愈的阳光载入读者遍布伤痕的内心深处。无论生活多么无情，我们都要抓住绝不能被遗忘的人生价值。在制作书籍的过程中，我总是如此想象着：让我们把绝不能失去的温暖融入书中，做一本能够擦拭读者痛苦泪水的书。

擅长社会生活对精神健康有好处吗？看似不易受挫的性格就是健康的吗？每每感到忧郁、不安，就勉强自己说"我没事"的人，是真的没事吗？其实这一切都是意识做出的伪装，只不过这一点在日常生活中时常被忽视。我们为了在职场上坚持下去，为了不被视为"有棱角的人"，在不知不觉间戴上了各种面具。与此同时，我们的无意识也在不断找寻着出逃的缝隙。它总是不断地提醒我们："就这么装幸福、装没事，这可不是真正的你。你没有话要讲吗？勇敢地站出来，批评那些不当的事才对啊。"在别人面前，我们始终无法完全揭开意识的假面。但那些被我们强行压抑的情感、没法说出的话、实践不了的行动，早晚会以"症状"的面貌归来。这些症状往往伴随着带刺的玩笑、无法控制的失误和像岩浆一样喷涌而出的愤怒。

精神分析不仅对痛苦的人、有严重症状的人和正在接受精神科治疗的人有帮助，也对看起来健康的人、看上去毫无问题的人有很大帮助。那么，在心理层面恢复到健康状态究竟意味着什么呢？例如，有位丈夫带着自己的妻子去找弗洛伊德，假如他是一个不懂精神分析的人，那他大概率会这样说："老师，我的妻子患有神经症。我们也不怎么幸福。请您帮忙治好我的妻子，让我们重新过上幸福的生活吧。"然而，以弗洛伊德的视角来看，这位妻子通过精神分析获得自主性之后，十有八九就会离开她的丈夫。

"我家孩子极其不听话，请让他变得更听话健康一点吧。"如果父母这样拜托分析师的话，同样也脱离了精神分析的本质。为了使孩子符合理想中的标准，父母有时会试图以暴力手段驯服孩子。在大部分父母的眼中，精神健康的孩子就是指听话又顺从的孩子。然而精神分析中所讲的健康之人，与其说是幸福的人，不如说是具有自主性的人、能对自己人生负责的人、能如实接受自己优缺点的人。也就是说，那些经常露出明朗表情的人，或是顺从且容易满足现状的人不一定处于健康状态。如果你想在精神上更为健康，就要忠于自己的情感。比如，如果你已经感到不安或抑郁，就应该原封不动地接纳这些情感，在必要的情况下，你甚至要允许自己深陷其中。

如果能更敞开心扉

电影《在切瑟尔海滩上》改编自伊恩·麦克尤恩的同名小说，描绘了因不够成熟和略显笨拙而更加闪耀的青春之爱。青春之爱总是因充满瑕疵和冲突而显得更加美好、纯洁。弗洛伦斯和爱德华在对彼此并不了解的情况下坠入了爱河。出身名门的弗洛伦斯是一位备受瞩目的小提琴手，爱德华则是一位在伦敦大学主修历史的贫穷小伙。他们的成长环境非常不同，连喜好也是千差万别。虽然不知道对方的想法，他们依旧以势不可挡的热情相爱了。在他们坠入爱河的 1962 年，英国社会是非常保守的。许多人认为婚前应当保持贞操，男女之间谈论性问题也成了禁忌。深爱着彼此的两人自然而然地结成了夫妇，开启了充满期待的蜜月之旅。他们并不知晓对方对于婚姻的看法，在缺乏经验和充满笨拙的情况下度过了新婚之夜。最终，因为产生荒诞的误会以及抱有过度期待，他们没能度过浪漫且美妙的初夜。意识到彼此并不了解之后，两人在蜜月期宣告了分手。

他们需要度过漫长的岁月，才能理解对方的感受。如果他们能再多等一会儿，直至对方领悟自己的脆弱；如果他们能暂时压下自己的自尊，试着去靠近对方，他们会是一对长久相爱的幸福伴侣。哪怕双方的文化差异巨大，只要爱意能大于这种差异就好。然而，青春是无理由的天真，青春的傲骨也永远无法弯曲。他们正因直挺挺的自尊心而无法向对方靠近。两人尚未领悟的是，一对恩爱的夫妻就算在今天激烈地争吵，余生也有可能迎来和解。"弗洛伦斯，请别走。""弗洛伦斯，我想你了。"只要说出这些简短的句子，和解本是能达成的啊。

但对于这一点，爱德华直到白发苍苍才得以醒悟。爱能给人造成无法挽回的创伤，也能使人在克服所有创伤之后，又不自觉地再次靠近给自己带来伤害的人。情侣间就算争吵了几百次，也能温柔拥抱上千次。回到相爱的时分，如果那时的爱德华能再多等一小会儿，大概就能早早领悟爱的真谛。

凝视某人的背影

无论是现实生活中的人，还是画作和照片中的人，只要他是孤身一人并只留下一个背影，就会让人无法移开视线。有些人的背影看着那样孤独，以至于令观者也跟着孤独起来。但我却并不讨厌那种孤独。每当望向某个孤独的背影，我都会静静揣摩拥有背影的人究竟背负了多重的孤独。另外，我还想将令人心痛的孤独的风景分享给别人。

几年前，在那不勒斯国家考古博物馆初见一个美丽女人的背影时，我感动不已。这一背影出自画作《芙罗拉》（*Flora*）（作者不详），据推测为 1 世纪前后所作。这幅画越看越让人感到心情舒适，同时给人一种莫名的心动。它似乎展现了一个正确答案："美丽大抵如此。"画中背影的美丽在于即将远去与消失。它带来的不是疾驰而来的鲜活的心动，而是离我越来越远的朦胧美，这是只有背影才有的魅惑。

这幅画足足跨越了两千年的岁月，来与我进行一场温柔的对话。如果它展露的是女神的正面，不知我的感动是否会减半。如果说正面像是向观众逐渐靠近的模样，背影则让人不禁念及人物逐渐远去的样子，从而更戏剧性地展现了存在的刹那性。画中的女神右手抚着从地上涌出的花朵，左手轻柔地抱起花束。这位逐渐远去直至消失不见的女人，就算不是神话中的花神芙罗拉，也是跨过漫长岁月的花的化身。

虽然我们能在一定程度控制眼、鼻、嘴，但却无法控制自己的背影。从走路姿势、肩膀的角度、头的倾斜程度到整个身体的平衡，没有一处是能被我们完美控制的。因此，背影似乎更正直、更赤裸裸地展现出我们心灵的花纹和色泽。如果你万分恳切地想要了解某个人，那就久久凝视他的背影吧。

就算只相爱一次便思念一生，爱情也值得我们无条件地陷入一次吧？如果没有爱情，我们就无法体验这种为人的美妙：比起关怀自己，我居然可以更关心别人。比起考虑自己，我居然能更替别人着想。我们极易终身过着自我中心式的生活，点缀人生的许多事，也都由我们自己开始和终结。但若想体验一回以他人为先的生活，最好的方式就是陷入爱情，尤其是在年轻的时候。在燃烧着热诚的爱情中，蕴含了不觉间遗忘人生优先顺序的纯洁性。这是青春之爱教给我们的东西。我们的内心存在着不受控制的感性火焰，无论这火焰是升腾还是燃尽，都无法用理性来调节。这就是爱情。

由于不断加剧的竞争压力和就业压力，越来越多的年轻人正认为"恋爱是一种奢侈"。然而，爱情是值得我们不顾一切阻碍去勇敢追求的生命之美。就算没能和某个人结婚，哪怕自己的爱得不到回报，真心爱过对方的事实也会成为我们一生都无法抛弃的纯真回忆，化为任何人都无法夺走的认同感。我们无法解释的是，为何在见过的那么多人当中，偏偏就是爱上了那个人？为何我们没有对爱上自己的人产生热情，而只对"我爱的人"无比热诚呢？为何纵使爱的人没那么爱我们，我们也无法轻易放弃对方呢？我们无法痛快地回答这类根本性问题，因为它们不属于能以逻辑阐明的领域。无法从逻辑上对自己的爱意进行解释，正是理想化爱情的本质。爱情通过使人发现心灵的火焰，让人拥有更加成熟的内在。就算因受伤而倒下，我们也无法放弃这些珍贵的火焰。

如果你正因现实中的阻碍而对去爱这件事感到犹豫不决，我要告诉你：现实中的阻碍会持续影响人的一生，所谓的"能够去爱的自由"，在人生中其实非常少见，所以不要因此而放弃原本可以相爱的机会。这可是拥有年轻心灵的人所享有的灿烂特权。

MON
心理学

装模作样的意识，
无法隐藏的无意识

　　弗洛伊德精神分析法的魅力在于，从琐碎的事件中提取无比重要的信息。根据弗洛伊德精神分析法，我们稍有不慎就发出的"不要在意那些琐碎的事"之类的自责，以及被唠叨"为什么要这么敏感"之类的情绪表达包含了重要意义。精神分析的作用就是将我们所有的梦想、失误、情绪、症状解释成充满意义的存在，不断探索人类精神的荒地。我为了理解自己的伤痛而学习精神分析，却因此得以理解他人的伤痛。精神分析的美丽正在于，最终使我们理解所有人的伤痛。

　　不受意识统治的无意识会发动叛乱，这些叛乱不是需要治疗的各种症状，而是人类寻找"自由"的过程。有时无意识向我们讲述的故事与意识所讲述的完全相反。意识明明在谈论幸福、爱情和喜悦，无意识有可能对此做出反驳。我的意识可能认为自己是个"孝女"，无意识却会在此时出示我并非孝女的证据。我出于意识层面的责任感，自认为是孝女；而我无意识层面的欲望，也许想要摆脱成为孝女的义务。

　　无意识的真实会打破意识的一贯性。但恰恰是在此时，我们能够变得自由。再也没有必要去装善良、装幸福、装高兴了。再也没有必要向自己说谎，发誓说"我没事的"。精神分析的目标是使我们成为生活的自由主体，而不假装、不撒谎是实现这一追求的第一步。

　　在精神分析的过程中，各种"症状"通常是来访者的藏身之地。来访者有时会拒绝对自己的异常状态进行治疗，甚至表现出对症状的热爱。究其原因，是来访者能从各种症状中有所获得。比如，讨厌出门的丈夫如果被妻子要求外出，就会突然哮喘复发；对考试深感恐惧的学生一到考试周，就会饱受肠炎的折磨。像这样以症状来逃避危急状况的行为都源于无意识的制动。如果我们能沉稳地倾听自己的症状，就能开启自我疗愈的第一步。但如果我们试图否定无意识的声音，只想着控制和调节一切的话，就会迎来不幸的开端。其实，症状中不仅仅有痛苦，还埋藏着自我疗愈的关键。

擅长情感剥削的能量吸血鬼

　　人心本就纤细易伤，可惜现代人的心比以往更加易碎。心理学家维尔纳·巴顿斯称：以爱为由对人施加情感威胁并令其蒙受良心上的谴责，就是对他人施加"情感暴力"。时至今日，一切领域的竞争都愈加激烈，人们的心也更加脆弱易碎。维尔纳·巴顿斯的著作《情感暴力》正是触及了这一点。"你连这种事都不能为我做吗？我还以为你有多爱我呢。"这类以爱情为由的威胁，是亲密关系中极易发生的情感暴力。在一个充满无限竞争的社会里，人们可以就任意一点与任何人相比较。如此一来，想要感到幸福也就变得更难。其实拥有一颗易受伤的心并非错事。就算我们从他人那里听到了过分的话，偶尔也会弄不清那种话算不算暴力。虽说我们并没有挨揍，也只是带着微笑继续与对方交谈，但内心却已经受了致命伤。

　　对方的身份是恋人或朋友，却总来伤害我们的心，这就是在向我们施加情感暴力。他们可能会叫你别穿某件衣服，吐槽说某件衣服不适合你，甚至事事都对你横加干涉。这样的人其实是在假装爱你，会伤害到你的心灵。还有那些不尊重你的日程，随时打电话来的朋友，也是在无礼地侵犯着你的时间和心灵。抛开是不是朋友这回事，这种人的首要身份是"无礼之人"。有些人在打来电话时，嘴上念叨着："这真的是很重要的事情，我一定要告诉你！"但实际上，他们只想满足自己闲聊的私欲，为自己的情绪找一个发泄口。这类利用他人的行为通通都属于"情感暴力"的表现。

　　像这样经常耗尽别人的能量，把对别人施加情感暴力的行为当作日常的一类人，被称为"能量吸血鬼"。如果你正因这类人而深感痛苦，或感到自尊和生活都在崩溃，那就别再继续忍受了。还是勇敢地直面这件事吧，不如郑重又不失鲜明地表达自己的意愿："那种话听着很不舒服，以后别再说了。"哪怕因此被看作性格敏感的人或不好接触的人也无妨，只要能切实守护自己就好，只要能守护逐渐崩溃的自尊就好。比起在意别人的视线，我们更不该忘记：在任何紧急的状况下，唯一能守护我们的人，就是我们自己。

059

予我灵感的存在

"您是怎样获得灵感的呢？如何训练写作呢？出书之前应该做些什么呢？"我经常会收到这类问题。从取材到润文，身为一名作家，我每天都在进行写作训练。对此，以前我曾就"如何写好文章"来作答，而现在，我打算把回答的主题换为"如何过好人生"。因为只有过好自己的人生，才能写出好的文章。如果生活上的状态是一团糟，写出来的文章仍在夸夸其谈，那就是欺骗了自己的生活。那么，文章与生活相遇的真正时机是什么呢？我认为是世界对我们的创伤和喜悦开口之时。

对我来说，写作不仅仅是一种职业，还是使我迎来滚烫生活的媒介。我的生活越是炽热激烈，我的笔下就越能流淌出好的文章。若是我的生活陷入了倦怠和抑郁，写作也会充满冲突。为了能写出更好的文章，我们要将自己的身心状态提升至最佳，这是极为重要的写作训练。

我最常将文学、旅行、心理学的相关内容作为写作素材，因为它们能缔造与生活热烈相遇的瞬间。文学能通过各类主人公的视角，引领我们踏入更为丰富多彩的生活现场；旅行能让我们走出家门并体验世界，扩展我们认知的边界；心理学则能不受时空的局限，为我们提供一张即刻通往内心的万能旅票。对仍未完全克服伤痛的我而言，学习心理学的过程既是一场通往自己内心的旅程，也是帮我理解他人内在痛苦的旅程。

文学、旅行、心理学能给人带来觉醒的喜悦。为了维持这种欢喜，最重要的实践就是读书。通过缓慢的深度阅读，我们可以不停歇地每日取材。哪些书籍能为我的写作带来灵感呢？就是那些能深入触碰创伤、令人愈加心痛、让人猛然觉醒的书。

如果不借由文字，我和你们如何能相遇呢？正因我用尽全力书写，才得以与各位读者相见，才得以知晓读者是我最好的朋友。通过文字，就算我们无法直接相见，也能成为温暖彼此内心的朋友；就算大家都身处遥远的海外，也会挂念彼此的平安。如果没有写作，我与读者之间就不会产生新的缘分。想到这一点，今天的我也鼓足了勇气。

十匙债

有些历史的创伤只是听听都会心如刀割，它们应当被我们每个人知晓。如同德国人不断将奥斯威辛集中营的记忆作为历史教育的重要主题，我们也应将慰安妇老奶奶们的伤痛作为历史中不可磨灭的一部分来记忆。我们与老奶奶们开启的第一个共鸣，应当从正确认识历史开始。首先，要正确洞察当时的日军为何会制造出慰安妇这样的存在。日军毫无负罪感地拉走殖民地女性，这种行为本身就体现了日本优越主义、男性至上主义和日本军国主义。我们应当剖析且认清的是，日军为了满足可怕的欲望理所当然地牺牲平民，为了固守错误的信念强制掳走毫无还手之力的朝鲜女性，使她们沦为军国主义的牺牲品。

其次，我认为最重要的是：不能让慰安妇老奶奶们觉得自己是孤身一人。我们应当找到一条与她们共同分担痛苦的道路。她们的痛苦就是我们的痛苦，这是我们需要领悟的事实。疗愈心理创伤最重要的一点，就是关怀受伤的人，以免让她们再次受到伤害。

据说，我们的先人有名为"十匙债"的美风良俗，也有名为"十匙一饭"的古语。就像十勺饭能凑成一碗饭一样，某个人欠下的债务也可以由十个人攒起来偿还。当一个人负债累累时，如果村民们能一点点攒钱帮忙还债，哪里会有还不清的债务呢？慰安妇问题是韩国历史上最为惨痛的负债，我希望大家对此怀有"十匙一饭"的心情。就让我们一同来分担老奶奶们的痛苦，哪怕能减轻她们的一丝痛苦也好。

历史学家艾瑞克·霍布斯鲍姆曾如此说道："所谓的'历史学家'就是指这样一类人，他们专门去记忆同一代人想要遗忘的事实。"不是历史学家的我们，也应该怀揣热情去行使生者的权利，专门铭记那些历史事实。

● 2015 年，韩国外交部和日本外务省就慰安妇问题进行协商，并发表了《韩日慰安妇问题协议》。但因该协议没有与受害者进行沟通，也没有获得韩国国会的批准，遭受到大量批评。根据协议，日本政府一次性对韩国政府设立的"和解与治愈基金会"出资 10 亿日元，用以向受害者发放抚慰金。此后，文在寅前总统于 2017 年对此协议实际表明了废除意向，韩国政府也于 2018 年宣布解散根据《韩日慰安妇问题协议》设立的相关基金会。

情到浓时，抛弃虚荣

　　看着绚烂的电视广告和甜蜜的浪漫喜剧，我不禁产生这样的疑问：恋爱真的需要这么多能量和场面调度吗？随着文明的日益发达，为了能够获取幸福，个体有关虚荣的列表也日渐丰富。当我关掉电视并放下手机，我发现所谓的"幸福所需的条件"，只是源于被灌输的虚荣感。电影《爱欲银发世代》通过讲述一对老夫妇的爱情故事，使观众反思自己的虚荣清单。起初，我以为这是一部悲伤又不乏喜剧色彩的现实主义题材电影。缘分的细线定会缠绕出不和谐的图景，令这对老夫妇不断陷入哭笑不得的困境吧？

　　出人意料的是，这对老夫妇并没有上演恋爱的支离破碎。他们一言不发地望向对方，抛却一切辩白和行政手续，决意将彼此的生活融为一体。无须反复衡量对方的条件，也无暇再与环境做斗争，73岁的爷爷和71岁的奶奶也许早已领悟，衡量与算计无法带来任何幸福。他们的生活再朴素不过，爷爷有一间小房子，奶奶有几件衣服。简陋的家当只用在了必要的地方，两人就这样享受着没有累赘的生活。贫穷的生活反而为整部影片注入了别样的活力。是什么构成了他们幸福的生活呢？一床毛茸茸的被子、一个红色洗澡盆和一台可以暂时冷却夏日火热的小电风扇。当旅行足以颠覆人生，与死亡为伴的旅人反倒轻车简从。

　　除了思索如何才能更幸福，两人不作他想。每一道皱纹都是他们日渐幸福的痕迹。电影里的"爱歌"并无象征或隐喻，只是流露出他们身体的热辣语言："得到了！得到了！我们得到了天下！"

孩童的微笑能驱散一切悲伤

养孩子就像往脑袋里装了无数保龄球，你永远不知道它们会在何时倒下。养育孩子的可怕之处不在于照料上的艰辛，而在于孩子对大人言行的注视。小孩不听大人的话是很正常的。对他们来说，满足欲望比听从命令更重要。大人尽情地享受欲望，却总是限制孩子干这干那。其实，孩童也知晓命令与实践之间的巨大差距。在古今中外的画作中，常常出现他们天真烂漫的可爱身影。孩童的可爱跟五官无关，他们天生就招人喜欢。既然孩子生来就这么可爱，父母又如何看待自己的孩子呢？

雕塑作品《法老一家享受天伦之乐》于公元前 1320 年左右完成。对于埃及王后奈费尔提蒂的孩子们来说，爸妈的身体就像世界上最酷的游乐场。他们的身体时而像滑梯，时而又像过山车，足以替代一切游乐设施。画面左侧的人是父亲阿肯纳顿，他正将孩子高高举起，摆出亲吻他的姿势。画面右侧的人是母亲奈费尔提蒂，她的肩上和膝上各放着一个孩子，脸上流露出满足的神情，仿佛已经拥有了全世界。最美好的事莫过于一家人其乐融融。透过作品，我们能够感受到炽热的家庭之爱。

奈费尔提蒂夫妇拥有至高无上的权力。但对他们来说，幸福就是与孩子们一起玩耍。与克娄巴特拉七世并称为埃及两大美人的奈费尔提蒂，在自己的半身像中散发出不可侵犯的冷酷美感，但在这个作品里，她只是脸带灿烂微笑，欣慰地注视着孩子们欢闹。无论是古埃及王后，还是生活在数千年后的现代人，都喜欢聆听孩子们的纯洁笑声。只要看到孩子脸上的灿烂微笑，我们心中的所有担忧就消失了。

"为什么会因为那种事而受伤？"

"干吗要因为那种事而受伤啊！"我真的很讨厌这句话。说出这句话的人，看似一副安慰我的样子，其实连我受伤的感受都否定了。他们明明无法与我产生共鸣，却仍然要假意安慰，我实在不晓得非要这么做的理由。人们以为自己没有无视他人的感受，其实却远比自己想象的更经常否定他人的情感。如果没有想要安慰他人的心，还是不要假装安慰比较好。若是表面披着安慰的外衣，实则满载攻击性话语，那么听话的人反而会再次受到伤害。当我们遭受了创伤，所需之物大概分为两种：一是正视并直面创伤根源的勇气，二是凭借自己的内在力量去疗愈创伤的信念。然而他人的某些话语、表情和动作，可能会妨碍这种勇气和信念，并使我们再一次受伤。

就算别人没有动手，我们也会遭受伤害。"你真是太敏感了，居然会因为这种根本没什么大不了的事受伤！"这种残忍话语带来的心灵创伤，有时会比身体上遭受的伤害更为严重。情感暴力就是不对人施加物理意义上的暴力，仅凭话语、表情、动作或态度，就给人留下深刻伤痕的情感虐待。

情感暴力会让人产生自我怀疑，惶恐某种糟糕局面的形成是否应全部归因于自己。从这个角度来看，情感暴力更能彰显出其残酷的一面。它的残酷在于能造成一种错觉：好像其他人都在顽强地生活着，只有我这么敏感，总纠结于种种小事。所有利用花言巧语来迷惑脆弱之人的行为，譬如宣称"这些都是为了你啊"之类的话，都可以视为情感暴力的表现。

有的人表面上装作为我们着想，到头来却吐出在情感上孤立我们的话语。如果我们将这种充满胁迫的言论误当成忠言，那就绝对无法避开向我们飞来的"第二支箭"。虽然我们无法得知第一支箭自何处而来，但至少应该避开第二支箭。同一个人给我们反复带来相似创伤的概率很高，总念叨着"你性格这么好就忍着吧"的人也比比皆是，但若我们忍了又忍，到最后彻底被损毁的，也就只有自己的自尊罢了。在被更深重的创伤刺痛之前，请务必直接表达自己的感受："这种话让我感到很不适，让我觉得很痛苦，所以以后不要再跟我这么讲了。"面对那些攻击自己创伤的言语，我们必须拿出十足的勇气，做好与之斗争的准备。

渴望流露欲望的"自我"

弗洛伊德用以分析人类心灵的概念——"本我""自我"和"超我"总是很有趣。这当中最难管控的就是本我。本我是永不停息的欲望,超我是阻挡欲望的警察,而自我则在两者之间扮演了调停的角色。每当本我如同脱缰野马一般放荡不羁,超我就会试图压制这种欲望的流淌。此时自我既要调节超我施加的可怕压力,又要温柔干练地调节本我的冲动。在这种情况下,区分"流露"和"表达"两个词的含义很有必要。"流露"是肆意暴露自己的想法,譬如感到辛苦就放声大喊、感到痛苦就勃然大怒。如果能驯服本我的急躁,就能将"流露"升华为"表达",让本我得到一定控制。但如果过于小心谨慎,超我又会变得过于强大,如此一来,人的创造力又会被削弱。自我必须在这两个极端间来回穿梭,一边安抚超我、一边驯服本我。

被压抑的欲望一定会以某种形式回归。善用艺术与音乐能使欲望回归的姿态更加优美。写作更是一种任何人都能挑战的"表达"。我们无须准备许多材料,只要有纸笔就足够。当我们用文字表达自己的艰辛,无法倾吐的悲伤就会渐渐平息。我们必须照顾好自己,以免被压抑的欲望以可怕的面貌归来。

如果你难以用写作表明心迹,也可以大声朗读好文章。诵读优美诗句或是一字一句誊抄文字,都能让人释放表达的欲望。被压抑的感情和欲望需要得到表达。如果不能表达愤怒,我们就会让身边的人沦为不良情绪的替罪羊。每当我向家人流露愤怒,那种愤怒都会反过来刺痛我。就因为我一个人的愤怒,全家人都变得不幸。因此,我们应该做一些自己喜欢的事来升华痛苦。"表达"就是以更具创造性的方式处理被压抑的欲望。

佛教八正道与西方心理学的相遇

马克·爱泼斯坦既是一位杰出的医生，也是佛学家兼心理学家。他在写作上很有号召力，对失误直言不讳的性格也为读者大大减负。他在《创伤使用说明》一书中展示了东方佛教与现代心理学融合的精髓，在《在诊疗室遇见佛陀》一书中则结合了心理学与佛教教义"八正道"。他将"八正道"的基本概念应用于心灵受伤的人，试图以正念、正业、正语、正志等方法提高人的复原力。

弗洛伊德和佛陀的思想有一个共同点，那就是正视人类无法发挥自身无限潜力的现实，试图最大限度地利用无意识来发挥潜力。关于自我观察，弗洛伊德讲求"不推开讨厌之物、不占据心爱之物，以深思的态度全然接纳所有状况"，而佛陀则讲求"不卷入也不抗拒所感，对经验保持开放之心"。在这一点上，弗洛伊德与佛陀不知不觉间相遇了。

通过佛教所提倡的冥想，马克·爱泼斯坦养成了这样的生活态度：不回避任何问题，相信自己内在潜藏的疗愈力，欣然接纳生命中的不确定性。他认为"自我"（ego）对所有人来说都是件麻烦事，遵循现实原则的"自我"会让人不断地与他人进行比较。追逐财富与魅力的我们，将自己推向了持续的疲劳与自我怀疑。就算我们希望生活变得更好，这种希望也只停留于满足"自我"的层面。倘若能以"自性"（self）替代"自我"，生活将从无限竞争走向自我关怀。

请不要借助冥想来抵抗变化或逃避生活，也不要依赖冥想来提高工作效率。真正的冥想能帮我们澄澈地照见自己。只有触及"自性"的次元，我们才能成为幸福人生的主人公。

●西方心理学和佛教心理学的共同点是：减弱不断在意他人视线的"自我"，增强直面阴影和无意识的内在"自性"。

066

WED

日常生活

尽享过程的喜悦

不久前，我在地铁里看到一个用手机看电影的男人。我惊讶地发现他没将电影从头看到尾，而是"快进"看完了所有画面。他还选择性地"跳过"(skip)了许多场景，只看一些重要的场景。如此一来，他花了不到十分钟，就看完了时长两小时的电影。这种方法自然很方便，但也会使人错过影视作品中的很多细节。如果我们经常跳过一些场景，就无法理解主角为何流泪，也会错过主角战胜苦难的感人过程。我对此感到惋惜。现代人总想着更快速地摄取一切，但这是否会让我们对内容消化不良？

如同漫长的影视作品，我们的人生中也存在乏味的部分，也有让人想要跳过、编辑、删除的部分。但当我经历过漫长岁月，以更成熟的视角去审视过往时，我意识到那段曾在痛苦与彷徨中停滞不前的时光也是无比珍贵的。在彷徨迷茫的时光里，积攒着万事不顺的烦闷。但所有不可避免的阴影，都需要我去珍惜和拥抱。人应当享受人生的一切细节，哪怕是凄切冷清的细节。只有如此，人才能更接近自己的根源。

优秀文学作品的主人公总是提醒我再多些惊讶，再多些深爱，再多些嬉笑怒骂。比起顷刻之间对故事了如指掌，慎重细致地字斟句酌更好；比起走马观花式的观赏，细细品味所有作品更好。

不要任由世间的美好掠过我们。请不遗余力地汲取美好，并用它来构建自己。如果我们能克服总想快进的焦躁，美好就会悄然降临。生活早已预备好更多令人眼花缭乱的场景。

　　我能理解"主核心"（hard carry）一词所含的疲惫。虽然这个词代指那些实力超群、带领队伍取得胜利的人，但当所有人的视线都聚焦于一个人，当事人难免会感到深深的孤独与恐惧。如果一支队伍只依靠一名明星选手来完成所有攻击，或是将难题全部交给一个最卓越的人来处理，这样的团队究竟能持续运营多久呢？要求一个人集中发力的队伍绝不能用优秀来形容。在众多家庭成员中，唯独要求一个人发挥更多的作用，也会给当事人带来沉重的负担。

　　大部分核心人物与重压和伤痛如影随形。对于没有支配欲的人来说，"主核心"不是什么象征英勇的称呼，只是一种沉重又可怕的负担。真正的核心人物总是需要独自背负世上一切重压，人们总是称赞他们责任心强、能力出众，但他们的内心也会有不安与悲伤。独自承担一切苦痛的英雄角色固然伟大，但他们需要背负的悲伤未免也太大了。超人需要朋友，钢铁侠需要恋人，孩子们需要无条件的爱，我们需要能理解自身痛苦的人。核心人物不能拯救全人类的孤独。

　　电影《指环王》的魅力在于，所有角色都是主人公，任何人都没有被当成临时演员。原著《指环王》对耀眼友情的礼赞，涌现于作家托尔金的真实生活。父母早逝的托尔金在贫穷与孤独中饱受痛苦，朋友们则辨识出了他的伟大才能。他们给予的认可和爱意让他写出了《指环王》。比起靠核心人物引领全局的作品，我更喜欢亲朋好友齐聚一堂的动人故事。最好的事莫过于听朋友在耳畔低语："别害怕，我会陪在你身边。"

FRI
电影

不完美也很美丽

　　有一部电影将音乐、人生与世界巧妙地融合在一起，构成了美妙的和谐。它就是由雅荣·兹伯曼执导、菲利普·塞默·霍夫曼主演的《晚期四重奏》。一个广受爱戴的弦乐四重奏乐团，由演奏大提琴的彼得、演奏第一小提琴的丹尼尔、演奏第二小提琴的罗伯特和演奏中提琴的朱丽叶四人组成。他们不仅是一起演奏音乐的同事，还拥有共同品味人生的深厚缘分。他们的关系看似快乐、理想，但假若你仔细发掘，就会发现其中隐藏着陈年旧怨和不为人知的秘密。

　　这个乐团的精神支柱是大提琴演奏家彼得，他不仅是一位杰出的演奏家，对自己的学生而言也是一位无比温暖的老师。不仅如此，他还抚养了"孤儿"中提琴演奏家朱丽叶，是像她父亲一样的存在。朱丽叶的丈夫罗伯特负责第二小提琴部分的演奏，而他们的老朋友丹尼尔则负责第一小提琴部分。朱丽叶的女儿亚历山德拉也在演奏小提琴上拥有卓越的才能，但因父母每年有六个月以上的时间都忙于海外演奏会，她一直背负着被遗弃的心理创伤。

　　电影的冲突由彼得患上帕金森病开始。帕金森病对演奏者来说极为致命，患者的肌肉会逐渐麻痹，渐渐无法随心所欲地做任何事。得知此事后，其余三人像失去家长的孩子一样茫然，像失去船长的船只一样无措。当彼得的领导力陷入危机，他们之间的陈年旧怨也开始爆发了。

　　彼得如此教育自己的学生："就算演奏在整体上并不完美，只要有一部分能让人感动，我们就应该感谢演奏者。"贝多芬认为，就算演奏时发出不和谐音，演奏者也要坚持到最后。然而，彼得却在表演途中介绍了自己的继任者，这一破格的退位方式令观众感动不已。"我再也赶不上他们的速度了"，曾是最佳大提琴演奏家的彼得，拥有在所有人面前坦白自己的勇气。在无法演奏到最后的时候、在完全无法忍受不和谐音的时候，为了展现更好的合奏，彼得敢于主动退位。

　　电影和音乐都有固定的播放时间，但美丽的作品在结束之后也会响彻我们的心扉。不完美也很美丽，无须细记全部音符。如同音乐的余韵在心中久久延续，好电影能在我们心中留下永不消失的朦胧残影。人类在任何逆境中都会找寻爱情与理解，这种伟大的精神散发着香气和光辉。

谁都追求独自沉思的时间，但这是很难享有的特权。就算想要享受孤独，假如没有"可供享受孤独的时空"，便很难拥抱独属于自己的甜蜜时光。然而，为了成为真正的自己，也为了成为人生真正的主人公，我们必须夺回这种孤独的时光。法国思想家米歇尔·德·蒙田曾就孤独的必要性如此写道："每个人的内心深处都藏着独属于自己的房间，人应能随时随意进入那里，以建造自己的自由和孤独。"

这句话歌颂了孤独的必要性，而与之最为相配的画作，是卡斯帕·大卫·弗雷德里希的《登高远望》（1818）。画中的主人公好似以自身的孤独布置了一个宏大的舞台。雾气弥漫的大海边界模糊，裹挟着一种隐约的神秘感朝我们奔涌而来。一个男人孤独地立于看不到尽头的世界，他的背影仿佛同时担任了单人剧中的导演和主演，全然统治着周围的境况。他在指挥着自身的孤独，而孤独是他用情感和沉思创造的空间。人应当坚实地建造心灵的要塞，这样的要塞理应歌唱孤独。但我们也不能被孤独所淹没，还应留下一扇"心灵之门"，来帮助自己随时逃离孤独。

为何我始终无法从这幅画上移开视线呢？也许是因为感到羡慕，也许是因为也想构筑这种孤独的风景。任谁在背后放声呼唤，这个男人都不会给出任何回应，只因他经于自己的孤独中获得了完全的自由。这种孤独厚实无比，是谁都无法入侵的铜墙铁壁。康德发现并实践了人类理性所具有的最高可能性，尼采则将热爱人生的能力视为一种哲学，他们都拥有这种孤独的背影。从这幅画中读出哲学家们的孤独背影，并非我独有的某种错觉。每个人的心中都晕染着关于"人类沉思之美"的图景，如果非要将其表现出来不可，大概就是这幅画所呈现的形象。

SUN
对话

你的背影拥有怎样的表情

　　现代社会无比复杂，置身其中的人总是不断留给他人背影。我们难以看清对方的真实面貌，只能惋惜地注视着他的背影逐渐消失，怀着"今天也和他沟通失败了"的辛酸，挫败地回家。哪怕是自以为了解的深爱之人，他也可能终身都不露正脸，只露后脑勺。一起睡觉的夫妇中，有一人背过身去，另一方就会感到心痛，因为背过身这一动作容易被解读成拒绝。所有的关系皆如此。和朋友分手的时候，如果我们飞速转身而去，也会让对方心里空荡荡的。这会令对方不自觉地思索："这个人就这么想和我分手吗？"

　　在凝视背影的人眼里，背影象征着令人心碎的难以沟通，但熟悉某人的背影也是沟通的开始。如果想根据背影判断他人的身份，首先要与对方建立熟悉或亲密的关系。因此，我们仅看到某人的背影，就会在对方毫无知觉的情况下，在令对方感到不快之前飞速逃离。那么，我们自己又是怎样的人呢？世上也会有人仅看到我们的背影，就渴望逃离吗？

　　有时，背影要比正面形象更正直。人们可以随意打扮自己的正面形象，却无法隐藏背影的样子。人在走路时，没法整日想着有人在注视着自己的背影。韩语中"后脑勺很热"的说法，体现了说话者对背影的鲜明的自我意识。在某些特殊的情况下，当人对身后的视线怀有自觉时，才可能刻意演出某种背影。大多数情况下，我们忙于照料自己的正面形象，对自己的背影毫无觉知。就算身后有面镜子，也只能从物理层面照见身体，无法令人洞察背影的本质。有一次，朋友怀着浅浅的责怪，这样对我说："你的背影怎么那么阴沉呀？就像被雨淋湿的棉被一样，让人感觉它总是无力地低垂着。"在此之前我从未想过，背影能如此准确地反映出人的情感。背影是我们自己都无从知晓的灵魂名片，而我想拥有喜悦多情的背影。

接纳与自己不同的存在

　　我们是靠什么定义自己的呢？读着李真京的著作《以哲学视角看佛教》，我开始窥探这一痛彻心扉的深渊。看到书中那句"我的本性是由近邻决定的"，我的心突然有种被刺痛的火辣感。我认为自己由挚爱之物组成，而近邻心中的篱笆无比狭窄固执。通过这本书我才重新领悟到，认为近邻境界不高这件事，反映了我心中狭隘的固执。

　　李真京讲"自我越强，老得越快"时，我的后脑勺又被痛击了一下。我确实自以为拥有强大的自我，也确实在以光速变老，并为此感到煎熬。老去的煎熬不仅在于眼角细纹的增加，更在于心灵的沧桑。以前还总怀有"那是哪里？好想去一趟！那人是谁？好想见一面！"的兴致，如今竟无半分好奇，连心灵都渐渐枯萎了。以前喜欢充满诱惑力的新地方，如今却偏爱能让自己感到舒适的场所；以前喜欢让自己感到好奇的人，如今却总预设好被其所伤的剧情。就算偶遇心动对象，我也会因这种自言自语而放弃冒险："这份感情伴随着令你痛苦、被人伤害的代价！"我究竟是如何迅速老去的呢？

　　陷入这种想法后，我又因书中的一个章节——"如果存在本身就是礼物呢"而热泪盈眶。上一次有这种心情，是在侄子出生的时候。能够有这种心情，倒不是因为婴儿的眼、鼻、嘴有多漂亮，而是他那细微的呼吸、打哈欠的小嘴、喝完奶打饱嗝的声响，本身就既美丽又神秘。这种感觉的存在就是礼物，也是日常生活中的奇迹。然而，我能感知到"他人的存在是礼物"，却从未想过"自己的存在也是礼物"。虽然也曾有过这种期望，但我认为这么想是一种不现实的欲望。如今想来，当我真正帮到某人的时候，在我无法捕捉的某个瞬间，我的存在对那个人来说也是礼物。炎热夏日里突然吹来的凉风，并非旨在令众生消暑，就像可爱的婴儿降生于世，不带有刻意成为礼物的意图。

"人永远不变"的借口

有些人总把"人绝对不会变"挂在嘴边。有一部分人这么说，是因为被绝不改变的人伤透了心，也有一部分人是因为自己不想做出改变，才反复说这种话。也就是说，某些人轻易讲出"反正人是不会变的"，说不定是出于固执己见和不愿变通。反之，那些改变世界的人、将周遭世界点亮的人、决不放弃希望的人，都会相信人的可变性。"总会有人站出来改变点什么吧"，怀有这种想法的人很难让改变发生。只有为了美好生活不断进取，为了成为更好的人日日奋斗，才能当上产生耀眼变化的主人公。心灵腐朽、灵魂堕落、染上陋习都极易，而将已然腐朽的心一步步朝更好的方向改变却极难。但只有战胜这种困难的人，才能改变世界。

洛莉·戈特利布的著作《也许你该找个人聊聊》，是为那些因心灵受伤而心理扭曲的人所写，也是为那些恐惧变化、畏惧促成真正成长的人所写。如果你认为改变之前需要做复杂的准备，或者认为在缺乏他人帮助的情况下，改变绝对不可能发生，那么这本书将为你带来强大的勇气。

洛莉·戈特利布是一位治疗人们内心苦痛的心理治疗师。作为一位颇有才能的杰出人物，她在自己涉及的全部领域都获得了认可。然而在某个瞬间，她发现自己的心也已病入膏肓。本该为他人疗愈苦痛的她，现在也需要另一位心理治疗师来倾听自己的心声。我们大概能预料到，一位心理治疗师去找另一位心理治疗师是一件多容易感到羞愧和屈辱的事，但事实上心理治疗师只有彻底管理好自己的精神健康，才能以最佳状态接近患者。每一位照料他人心灵的治疗师，就算没有遭遇像本书作者一样严重的状况，也应该拥有一位属于自己的治疗师。当一位治疗师与另一位治疗师相遇，他不仅能重新审视自己的伤口，也会生出重新审视患者创伤的慧眼。适时向别人请求帮助也无妨，敢于请求帮助才能开启真正的疗愈。

借场所疗愈

　　崔一男的小说《首尔的肖像》展现了年青一代对"首尔"的执着。当城市化进程如火如荼地展开，韩国青年为了能在首尔生存而竭尽全力。他们对举目无亲的首尔怀有恐惧和敌意，因无处立足的寂寞而不断颤抖，但最终还是选择聚集在首尔，只为回应当初那份想要出人头地的傲气。

　　主人公成洙拥有这样的执念：但凡能在首尔落脚，他就必须以某种方式留下来。这部以 20 世纪 60 年代为背景的小说写于 20 世纪 80 年代。令我感到震惊的是，直到今日，人们过度痴迷首尔的现象依旧存在。与以往不同的是，也开始有人想远离首尔的喧嚣，跑到一个空气清新、水质优良的地方享受田园生活。虽然大家对首尔的依恋还是很浓，但的确有越来越多的人能够客观地看待首尔，努力克服这座城市的不足。通过进行"城市花园""屋顶菜园"等试验，人们重新寻找大城市所缺乏的乡土风情、与自然亲近的生活方式。

　　我不会将首尔看作旅行地或居住地，我只热爱首尔本身。我能从稍微客观的角度、陌生的角度去看待它的美。我对首尔的爱似乎超越了憧憬之情，也超越了对故乡的情感。童年的街巷中处处有新奇可看的风景，我多想能回到那个地方，再多走一会儿。

　　在心理治疗方法中，有一种叫作"环境转移疗法（geographic cure）"。每当我走在首尔各个角落的胡同中，我痛苦的心就会得到安慰。当所有美好的回忆聚集在一起，我又能变得健康与坚韧。与特定环境相关的美丽回忆能化为心灵免疫力，安抚我们易被危机所伤的心。如今，我正在超越对故乡的怀念之情，以成年人的身份创造关于首尔的新回忆。为了打造一个值得我将来再回忆的首尔，我要珍惜和喜爱现在的首尔。

074

THU

人

令人难忘的眼泪

　　很久以前，我初访卢浮宫博物馆的时候，遇到了一位终生难忘的游客。她是一位白发苍苍的优雅妇人，颇为珍视地注视着博物馆里的所有藏品，就连一幅微小的画作都不曾遗漏，她的神情像是在欣赏世间独一无二的宝石。不知不觉间，我将自己赏画的视线转向了她。原来这就是热爱艺术的眼神。无论是尺寸巨大的杰作，还是小如手掌的肖像画，都能用这种眼神来欣赏。这种溢满爱意的眼神，就是让艺术作品栩栩如生的最高秘诀。看向她的瞬间，我也想如她一般优雅地老去。

　　在妇人的眼眶中，突然有泪珠盈盈欲滴，也许她一生都在等待这一刻。终于，她眼中的泪水涌出，如瀑布般倾泻而下。她来不及好好擦拭泪水，在画作前一度移不开脚步的模样，将终生遗留在我内心的相机中，化为难以忘怀的艺术作品。她终生等待着，在卢浮宫博物馆里与世间至高的杰作相遇的瞬间。此刻，时间好像静止了，不，应该说人类走过的一切时间的痕迹齐聚一堂，举办了一场满载喜悦的盛宴。为了这奇迹般的瞬间，她和我都在漫长的岁月里，挺过了日常生活中的艰辛。在这样的瞬间，我们虽然一句话都没有对对方说，却感到互为挚友。

　　不管某刻的我有多难熬，只要能孤身一人前往博物馆，花上几个小时欣赏画作，我的心灵创伤就会得到缓解。亲眼见证那些比我更受伤、更痛苦的人勇敢地战胜了悲伤，并将痛苦升华为美妙的作品，我不由得更加肃然和谦逊。凡·高生前只卖出了一幅画作。凝视他的作品时，人们不是因人气或价格等世俗价值而触动，而是对他为"艺术之美"而献身的纯粹深感敬畏。在博物馆这样的地方，艺术作品不仅仅是艺术家的所有物，还属于每一位能从中收获感动的游客。博物馆正是这样一处美妙的疗愈空间，它既能给予我们学习和鉴赏的愉悦，也能给予我们休憩的欢欣。

对我最痛的创伤
都施以拥抱的朋友

电影《托尔金》讲述了《指环王》作者托尔金的生平。我最中意的一点，是电影将托尔金视为幸福的年轻人，而不是鹤立鸡群的核心人物。母亲早逝的托尔金虽因贫困而饱受痛苦，但他并不孤独。无论何时，只要身畔还有能够理解自己的朋友，他就能战胜创作之路上的艰辛。

看这部电影时，我意识到孕育出伟大作家的环境中一定要有"无条件的友谊"。电影没有着重赞美托尔金的才华横溢，而是突出了友谊对其感性层面的成长，做了多么巨大的贡献。因此，电影主角不仅是托尔金，还有使他成长的人。

托尔金儿时就已丧母，又因战争失去了最爱的朋友杰弗里。这些无法挽回的失去，使他的性格自然而然地染上了悲伤。《指环王》没有为了塑造某一个英雄，就使其余人物沦为临时演员。起初，主角弗罗多看似无法推动这部巨作的发展。有着许多缺点的他，似乎平凡得不足以完成伟大冒险。但朋友们却给予了他无条件的爱，他们不愿让他孤身踏上旅途，更不愿让他独自赴死。这种毫无算计的爱让弗罗多感到十分温暖。

活在这个世间，我也时常感到孤立无援。这部电影让我懂得了交友的重要性。我们不一定要成为引领全局的核心人物，也不一定非得上演独角戏。在这个故事里，没有孤勇者的壮烈牺牲，只有主角的生还和对希望的无尽吟咏。友情和爱情一样珍贵，有时甚至会成为比爱情更为强大的精神支柱，这部电影提醒着我们这一点。

戏仿和幽默的力量

这幅引人入胜的壁画叫作《兄弟之吻》，是纪念苏联与民主德国间政治合作的作品。它位于柏林墙的东区画廊上，含有一定讽刺意味。两位身穿整洁黑色西装、头发梳得一丝不苟的男性正在热吻，这一场面多少令人有些尴尬。壁画下方如同祈祷文一样的题目也无比真诚："神啊，请让这份致命的爱继续吧！"这一涂鸦是艺术家迪米特里·弗鲁贝尔于1990年完成的作品，原是为了纪念兼讽刺苏共中央总书记列昂尼德·勃列日涅夫与民主德国最高领导人埃里希·昂纳克的合作。

虽说名为《兄弟之吻》，但这吻也太过于激烈恳切。路过这一涂鸦的人常常模仿接吻的姿势，令彼此捧腹大笑。在苏联与民主德国已经消失的今天，两国领导人间致命的吻更是激发了人们的怀旧情结，使涂鸦升级为备受喜爱与瞩目的波普艺术。摄影师将两位政治家间的严肃会面和历史性协商场景，变为了滑稽好笑的讽刺对象，而弗鲁贝尔则将这种幽默升华成"街头艺术"，使其普及为世界级作品。看着这张照片，人们意识到有关政治的严肃交流也能成为幽默的讽刺对象。

涂鸦里的两人似乎在低声说："不要想得那么严肃，我们政治家有时也会如此热情。"最重要的是，完成幽默的主体其实是观众。幽默的画作首先要解除观众的武装，激发观众模仿画中人物的意愿。一切让我微笑的画作，都如此窃窃私语："生活是美好的，所以请多笑笑吧！"不，准确地说，我笑得越多，生活就越美好。因此，在别人逗笑我们之前，不如我们自己先笑笑。如此一来，生活就会变得更加美好。

SUN
对话

语言的疗愈力量

在进行有关心理学或古典文学的授课时，我经常会听到这样的请求："您好，能不能说得更简单一点呢？"虽然我已经尽量把话讲得更简单自然，但是每次听到"太难了"的评价，仍会感到沮丧。我常因此而催促自己讲得更简单有趣、更有号召力。但当真如此的话，我又恐惧失去自我。将心思倾注在学问的形式上，会不会丢失学问的内容呢？只埋头于简单的表达，会不会错过自己真正想说的话呢？要求讲得更简单一点，有时候是不合宜的要求。但对于讲课的人来说，如果能毫无保留地对自己的授课倾注热情，表达上的难易应该不会成为阻碍。真心是能够传递给听众的。也许沟通的真正关键不在于语言的难易，而在于亲密感。听众要求的也不是简单的表达，而是触及自己真心和经历的叙述方式。

当我们传达自己追求的知识、讲述自己创作的故事、传达自己经历的生活时，都要面对这种宿命。就算读者不曾有过相同经历，也要借由生动的表达，让人有身临其境之感。因此，所有的创作都不是单纯的传达，而是一种清新的创造。无论是绘画、音乐还是旅行、爱情，人在体验或欣赏过某些事物后，必须通过语言进行描绘。画家不相信有关绘画的文章，音乐家不喜欢有关音乐的评论，但即便如此，人类仍须以优美的语言来表达画作和音乐。评论并不多余，只是世上少有优美而富于创造性的评论而已。通过五感直接获得的体验自然很珍贵，但人类只有通过"语言"，才能储存自己的感觉。初恋的悸动感、伟大交响曲给人的感动、幸福的旅行体验，这些都要用语言来整理，才能在我们心中刻下完整的脉络。

语言是我们所拥有的最美的武器。它既能以恶评的形式化身为杀人的凶器，也能以温柔轻拍的形式发出疗愈人心的声音。将语言运用得优美而有创意，是不用花钱的最佳疗愈法。

MON
心理学

因果从何而来

"没人能理解我。"你有过这种想法吗？任何人都会因不被理解而陷入孤独。在心理学中，概念"控制点"（locus of control）解释了决定个体幸福的条件。个体人生观的变化，取决于自认为控制生活的因素是在外部（external locus of control）还是在内部（internal locus of control）。那些将决定成败的因素归因于外部的人，动辄责怪环境，向周围的人抱怨。相反，那些相信成败完全取决于自己的人，更重视自己付出的热情和努力，更少被环境和他人影响。

为了能看清自己不安且颤抖的心，我们需要明了一切行为的因果源自何处。当然，并非一切行动都百分百由环境或意志决定。但知晓人生的主控塔位于何地，是一件很重要的事。如果人生的主控塔在外部，我们必然会不断地摇晃徘徊。

不将现状归咎于环境的人，大多敢于争取更好的生活，他们能从自己身上找到行动的最大动力。在人生中散发耀眼光芒的主人公，就算家人都从事医学领域的相关工作，也不会因为父母的期望去学医。如果有绘画方面的才华与韧性，这样的人会坚定地选择画家这一职业。我们应该独自掌控人生的方向盘，无畏地奔驰在人生的高速公路上。

有些人会因"有趣"的借口，沉迷于塔罗牌占卜或生辰八字测算。事实上，但凡有一点不好的征兆，他们就会大惊小怪。那些紧握自己人生方向盘的人，不会被"命运"或"预言"之类的外在判断左右。即便卦象不佳，人也要敢于以不在意的态度，继续挑战自己的梦想。如果敢于充满激情地去生活，甚至会失去前去测算的闲情逸致，也就无须因预言而忽喜忽悲了。我不想被动地被环境和命运牵引，就算无从改变过去，我坚信现在与未来仍可改变。

有伤者越发迷人

　　创伤真是复杂微妙。创伤的确会毁损人心，但如果完全没有受过伤，我们又很难拥有成熟的人性魅力。撕裂我们某一部分的创伤，最终能使我们成长。从有创伤的地方开启新生活，也许是成为大人的必经之路。在电影和电视剧中，角色的创伤经常成为推动情节的核心动力，疗愈创伤的成长过程也被压缩在极短时间里，呈现给观众。如果你对心理学和故事创作感兴趣，不妨从安吉拉·阿克曼的著作《创伤词典》中获取灵感。

　　理解一个人，就是了解他的深层创伤并洞悉创伤使其发生的变化。如果我们只知晓某人的姓名、年龄、住址、家庭关系等信息，却完全不了解他的创伤，就不能说自己真正了解这个人。我们之所以会爱上小说或电影中的某个角色，也许是基于我们与其携带着相似的创伤。如果我们无法理解角色的行为，或许是因为他们采取了心理防御机制。有时，角色为了回避痛苦，会穿上"情感盔甲"（emotional armor）。故事所拥有的疗愈能量在于，随着情感盔甲被削弱，主人公逐渐解除了用来自我防御的武装。

　　单纯地组合痛苦无法将故事化为艺术。好的故事应将他人的痛苦与读者的痛苦进行有效的连接。如果主人公没有通过刻骨铭心的痛苦获得真正的成长，故事就会给读者带来巨大的失望。阿克曼的书描绘了因伤痛而开始新生活的人，展现了因伤痛而性格成熟的人类之美，为创作故事的人带来了丰富的灵感。

　　●阿克曼在"给作家的自我管理法"一章中给出了这样的建议：把值得信赖的人留在身边。此举是为了消除创作者写作时的孤独感。另外，提前向朋友说明自己的状况，在写作期间彼此联系也是减轻孤独感的妙方。这些建议不仅对创作者有效，对疗愈创伤的有关人士也有帮助。

博物馆，我的疗愈空间

在旅途中，博物馆最能浓缩一个城市的魅力。博物馆中汇集了颇具代表性的艺术作品，展示了作为城市象征的重要人物，蕴藏着值得探寻的文化遗产。在博物馆里，我们能满足自己对知识的好奇和对感性的饥渴。我曾在柏林画廊美术馆看到过扬·维米尔、桑德罗·波提切利的画作，因为感触颇深，总共访问了三次。我也去不腻荷兰的凡·高美术馆，至今总共去了五趟。为了能参观佛罗伦萨的乌菲兹美术馆，我不惜在烈日下苦等了四个小时。巴黎的卢浮宫博物馆和纽约的大都会艺术博物馆都有浩瀚的藏品，但博物馆的魅力并非仅仅体现在藏品数量上。如果我们能像当地人一样，像对待亲朋一样珍爱藏品，就能成为博物馆迷。

卢浮宫博物馆、大英博物馆、奥赛博物馆等著名场所，皆可满足游客的五感，颇具综合娱乐性。置身于此，游客不仅能欣赏美术作品和文物，还能品尝各种美食，迎来舒适的休憩时光，拥有与家人相处的时间，享受独自散步的静谧。卢浮宫博物馆、大英博物馆原本就是举世闻名的旅游胜地，而格拉斯哥交通博物馆则萦绕着令人惊讶的舒适感。可乘坐、可看、可吃、可玩之物齐聚于此，就算全家人一同游览，在这里也不会感到复杂或晕头转向。这里既充分发挥了综合娱乐性，又完全不会令人有杂乱之感，充满和谐的气氛。在这里，你可以坐在窗边，静静品味思索的喜悦，也可以欣赏英国的老式蒸汽火车，追忆尘封的岁月。

博物馆和美术馆能让人在游览的同时产生无尽思考，体现了空间的留白之美。很多地方需要与人共赴，但博物馆大多适合独自沉溺。无关宗教及信仰，好博物馆所具有的真正魅力是将游客引入艺术家的作品世界，并令其拥有克服现实困境的能量。这种源于美丽作品的能量，足以令人在博物馆中实现自我疗愈。

081 字如其人

　　我喜欢字迹优美的人。一个人的字迹承载着他的个性、烦恼和优缺点。很久之前，初次参观大英博物馆时，我再次领悟到"文字"在人类文化遗产里所达成的成就有多伟大。大英博物馆中最令我难忘的藏品是《汉谟拉比法典》，它拥有不可触动的威严。我不是为了它的尺寸和内容入迷，而是沉醉于优美的文字。苏美尔文字既井然有序又蕴藏着含蓄的留白之美，它以接近埃及象形文字的诙谐细腻，以一种无法形容的绝美姿态，夺走了我的心魂。究竟怎样的文字，才能在人类的历史长河中经久不衰呢？影响深远的文字绝不仅承载传递信息的功能，还应饱含生存之美。

　　文字构建了人类精神和文明的风景，使生活、艺术和哲学达成了交汇。柳智媛在著作《文字风景》中，将德国严谨笔直的字体与意大利慵懒优雅的字体进行了比较。不同于德国字体的齐整有序，意大利字体更为灵活飘逸，蕴含着浓郁的意大利风情。

　　对文字的处理等同于对信息的控制。纵观整个东西方历史，掌控文字的人大多是男性。但在有关字体的历史长河里，"韩文"却是一个由女性主导的特例。特别是朝鲜时代的"宫书体"，更是展现了韩文的无尽优美。有趣的是，被贬为"谚文①"的韩文，正是经由女性之手才绽放出绚丽的花朵。韩文初创期的字体给人极其阳刚方正之感，而在宫女之间形成的"宫书体"则让人感到更加优雅灵活。

　　正如"身言书判"所强调的，相貌堂堂、言谈得体、写字端庄、论事有理是判断优秀人格的重要标准。直到现在，人们还是会对写字端庄的人产生特别的好感。我们在无意识层面，似乎认定了字如其人的道理。通过在美丽文字中寻找美丽心灵的过程，我希望自己的生活能变得更加充实。

---

① 谚文：指朝鲜语（或韩国语）的表音文字。

《爱在黎明破晓前》，致失去爱情的你

每当忧郁的阴云在心中扩散，我都会重看仿若暖阳的《爱在黎明破晓前》。这部电影的英文名是 *Before sunrise*，讲述一男一女在次日的太阳升起之前，如何度过奇迹般的一天。从差点在火车上擦肩而过，到结成终生难忘的爱恋，男女主人公只花了不到一天的时间。也许只需极短的时间，就足以将某人铭记于心；也许只需一个眼神、一场交谈和一次擦肩而过，就足以结下一生的缘分。看完这部电影，我开始珍视一个简单的手势、一个简单的句子。

在火车上初遇时，杰西对席琳低声说："要在维也纳下车吗？"这一瞬如同地震来袭，给两人的生命留下了裂痕。"要不要因为这个初次见面的男人改变目的地呢？本来继续坐这趟火车就可以快点回家的。可他为什么这么有魅力呢？"席琳的脑海中划过了各种思绪。最终她放弃了那条舒适熟悉的路，选择了一条危险又充满心动的路。

在《爱在黎明破晓前》的续作《爱在日落黄昏时》中，席琳看着现已成为别人丈夫的旧爱杰西，陷入了强烈的失落感。已是著名作家的杰西来到了巴黎，他已经与以往大不相同。而席琳的时间好像静止了，她始终被囚禁在过往的回忆里。席琳以一种惋惜伤感的表情注视着杰西。时隔九年，她再次与他见面，终于吐露了真心："在和你一起的那个夜晚，我全部的浪漫都已经燃烧殆尽了。"席琳一生中所能感受的一切美好感情，譬如爱情、浪漫和热情，都倾注在那一天里。九年间持续的思念，使她无法真正爱上任何人。在《爱在黎明破晓前》中，两人曾如此窃窃私语："就像在梦里一样……这是我们一同创造出的时间。"

就这样，两人一夜之间坠入了爱河。他们为了守护这份爱而各自奋斗，也没有留下任何联系方式，只将一切都交付给了"浪漫"。虽然足足有九年不曾相见，但无论岁月如何流逝，他们的爱情依然流连于维也纳的街道里、席琳飞舞的发丝中、杰西紧蹙的眉间。整个系列的三部作品分别为《爱在黎明破晓前》《爱在日落黄昏时》和《爱在午夜降临前》。在观影的过程中，永无止境的爱情的光辉，久久地在我心中泛起涟漪。

083

强中自有强中手

在描绘 17 世纪西欧日常生活的画作中，赌博、葡萄酒和互相调情的男女就像"欲望三件套"一样，经常一起出现。乔治·德·拉·图尔的画作《玩牌的作弊者》（1634）展现了赌博互相欺骗的娱乐性本质，它揭示了"强中自有强中手"的道理，提醒着我们：总有人一手操纵着嘲弄一切的旷世骗局。

画面中央身穿华丽皮草的女人，流露出一副居心叵测又略显惶恐的神情："怎样才能在哄骗他们的同时，又不被发现呢？"这似乎就是她心中所想。画面左边的男人早已看透一切，他轻轻地握住隐藏的王牌，好像在说着"我不知道"。而画面右边那个衣着华丽的男人，好像就是独自承担一切的当事人。他一心扑在自己的牌上，似乎正在受骗。聚集在桌旁的人们为了将他吃干抹净，进行着彻底的共谋，而他却对此一无所知。

然而，画家能站在更高的层次上注视一切。只有不在桌子上赌钱的人，才能脱离这个钩心斗角的帝国，得以眺望全局。拥有全局视角的不仅仅是画家，观众也能揣测谁在干骗人的勾当、谁在彼此欺骗、谁又只是单纯被骗。画中人在彼此观察，画外人在观察画中人，而画外人又可能在被别人观察。这种视线的重叠不是对赌博者的描绘，而是展现了一则尔虞我诈的生活寓言。看着这幅画作，我不由自主地露出了单纯的笑容，而这幅画也成了一座令我自省的灯塔。有时，比起盲目而甜蜜的安慰，展示充满讽刺的人类群像，更利于安抚我们的心灵。

　　人脑并非只在看到伟大发明时才会产生惊讶的反应。为了在日常生活中拯救自己，我们会在脑海中展开各种想象，这种想象力常令我们感到惊讶。心灵拥有如本能般的各种习惯，譬如脑海中浮现的各种声音，它们组成了一个自我疗愈系统。当我们忙到无法好好照顾自己，身体达到承受疲劳的极限时，这样的声音就会涌入脑海："赶快停下。现在的你不是真正的你，你必须守护好自己的身心。"当我们不被别人理解，付出的努力得不到应有的认可，委屈涌上心头时，又会听到这些声音："不是已经很好地坚持到现在了吗？你活着并不是为了获得某人的认可。你很棒。不管别人怎么说，你已经竭尽全力了。"脑海里的声音时常如此抚慰我，努力守护着孤独时分的我。

　　每当我达到自我安慰的极限，就会想起很久之前在电影中看过的优美台词。想到真正中意的电影时，我总会产生一种错觉，误以为电影中的主人公真实存在。电影《八月照相馆》的最后一句台词总是感人至深："但你不会变成我的回忆。谢谢你让我带着爱离开。"不让爱人成为过去的回忆，永远将鲜活的爱维持在此时此地。这句悲伤的台词无论何时提起，都是那么美丽。

　　当我感到心情郁闷，做事也心不在焉的时候，就会突然觉得自己是世界上最孤独的人。此时，我会在脑海中放映经典电影的台词，将大脑变为美丽的虚拟电影院。每当悲伤汹涌袭来又无法即刻奔向电影院时，我都会打扫好脑海中的电影院，关上灯，坐到观众席上，让放映机对准脑海中的银幕。无须巨额费用和庞大努力，我就能让脑海上演美丽的盛宴。这是世上唯一一家存在于我脑海中的电影院。好电影的上映不需要现实中的观众、银幕和音响系统，甚至不需要座位。

继承创伤是痛苦的。子女既能继承父母的优点，也能继承父母脆弱的性格和遭受创伤的心。直至今日，在因各种烦忧而失眠的深夜，我仍会觉得母亲的情感基因留存在我体内。我从母亲那里继承了忧心忡忡、多愁善感、心结难解的情感循环。虽然我很爱她，但我想从她的身边远离。如何才能斩断继承创伤的锁链呢？我们要停止将自己的欲望投射到他人身上。"我想成为一名医生，所以我的女儿也想成为一名医生""我讨厌那个人，所以我的儿子也会讨厌他""我没有实现的梦想，我女儿会替我实现"，这些将欲望反映到他人身上的现象就是"投射（projection）"。

在各种心理投射中，最具悲剧性的例子是父母强迫子女做其不想做的事。"我之所以这么做，都是为了你着想。所以说，你得努力学习呀。我也是因为爱你才这么做，就算你有小情绪，也忍忍吧。"如果用这种方式行使欲望，只会加剧投射的悲剧性。所谓斩断继承创伤的锁链，就是要终止这样的惯性逻辑："那个人和我很像。那个人就是我的分身。那个人不能没有我。"面对心爱之人，我们应承认对方的独立性，令其能自由地追求梦想。这就是疗愈创伤的开始。那些以爱之名剥削孩子的父母，那些打着"我为你做出了许多牺牲"的旗号来折磨孩子的父母，往往无法治愈自己内心深处的创伤和情结。一个人尚未解决的创伤，就这样传递给他人和下一代了。

虎妈们像老虎一样咆哮着，凌厉地斥责着子女，对斯巴达教育的益处深信不疑。但子女会将家长残酷的教导内化，最终遗失温柔看待世界的双眼。令人遗憾的是，创伤是能够继承的。但是，能疗愈创伤的自我疗愈力显然也在进化。如果我们的心能永远不丢失希望，疗愈创伤的力量会一直生猛地跃动。

致虽然无法出发，却梦想着去旅行的你

每次举办关于旅行的讲座，我都会在听众的眼神里觉察到一种遗憾：想要马上动身去旅行，但现实情况并不允许。对于这样的听众，比起推荐以信息为主的旅行手册，我更想给他们介绍充满感性的旅行随笔。我想推荐的第一本书是圣埃克苏佩里的《人的大地》，这是一部自传式小说。当飞机驾驶员圣埃克苏佩里降落在危机四伏的撒哈拉沙漠时，他初次踏上这片从未有人到过的土地，喜悦来得惊心动魄。在旅游和飞行尚未普及的时期，旅行者的热情似乎更加浪漫原始。临时着陆于撒哈拉沙漠的主人公历经了千辛万苦，而他的朋友吉约梅也在安第斯山脉遇险，后来又奇迹般地生还。在这部生动的小说里，旅行与冒险、流浪与挑战融为了一体。我曾有过这种恐惧："太爱流浪的话，如果死在路上该怎么办呢？"读完这本书之后，我抛开了这种模糊的恐惧，开始认为"就算死在路上，似乎也无妨"。

我想推荐的第二本书是丽贝卡·索尔尼的《走路的历史》。比起坐飞机、公交车和火车，我在走路时更能体会旅行的真正滋味。此书描绘了只有步行才能看到的美丽风景。只有开始行走，眼前的风景才会变得不同。

我想推荐的第三本书是人类学家洛伦·艾斯利的自传《所有的怪时间：一个生命的挖掘》。他的旅行不是为了获得幸福而进行的休闲活动，而是为了生存而进行的斗争。父亲去世后，他在内布拉斯加州西部的荒地上，爬上了碰巧遇到的货物列车和邮政列车。为了不从摇晃的列车上掉下来，他用绳子将自己的手腕和列车绑在了一起。横穿内华达沙漠的他走向了一条生存之路，也奔向了一条学问之路。他混迹于不知何时就会化身为强盗的流浪者中，甚至在村庄里遭到了警察的枪击。最终，在历经千辛万苦之后，他到达了自己的终点站。

花茶在干燥的状态下显得微不足道，但一旦没入温暖的水中，那五彩缤纷的花蕾就会绽开。仿若天然抗抑郁剂的旅行也是如此，它让我皱皱巴巴的感性的翅膀，如同孔雀开屏般华丽。

087

WED

日常生活

以朗读的喜悦抚慰痛苦

朗读教会了我共情和协作。如同久旱逢甘霖，朗读能慢慢敞开人的心扉，使人与人之间形成无尽的联系与共鸣。通过朗读，读者能与书中人物相遇并对作家共情，就连一起朗读的小团体，也能形成关怀的氛围。

进行人文学和心理学讲座时，我最常读给听众的一句话源于书籍《德米安：埃米尔·辛克莱的彷徨少年时》："他只是想活成心中的理想模样而已。为何做自己就这么难？"每当我大声读到这一段，都会有无尽悲伤涌上心头。我也只是想按照理想的方式生活，我也只是想奔向心爱之物，为何跨越阻碍这么难呢？每当我用自己的语言重新诠释作品中的句子，心海都会泛起新的涟漪。

《德米安：埃米尔·辛克莱的彷徨少年时》提到，人的心里有一个更加杰出聪慧的自己。我将这句话朗读给听众，收获了他们炯炯有神的目光。如果存在一个更高阶的自己，我们也许能在迷失的时刻向体内的智者寻求建议。意识到疗愈自己的力量就在体内的那一刻，我的许多痛苦开始消退了。

朗读本身就有疗愈的效果。某个仲夏，我曾在人群拥挤的地铁站里独自朗读。炎热的天气令人疲惫又烦躁，我想着，反正地铁里吵得很，也没人能听到我的朗读声，就打开了一本储存在手机里的电子书，用很小的声音读了三句。如此一来，燥热感不仅得到了缓解，我的心中还划过一丝奇异的平和。原本，心绪不安的我整日像在被追赶，此刻却借由朗读获得了平静。从此以后，无论周围是人多还是人少，我都会小声朗读书籍或报纸中的任意一段。朗读会产生温暖的回响，我总像冰淇淋一般，慢慢融化于其中。每当我一字一字地朗读，世间一切美好就会在光晕的包裹下向我涌来。朗读中的一字一句皆能安抚人心，紧紧拥抱每一个疲惫的灵魂。

　　如果没有遇见那个人，或是没有与他分手，我的人生会怎么样呢？如果不是在现在的家庭出生，我的人生又会怎么样呢？这样的发问，既朝向自己和别人结下的姻缘网，也朝向"我到底是谁"的身份认同。出生于这个国家的我，如果出生在别的国家，如果与其他人相遇，会不会过着与现在完全不同的生活呢？我就是这样与环境和世界不断地对话、接触和相互影响，每天都制造着新的缘起。这不是在宣扬环境决定论，只是在说我们应该摆脱这种错觉：是我的思考和决定创造了一切。

　　既然一切都在不断地转化、消亡和生成，我们就不能轻易地根据现状来下任何判断。如果能不以物喜不以己悲，我们就能过上更自由的人生。不管是推崇各自谋生的利己主义，还是以强者为尊的暴力世界观，到最后都拯救不了我们。在相互依存、携手并进的人生面前，对他人毫不关心的个人主义必将失去光辉。

　　每时每刻，我的创伤也在经历着意义上的改变。那些曾以为永远无法愈合的伤口，早在不知不觉间被克服；那些原以为没什么大不了的微小伤口，某一天居然恶化到深入骨髓。随着状况的变化，人的心态也在变化；随着关系的变化，人的思想也在变化。世上没有一成不变的东西，这种想法使我被禁锢的心获得了解放。我一度以为绝望和悲伤会永远持续，以为陷入痛苦的人生永远没有出路。但现在，我开始停止绝望的想象。寻找希望的人有很多，相信疗愈的人有很多，克服苦痛的人也有很多，我对此深信不疑。正是这种信念促使我走上心理学的道路。我想守护人们内心的光芒。此时此地正在上演的共情、协作和关怀是闪耀的奇迹。

我能做自己多久呢

　　有谁对"自身的死亡"没有过模糊的幻想？我宁愿死在家里，也不想死在医院里。到时候，只要有一位最亲近的人，在床边牵住我的手就好。我不想被许多人流着泪送别。我的遗体被火化后，撒在山中或江河里就好。我也想在离世前留下一份美好的遗嘱，但至今仍未想好合适的措辞。然而，这些真的有那么重要吗？我们只能想象死亡的场景，并不拥有对死亡的决定权，也无法控制自己将在何时、何地、如何以及谁的身边死去。我们向往着优雅洁净的死亡，但在死亡的不可控性面前，就连这种向往也是一种奢侈。我在电影、文学作品和现实生活中看过无数的死亡场景，也不免多次幻想自己的死亡，但世间却没有所谓的"理想中的死亡"，一切死亡都超乎人的想象，即便是陌生人的死也令人震惊，亲人的死更会给人留下一生都无法磨灭的伤痕。简而言之，没人能做好死亡的准备。

　　人最害怕的死亡场景是什么？在包括车祸、癌症、中风、心脏停搏和阿尔茨海默病的众多死因中，我最害怕的是阿尔茨海默病。我恐惧不再记得自己是谁，恐惧给很多人添麻烦。尽管一切死亡都痛苦而可怕，但阿尔茨海默病会令我珍视的所有回忆崩塌。涉及这种疾病的电影、小说正在激增，原因之一是它所引发的哲学问题：我能做自己多久？如何才能做自己？

　　电影《依然爱丽丝》中的主人公爱丽丝十分聪慧，仿佛足以抵御任何疾病的苦痛。在别人的眼中，她是已经拥有一切的名牌大学心理学教授、三个孩子的母亲、被丈夫深爱着的妻子。记忆能力对她来说，实际上是维持生活的关键。作为一名世界知名学者、完美老师和杰出作家，患上阿尔茨海默病是一场巨大的灾难，这场灾难足以毁掉造就她的一切。然而，她并没有屈服于残酷的命运。她代表阿尔茨海默病患者发表了感人的演讲："请不要认为我在经受痛苦，我并不痛苦。我在努力挣扎（I'm not suffering，but I am struggling）。"她不是一个因身患重病而苦痛缠身的人，她是一位为了不丧失自我而随时与命运做斗争的角斗士。

090

SAT
艺术

投身于喜悦的时光

画作蕴含着魔法般的力量。看到《滑冰的牧师》这幅画作之后，我总是会找一些诙谐幽默的画来看。这幅画的原名是《在达丁斯顿湖上滑冰的罗伯特·沃克》（*The Rev. Robert Walker Skating on Duddingston Loch*）。画中的沃克牧师在光滑的冰面上摆出了舒适的姿势，仿若不知疲倦，甚至忘了自己脚上还穿着溜冰鞋。他展现了惊人的平稳，又隐约流露出一种调皮，这种调皮搭配上庄严的神职人员服装，构成了有趣的失衡。

这令人惊异的滑冰场景，让人意识到冬天不仅是寒冷孤独的季节。牧师那优雅而自信的身姿，为整幅画赋予了有节制的活力。就连不会滑冰的我，看到这幅画时也会被感染，陷入一种名为"我也能滑好"的愉悦感。在画作背景中，山脉和平原在苏格兰的严冬中显得颇为荒凉，而牧师的美妙身姿则与之形成了鲜明对比。人就算身处荒野，也能以优美的动作消除冬季的抑郁，这是人类微小而伟大的胜利。

画中人物是广受地区和社会尊敬的神职人员。他滑冰的脚堪称小巧玲珑，模样真是惹人爆笑。他既不微笑也不颦眉，脸上好似写着"这有什么了不起"，若无其事地滑着冰。这一刻，他完全忘记了生活的沉重和令人头疼的工作，展现了深邃的从容。

看着这幅画作，我无法想象已是五个孩子父亲的牧师，平时向信徒宣讲的庄严模样。这幅画激发幽默的本质在于矛盾与失衡。象征着严肃虔诚的牧师如此优雅地享受着滑冰，如孩童一般可爱，正是这种不协调感让观众忍俊不禁。每个人都需要这样的"情绪解放区"吧？有时，我们需要暂时忘记自己是一个需要承担责任的成年人，我们甚至应该忘记自己的年龄和性别，只诚恳地投身于健康的娱乐，迎接清爽的喜悦。

091 | SUN 对话 | 我最擅长的事

不久之前，我开始回顾往事，思索自己最擅长的事是什么。在我的假定中，最擅长的事不局限于具体的行动（例如挑战、相遇、考试、离职等），还包括我看待生活的视角和态度。答案是能忍耐困难的心理习惯。从小我就养成了无论遇到什么困难，都能独自坚持下去的韧劲和耐心。如果要做的事是我真正喜欢的，就算不得不熬夜或反复失败，我也会坚持到底。如果要做的事是我并不喜欢的，只要自认为对我的成长有所帮助，我也会无条件地傻傻坚持。正是这种力量，使我成了作家和有耐心的成年人。如果没有那些漫长的忍耐，我还会是现在的我吗？那些想要放弃的瞬间，那些想要卸下一切坚守的瞬间，支撑着我的力量究竟是什么？也许，当初的我没想完成什么了不起的事，只是希望能安然地、忠实地、尽量有趣地挺过去罢了。

需要忍耐的瞬间总是充满痛苦。"等待是一种智慧"，信奉这一点的人能升华等待的痛苦。照顾阿尔茨海默病患者的护工已经达到了忍耐的至臻境界。在他们的等待中，有一个词叫作"修补护理（patching care）"。"修补护理"不按照完美的蓝图来有计划地对待患者，而是以一种对突发状况进行急救的心态，等待时机成熟才进行护理。由于阿尔茨海默病患者通常不愿接受自己的严重病情，所以需要安静地等待，直到患者慢慢接受现状。"修补护理"不分等级制度，没有控制和计划，也没有夸谁做得更好之类的称赞，它有的只是对那些默默忍受痛苦的人怀揣的真诚关怀。

知晓忍耐之价值的人能将心动化为爱情，将春日的幼苗变为秋日的硕果，将不分天地的孩童教导成聪明热情的成年人。这样的人能将"忍耐"两个字，堂堂正正地写入自己人生的必修课。每个人都应怀揣毅力与忍耐，去等待即将到来的珍贵时光。忍耐的时间并非人生中不必要的存在，而是让生命愈加灿烂的伟大选择。

梦想着与"高我"相遇

当生活没按我们设想的方向前进，当事情遭遇失败或不按我们的意愿发展，阴影就会以一种令人毛骨悚然的方式展现它的本色。阴影的模样绝不简单。当各种情结和创伤错综复杂地交织在一起，能否接受阴影的模糊性和复杂性就成了判断一个人是否成熟的指标。"器量宏大"的人能很好地承受异质性、不合理性和矛盾性。"一切都会好起来的"，这种流于表面的积极态度和无条件的良性自我暗示，对实际解决问题没有多大帮助。阴影不是缘于他人不按自己的意愿行事，而是缘于对此的期待。

我们不应偏爱内心的"光明"，只有同时拥抱光明与黑暗才能恢复生命的完整。与其善良地生活，不如完整地生活。如果我们能摆脱保持善良的压力，只求能够完整地生活，人生就会愈加富饶。据说，"疗愈（heal）"与"完整（whole）"是同源词。疗愈并非侵吞善果、排除恶果，而是在开阔的思维中，包容自己内心的黑暗和阴影。

只有直面自己的阴影，才能与"高我（the higher self）"相遇。人一触碰阴影就会感到痛苦，甚至忍不住逃离。但如果能正视甚至珍视阴影，就能迈向自性化。自性化绝非无休止地追逐潮流，而是追随内心真实的声音，开创属于自己的生活。有助于发现真实自我的一切资源，都存在于阴影之中。我们内心的黑暗和阴影，即创伤和情结，是自身宝贵的一部分。

如果说，人生的前半段是社会化的时期，那么后半段就是自性化的时期。如果无视自性化的需求，内心的阴影和潜能就会不断要求我们"进贡"。它们会不断地质问我们，为何不顾自己的梦想，为何回避自己最宝贵的潜能。人只有经历不顺心的事才能获得真正的成长，因为挫折中有我们无法承受的黑暗，也投射了刻骨铭心的阴影。

　　在任何情况下，我都想给琐碎的事赋予宝贵的意义。在维克多·弗兰克尔的著作《何为生命的意义：弗兰克尔的意义疗法》中，标题"向着意义无声的呐喊（The Unheard Cry for Meaning）"深得我心。这是一个美丽的题目，巧妙地总结了我深感痛苦的一切瞬间。作为本书的核心概念，"意义疗法（logotherapy）"是指通过找到生命的意义来战胜痛苦和疗愈创伤。通过这一疗法，人们就算不去寻医问药，也能在日常生活中自发地疗愈痛苦。"意义疗法"教会我们从自己所经历的痛苦中找到生命的意义，并凭借这种意义的力量来战胜痛苦。意义不会主动来找我们，它的力量只在我们积极寻找它的时候显现。早上起床时，比起不得不上班的义务感，如果能认为自己是在做真正想做的事，能怀着喜悦开启全新的一天，我们就算是在实践"意义疗法"了。

　　在纳粹集中营里，维克多·弗兰克尔日日遭受着非人的虐待。在这样的环境里，连活下去的理由都难以寻觅。而他之所以能忍受痛苦并生存下来，还成了一位伟大的心理学家，正是因为对意义有着无法停止的渴望。他在集中营中看尽了人类的丑恶，但仍旧努力发掘人性的美丽。他注视着集中营中同样身处极端状况的人，发现他们还是心怀他人的苦痛，并不断彼此帮助；他注视着那些坚守幽默、知识与艺术的人，他们为了不丧失这些美好品德而不断奋斗。维克多·弗兰克尔找到了活下去的意义，他相信被囚禁时的痛苦是自己日后成为优秀学者的基石。"如果人能找到自己所追求的意义，就能面对由此而来的痛苦，并甘愿为了意义而牺牲，甚至是献出生命。相反，如果人生失去了意义，人就会产生自杀冲动。"

　　凡·高在无人爱自己的孤立感中，通过伟大的艺术创作找到了人生的意义；贝多芬忍耐着身为音乐家却失聪的痛苦，创造出伟大的音乐作品。他们不在外界的掌声中寻找意义，只在自己的内心全力探索意义。在痛苦中寻找"意义"的我们，每天都在努力变得更好。

有些人无法如实地接受称赞。上写作课时，每当学生有了好想法和佳句，我一定会满口称赞。但出乎意料的是，很多人无法接受我坦率的称赞。"不会吧？我从来都没有因为写作得到过称赞。""上学时我没得过一次奖。""真的吗？我感觉写得不怎么样。""不不，我还差得远呢。"这些人不是单纯在展现谦虚，而是养成了无法坦然接受称赞的体质，这种体质混合了谦逊和低自尊。细想来，我也在很长一段时间内无法接受赞美。当别人称赞我的时候，我的脸也会涨得通红，甚至尴尬到挠头的地步。因为不确定自己是否具备才能，也就无法真心地接纳他人的赞美。就连那些在自己从事的领域获得极高成就和认可的人，比起堂堂正正地接受赞美，也更常以习惯性的谦逊回应称赞："因为我会的就只有这些了。我不会的东西有很多，我也只是勉强能做好这件事罢了。"

我们为何如此害怕称赞呢？明明内心深处迫切地渴望称赞，一旦得到称赞又会害羞，或是不自觉地想要躲藏，直呼自己还差得远。这究竟是为什么呢？与"理想中的自我"相比，我们是否过于低估了"现实中的自我"呢？如果说"理想中的自我"是期望在未来达成的形象，那"现实中的自我"就是对自己现实状况的判断。当我们对自己的评价低于现实状况，就会产生自尊心下降、心情忧郁、悲观厌世的倾向。无法接受赞美绝非小事，口头恭维勿论，如果连真心的称赞都无法接受，那对自己的尊重和信任也太不足了。

如果你觉得自己太过自恋，就先从自我尊重开始吧。不知从何时起，我开始为自己念这样的咒语："我有资格得到称赞，我的工作很珍贵，我有权利得到更多的爱。"所以，请尽情接受称赞吧！也别忘了为他人带去更多称赞。给予和接纳称赞不是难事，而且能让生活更加丰富芬芳。于我而言，最佳的抗抑郁药物源于亲近之人的温暖称赞。

有时，我们需要称赞的技术

芬芳的赞美让我不再苦于"赞美饥渴症"，也使我意识到自我信任比赞美更重要。如今，我比以前更磊落了，时常在别人给出赞美之前就诱导对方称赞我。对如家人般令我舒适的对象，我更是毫无障碍地请求对方赞美我："我真的做得很好吧？这很了不起吧？"就算对方有些不耐烦，只是勉为其难地称赞我，我也会笑得很开心。鉴于我的反应常使对方发笑，我发现自我吹嘘也能成为幽默的一种手段。

别人对我的自我吹嘘报以微笑，是因为觉察到我开始自爱。让人气愤的是，迫切需要赞美的人总是忙着躲避赞美，理应受到批评的人却总是沾沾自喜。当然，真正自爱的人连赞美都不需要，但真正自爱的人又有多少呢？我们仍在与充满不足的自我形象做斗争，渴求于温暖的赞美和友好的支持。

称赞不仅需要技术和诚意，有时也需要异常敏锐的策略。我曾长期观察过渴望得到称赞却不断逃避称赞的人。于他们而言，比起给予别人称赞，更难的是接纳别人的称赞。称赞显然具有强烈的安慰和疗愈效果，但比起无条件的吹捧，不如通过细致的观察，以明确的理由来称赞别人，这样才能更温暖地抚慰人心。

我有一些鼓励的话，想送给度过艰难一天的你。首先，愿你更热爱你的工作，愿你能给予自己肯定。你在做的工作对这个世界来说必不可少，愿你拥有一位认同这点的朋友。如果有人称赞你的才华，愿你能以灿烂的笑容接纳对方的称赞。今天的你也辛苦了一天，今天的你也让别人欣喜，今天的你也值得称赞和被爱。现在的你，这样的你，已经足够耀眼，已经足够可爱。

FRI 电影 务必要寻回做自己的路

改编自真实故事的电影《柯莱特》，使我重新认识到：有时，创造性的原动力是别人对自己才能的质疑和指责。柯莱特虽然拥有耀眼的才能，却被丈夫指责说文章太过感伤，只符合少女的品位。然而，始终不放弃的她继续写作，最终成了名声盖过丈夫的作家。

柯莱特以枪手的身份开启了写作生涯。在那个不欢迎女性作家署名的年代，她的丈夫凭借名声招来有才华的年轻作家，运营着"写作工厂"。当她意识到丈夫恶意利用自己的名声、向年轻作家榨取原稿、因不按时支付稿费而招致怨言的时候，她已经是枪手军团中的一员了。原来自己只是以才能为丈夫积攒名声的影子！后来，经过与丈夫的斗争，柯莱特终于从一切枷锁中解放，真正地迈入了作家的行列。

柯莱特的力量在于不屈服于现状，以及用写作为自己创造出新的认同感。哪怕丈夫劝她快点靠写作赚钱，就算过着与监禁无异的生活，她也没有丧失自己的勇气和才能。在截稿日期的迫近和尖锐的恶评面前，她的创造力大放异彩。与花花公子痛苦的婚姻生活使她不得不离开美丽的乡村，而她务必要找回的做自己的路，就是对故乡的怀念之情。通过写作，她找回了遗失岁月之美。

对被束缚于妻子和母亲角色的当代女性来说，柯莱特的小说燃起了她们对女性解放和自由的渴望。柯莱特一边被人无视才能一边被不停地剥削，但这不仅没能压制她清新的感性和富于创造性的想象力，反而令其愈加光芒四射。她通过写作找到了真正做自己的路。在最坏的情况下也敢于激发最好的创造性，正是在这样的过程中，写作的喜悦诞生了。

不仅是画作，就连日常生活也令我发笑。在伦敦地铁站的广告里，一位面带微笑的女人正在寻找另一半，她如此窃窃私语："我真的很喜欢没有幽默感的人！真的哦！"这样的告白居然也能成为恋爱交友的广告！我看后笑了好久。看来英国人对于"保持幽默"也很有压力，"没有幽默感"这种情结并非我独有。

其实，幽默并非只诞生于惊人的口才和滑稽的行动中。和相爱的人开个小玩笑，也会令我们感到快乐。笑容的秘诀不在于幽默的密度，而在于一起微笑的对象。

当严肃真挚的场合意外地出现幽默的元素，人的紧张感就会得到缓解，看待生活的眼神也会变得从容。疗愈的本质是松弛。以前看老彼得·勃鲁盖尔的画作时，我不觉得好笑，如今却会不由自主地露出微笑。也许到了今天，我才开始理解他的幽默。

在描绘婚礼场景的画作《农民的婚礼》（1568）中，婚礼的主角不是新郎和新娘。画中的新娘不知是醉了还是累了，身影有些朦胧。真正享受婚礼的人，反倒是那些看似不怎么重要的来客，他们兴致勃勃地喝酒跳舞，每个动作都很欢快。人生本该如此吧？在宴会上，真正的主角不是新郎或新娘，而是开怀畅饮的宾客。

不知为何，我对这幅画产生了奇妙的熟悉感，好像自己去过类似的宴会似的。这幅充满民俗风情的画作，既激发了我的想象，也进一步提升了我的共情力："原来欧洲的宴会也是这样，和我们的宴会没什么两样啊。"这是一幅想让人与画中人共饮的作品。

098

如何战胜自我厌恶

在写作课上，一位学员提出了这样的问题："我很努力地写作了，但写到一定程度之后就会产生自我厌恶。为什么我这么没有才能呢？我害怕根本没人读我的文章。我开始讨厌自己，无法集中精力写作。"令人惊讶的是，古人压根不知道这种名为"自我厌恶（self-hatred）"的情感，自我厌恶显然是文明化进程开启之后才有的症状。在与他人的不断比较中，自我厌恶成了不懂如何自爱的现代人的顽疾。

就算无法实现憧憬的目标，我们也足够珍贵美丽。最近，我每日都会念三次这个咒语——我已具足。超我总是不断将我的状况贬低得一塌糊涂，而这个咒语会保护我免受这种毒害。我反复念叨着这样的咒语，提醒自己早已拥有构建和谐人生的许多东西，期待着与内心更高阶的自己相遇。"我已具足。我无须比现在拥有更多，因为我已经拥有了许多。我已具足。我清楚地知道自己有怎样的缺点，但那些缺点无法掩盖我原本的光芒。仅凭我拥有的智慧和勇气，就足以拨开整个世界的云雾。我已具足。即便不依赖他人，我也能过好自己的生活。喜爱与依赖并不相同，我可以爱一个人，但不会去依赖他。仅凭自己的力量，我就能在这个世界闯荡一番。"就这样，我以自己的方式解释和扩充着"我已具足"这句咒语。无视、指责、贬低自己的超我会引发种种错误，而我选择用理性来面对这种自我厌恶。如果我们能与内心更高阶的自己相遇，就能拥有全面的疗愈之力。

充满指责的言语和有关创伤的记忆会如鲜红的血液一般浸染我们的心。与内心更高阶的自己相遇，就是将心这一方池塘化为无边无际的大海。不管指责和创伤染下的红色有多么鲜明，一旦没入广阔的大海，就无法拥有任何力量。在海水中滴一滴血，并不会使海发生什么变化。与内心更高阶的自己相遇，我们就能建成不被任何创伤拆毁的无敌要塞。

药物治疗是捷径吗

去美国的生活用品专卖店买袜子时，我吓了一大跳。在销售食品、化妆品、服装等日用品的商店里，占比重最大的居然是药品区。止痛药在韩国以一包十个、独立包装的形式销售（为了防止被孩子接触，甚至层层包装），但在这里，塑料瓶里的止痛药足足有一两百片。从远处望过去，装维生素的塑料瓶和装止痛药的塑料瓶看起来没有大的区别。真的能如此轻易地售卖大量药物吗？在这里，买药就像买口香糖一样容易。虽然每年有七万多人死于药物中毒，但美国对药物的管制极为薄弱。我们的心真的可以用药物来控制吗？就算能暂时借助药物舒缓心情，药效又能维持多久？如果情绪在药效发挥的时间内得以平静，那其余的时间又该靠什么挺过？如果服药会对身体造成致命的影响，就算心情得到暂时的好转，我们又该如何承受身体的垮塌？

《化学失衡》的作者约瑟夫·戴维斯批判了现代人对疾病的态度。他认为从精神疾病的诊断开始，就存在很多问题，譬如滥用医学用语。接受诊断前就滥用药品的人数、无法区分人生必经苦痛和严重精神疾病的人数都在剧增。面对失恋、失业等原本就不得不感到痛苦的局面，如果第一个行动是找药的话，人就无法区分抑郁感和抑郁症。抑郁症需要得到治疗，抑郁感却是正常的停滞状态。真正的问题是，比起向有实力的专家寻求准确的诊断，人们更依赖于快速轻松地消除痛苦。

药物会使人的承受能力减退。就像身体拥有免疫力一样，心灵也拥有能够自愈的复原力。自我疗愈需要比用药花费更多努力，因此人们会选择更容易的解决方案，但药物并不能从本质上解决问题。如果药物的镇定效果消失，心灵又会再次感到抑郁和不安。我们体内存在着不因痛苦而悲喜的真正自我，这种真正自我最终会引导我们走向一条更好的道路。而药物、广告和急躁，则会阻碍我们找寻真正的自我。于我而言，治疗自己抑郁的秘诀一览无余：我读过的所有书、我遇到过的所有好人、我经历过的所有日常生活的珍贵瞬间。所谓的"心灵学习"，就是在自己体内找到无毒的最佳疗愈剂。

成为诗人的喜悦

　　别提直言创伤了，有些人连用文字表达伤痛都做不到。如果这些人开始写作的话，究竟能否治愈自己的伤痛呢？陈恩英、金敬姬的《文学，阅读我心灵的纹路》似乎可以给我们答案：写作是疗愈的开始。如果不直接用毫无过滤的话语表达创伤，而是通过富含隐喻和象征的文学随笔来描绘伤痛，那么创伤就会成为横在我们面前的文本。这种文本能在我们和创伤之间形成隔离，而这种隔离代表了疗愈的可能。当人深陷在创伤里，是没法与创伤保持一定距离的。只有借助写作这一媒介来表达伤痛，人才能区分开"注视着创伤的自己"和"仍未挣脱创伤的自己"。注视着创伤的我，能够救出在伤痛中挣扎的我。

　　与我们拥有相似悲伤的人，笔下流淌出的文字能客观化我们的悲伤。在文学治疗的过程中，参与者常会担忧能否以独特的个性开启写作。其实只要我们对写作怀揣梦想，只要是自发地开启某项挑战，都不得不经历这种恐惧。

　　我想告诉那些不知从何写起的人：随便写点什么都行，开始写才是最重要的。《文学，阅读我心灵的纹路》一书讲了按字母顺序创作迷你自传的事例，直观体现了文学治疗的效果。这种方法就像写三行诗一样，任何人都能借此书写人生故事、实现自性化创造。文学治疗的捷径，是为难以开启创作的人开发出最简单的实践方式。如果某人能鼓励我们写作、与我们一起阅读，就能成为我们在文学商谈方面的导师。"如果是他的话，应该会很认真地读我的文章，就连隐藏在字里行间的细节也会珍视。"拥有此种信念是开启疗愈的基础。在文学治疗的过程中，如果能感受到有人在陪伴自己，独自面对创伤的痛苦就会化为与创伤温柔对话的喜悦。

不为情绪劳动所困的权利

　　我在一家面包店看到了写有这些字句的便条："请别说非敬语""请保持风度，不要把钱和卡丢过来""请一次性完成点单"。店员究竟遭遇了多么粗鲁的事，才会在墙上贴这样的句子呢？那些随口吐出非敬语的顾客、将钱和信用卡乱丢的顾客、没下完单就转身离去的顾客，究竟使店员承受了多少情绪压力呢？在"请勿使用非敬语"的句子后面，还附加了哭一般的"ㅠㅠ"表情符号，这更生动地传达了店员所受的心理创伤。而这种暴力的语言习惯，源于"顾客至上"的权威型思维。

　　这篇新闻报道也同样令人心痛："阻断店员与顾客之间联系的非接触型（untact）营销正在流行。"由 contact 前加否定前缀 un 拼接成的新造词 untact，真是让人难过。有些顾客也确实希望在无人干预的情况下，安静地独自购物。但直言"非接触型营销正在流行"，未免过分阻拦了店员的介入。引进智能机器人来代替店员，就是面向未来的营销策略吗？在没有店员的商店里，只能与机器打交道的顾客也会因为感到陌生而惊慌吧？这种只考虑公司利润的思维方式，不仅会伤害店员，还会伤害顾客。顾客因店员的过度干预而感到负担，但这并不意味着，他们反感亲切周到的服务。

　　另外，过度使用敬语的文化也会加重顾客与店员之间的距离感。有时，店员不仅会对顾客使用过分尊敬的语言，还会夸张地抬高食物的地位。"顾客，我爱您！"这种过度表达爱意的话语也会引人反感。"爱"一词并不适合这样的场合，对"爱"的过度表达甚至会令"爱"的本意褪色。顾客与店员之间只要有尊重和关怀就好了，如果硬要培养出亲密关系所需的爱意，或是强行使用极度的尊称，只会使所有人进行不必要的情绪劳动。每个人都有权不被过度的情绪劳动所操控。一个良好的社会无须向任何人施舍过度的亲切，仅凭最少的亲切，它就能维持正常的运转。

102 | 人 | 来自陌生人的亲切关怀

　　充满温情的关怀与无条件的尊重是治愈伤痛的最佳方法。如果某人能习惯性地关怀他人，那他的内心深处一定充满了对人的无条件尊重。我们很难期待所有人都像无私奉献的大树，将自己拥有的一切给予他人。但在日常生活中，我们还是能通过给予他人微小的关怀，创造更美好的人间。例如，在饭店或商店时，我们可以不强迫店员提供一些不必要的服务，力所能及地照顾好自己的需求；我们可以不仗着年龄上的优势，随意地使用非敬语；如果有人看起来很不舒服，我们可以想办法减轻他的痛苦，给他一些休息的时间。这些都是我们在日常生活中能够践行的关怀之举。

　　给予他人关怀的行为，展现了为他人着想的从容。虽然人具有优先考虑自己的本能，但若只为了自己的生活而竭尽全力，人生绝对算不上幸福。关怀就像一顶看不见的心灵帐篷，可供我们邀请他人前来休息。

　　第一次前往圣保罗大教堂时，有位陌生人曾给予我温暖的关怀。那时的我正在独自找路，他建议我搭车一同前往。这位第一次去大教堂的陌生人，也在按照网上的地图找路。考虑到大教堂的位置仅靠三言两语无法说清，他才提出了这样的建议。前路依然漫长，搭上车的我再也不用走那么远了。多亏了他的亲切，我才能在陌生的城市中愉快地穿行。寒风呼啸的那天，是他使我忘记寒冷与不知所措，成为一名幸福的旅者。借由他的美丽心灵，我懂得了："来自陌生人的亲切关怀"才是让生活更加闪耀的幸福的捷径。

　　如果身边人正在淋着忧虑、愤怒、孤独的雨，我们可以敞开心中的帐篷，为其遮挡痛苦。这种举动不仅能温暖他人，也能温暖自己。让关怀的帐篷在全世界展开吧！每当悲伤如同雨下，就会有人漫步至我心灵的空地，在关怀的荫庇下躲雨。

103

直到最后也要守护的尊严

看电影《敦刻尔克》时，我开始思考，是哪种力量使人在极端状况下还能保持人性呢？二战初期，四十万英法盟军被德军围困在敦刻尔克的海滩上，英国政府和海军发动大批船员，动员人民来营救军队。影片最耀眼的部分不是爱国主义和英雄主义，而是对每个生命的珍重。

民用船主道森先生的大儿子在战争初期就阵亡了，但为了拯救数百名士兵，他还是冒着生命危险，带上小儿子，驾驶船出海。在电影结束后的很长一段时间里，道森船长的温暖微笑和惊人勇气都如同一盏明灯，照亮着我心中的黑暗。如果连小儿子也丧生的话，他会在战争中失去两个儿子。但他克服了这种恐惧，为拯救更多的人而奔向大海。

当活下来成了最高指令，士兵为了生存而战。在这个过程中，他们不得不残忍地将对方推出最后一艘救生艇。最终，实际从敦刻尔克港口撤离的军人超过三十三万人。"从战争中撤退不是胜利，但敦刻尔克大撤退显然是一场胜利。"比起战胜敌人，更伟大的胜利是维护四十万人的尊严。"我们打不过敌人，只是汲汲于生罢了"，因这种想法而感到愧疚的撤退士兵不计其数。然而，人民的兴奋证实了：只要他们平安归来，就已经足够伟大。敦刻尔克行动是"撤退"而非败北，它是人类集体尊严的胜利。

当所有人都屈服于集体的命令，不惜践踏弱者的时候，哪怕只有一人鼓起勇气对不公和暴力说"不"，这个世界就还有希望。在包括战争的一切极端情况下，使我们最终不泯灭人性的，并不是激动人心的胜利，而是对受苦之人怀有的怜悯与慈悲。勇敢地超越"击溃敌人"和"自我守护"之间的强硬界限，不断扩大"自我守护"里的仁慈与宽容，是使人成为人的伟大力量。

所谓幸福，所谓美丽

　　每当我感到忧郁，就会欣赏克劳德·莫奈的画作《撑阳伞的女人》（1886）。莫奈的画作描绘了女性与自然间的和谐关系，这总能令我接连发出赞叹："原来美就是这样，原来可爱就是这样。"他不仅擅长画风景，还精通于画人物。这幅画中有随风飘扬的草叶，有沐浴在阳光中的阳伞，还有仿若翩然起舞的优雅身姿。这一切融合在一起，写下了有关幸福的标准答案。

　　如果人能有草木之心，肯定自己是大自然的一部分，就会流露出谦虚之美。莫奈精妙地捕捉了这种美。皈依于吉维尼小镇之后，他将自己的哲学探索盛放在《睡莲》系列作品中。中意《睡莲》系列的我更爱将炽热的目光投向他的早期作品。莫奈的早期作品栩栩如生地展现了人类的情态。

　　莫奈笔下的人物在自然环境中并不显眼。可见在他的世界观里，人物并不是显山露水的，而是悄然隐藏于自然当中。在这幅画作中，女人的阳伞、裙角和朦胧微笑似乎成了自然的一部分。莫奈并未以清晰的分界线来区分一切，而是靠色彩本身来展现边缘和量感。他一步步迈向了这样的境界：仅凭事物蕴含的色彩表现人类与自然。莫奈曾如是说："我整日执着于色彩。它让我快乐也让我痛苦。"正是幸福、执着与痛苦的交汇，促使了美丽作品的诞生。每当我渴望喜悦与幸福的时候，这幅画就会让我在欢喜的海水中畅游。

105 SUN 对话 | 以所爱为业

以前的我并不想把文学当作"职业"。倘若以所爱为业，我认为少不了要与之缠斗。不知为何，我感觉文学与"糊口"二字极不相配。但如此作想，其实会削弱人的专业精神。倘若某人当真光明正大地热爱文学，无论是否以文学为生，都不应介意，甚至还要把以文学为生，当成值得效仿的事。除了小说家和诗人之外，在文学的篱笆之内，还有不少职业可供我们选择。只要能将文学作品里的经典转化为滋养人生的珍贵养分，我们就能堂堂正正地选择文学。

这些年，发生过一些给我勇气的事。在一个图书馆发表演讲的时候，有位中学男生和他的母亲一起听了我的讲座。讲座结束后，那位母亲找到我，说："孩子说想像您一样成为作家，他问我，怎样才能成为一位作家。"男生的表情很真诚。像这样的事发生过几回之后，我的担忧和焦虑逐渐化为希望和心安。就连正在茁壮成长的希望之星，也会对"文学"和"作家"感兴趣，这是令人鼓舞的事。

几年前，我在某大学开了一学期的"韩国文学和世界文学"课。讲台下有位双目炯炯有神的学生，他从未迟到，更不曾缺席。我深感此举的难能可贵，就主动同他交谈："原来你在这个艰难的时代选择了文学。"他听后眼角有些湿润，像等了很久似的，向我诉说道："其实我也不想选择理科。我本来想成为一名韩语老师，但在父母的坚决反对下，还是不得不选了理科。您的课对我来说，就像休息区一样。"在二十岁的年纪就能将文学作为休息区的年轻人，应该再也不必独自彷徨了吧？最后，我向他提起一位有过类似情况的朋友，那位朋友在大学毕业后又参加了聘用考试，正以韩语老师的身份，幸福地生活着。

不能以所爱为业的想法是错误的。越是热爱的事，越要日日留在身边。为了不使自己陷入忧郁、不安和悲伤之中，我们有权把挚爱放在身边。

　　我们也许会因压力而陷入极度的精神颓废，但在长期承受压力之后，人偶尔也会意外地做出新的决定，或是迎来人生的转折。不管压力产生的作用是正面还是负面，重要的是，压力传递了一种极为关键的信号。压力可能在提醒我们，要借助遭受的刺激和痛苦来回顾人生。实际上，现代人忙于逃避各种压力，几乎没工夫考虑压力产生的积极效果。不管在家庭、职场、学校，还是在医院、军队、公共行政机关，哪个地方没有压力呢？请暂停对压力的过敏反应，想一想压力所具有的效用吧。一切与幸福有关的事，不都伴随着一定程度的压力吗？爱情要因在意对方的视线而承受压力，友情要因维持良好的形象而保持紧张。如果没有极度的紧张与压力，一切运动赛事和管弦乐演奏都不会那么撼动人心。所有为了生存而采取的行为，都包含着压力这一因素。与其彻底把压力当作不好的东西，不如换一种态度来应对压力，从而改变自己的生活。

　　心理治疗专家凯利·麦格尼格尔证实：压力荷尔蒙有助于治疗精神上的痛苦。据悉，一位在恐怖袭击中幸存的 50 岁男性患有严重的创伤后应激障碍，在医生持续三个月为其注射名为皮质醇的压力荷尔蒙后，他的症状出现了明显的好转。一想起事故现场就感到极度痛苦的患者，在注射压力荷尔蒙之后，反而过上了正常的生活。如今，美国医生开始将压力荷尔蒙运用到多种治疗中。给心脏手术患者注射压力荷尔蒙后，能减少治疗时间、减轻治疗痛苦、提高生活质量。压力荷尔蒙还被用作精神科治疗的辅助剂。在治疗之前为患者注射压力荷尔蒙，有助于焦虑症和恐惧症的治疗。当然，这类事例不适用于所有情况，但如果能积极调节和利用压力，我们的生活质量就会发生明显的改变。总之，与其仅仅寻找逃避压力的方法，不如观察压力给自己带来的具体影响，并尝试灵活地运用压力。

直到最后都充满热情的读者

　　我偏爱明明情况危急，局中人却出奇平静的故事。这种淡然抵御痛苦的故事既不沉闷，还会给人注入活力满分的生命能量。如果你也感到疲惫困苦的话，阅读《生命最后的读书会》或许是个不错的选择。

　　这本书的作者威尔·施瓦尔贝是世界知名出版公司的总编辑，策划出版过《相约星期二》等知名作品。这本书聚焦于他被确诊为胰腺癌晚期的母亲。在等待化疗的候诊室，儿子不晓得该如何安慰母亲。犹豫不决间，他开口谈到自己最近在读的书，发现母亲的表情变得明朗。从那以后，一到化疗时间，母子二人就会组建一个特殊的"读书会"。在痛苦的癌症治疗面前，本该被焦灼吞噬的母亲，仅凭等待"读书会"这一件事，就获得了挨过治疗的力量。对于不懂该如何表达爱意的儿子而言，举办读书会是个难得的机会。借由定期阅读相同的书籍、定期相约讨论读后感，他不仅意识到了自己对母亲的深厚感情，还用最爱的阅读完成了尽孝的心愿。

　　母亲玛丽·安终生致力于帮助苦痛之人，不断完成着各种挑战。她曾担任哈佛大学的招生部主任、远赴阿富汗修建图书馆、为帮助难民访问了27个国家。同时，作为三个孩子的母亲，忙碌的她从未停止过阅读。作者关于周末的回忆，没有前往远方郊游，就只有全家人聚在客厅里安静地读书。母亲对书的过度痴迷使他很有负担，但也使他的人生变得更为深邃。与身患绝症的母亲度过的最后的读书会，没有想象中的悲伤，反倒充满澎湃的活力。

　　在等待治疗期间，读书会令母子之间的关系带有几分友情的意味。举办这样的读书会，又像是二人在为最后的离别做准备。我很想见见这位可爱的母亲，可惜她与我阴阳两隔，我连一封邮件也无法寄给她。我非常心痛地爱上了别人的母亲，我希望能像她一样幸福，直到生命的尽头。今天的我也要继续阅读，找寻不可替代的"小确幸"。

差异化的世界

大概十年前，我第一次去伦敦，当即被色彩斑斓的多种族奇观吸引。在被称为"tube"的地铁里、在能免费欣赏伟大文化遗产的大英博物馆和国家美术馆里、在如天堂般的公园里，有着肤色、瞳色各异的人。在这里，多元文化和谐共存，伦敦就像一座活生生的通天塔。《圣经》中，人类希望联合起来兴建通往天堂的高塔，但上帝通过使人类说不同的语言，阻断了他们的沟通和计划。伦敦作为能认证各种文化差异的城市，仿佛日日都在兴建崭新富饶的通天塔。除了伦敦，在纽约和巴黎也上演着各人种和谐共存的大戏。世上所有种族齐聚一堂，举行着名为生命的缤纷庆典。

初次在伦敦观看音乐剧《悲惨世界》的时候，我在不知不觉中打破了人种偏见。在场的演员都展现了出色的演技和唱功，尤其是饰演"珂赛特①"的年轻女性，更是引人注目。她的声音像百灵鸟一样婉转动听。在她开口的瞬间，我惊讶到疑心眼睛出了问题，在反复揉眼之后，我才再次望向她。

她是一位黑人女性。我迅速开始了思考："在维克多·雨果的原作《悲惨世界》中，珂赛特有可能是黑人吗？"细想来，原作也没说她是白人。令冉·阿让以宏大爱意守护的珂赛特是白人还是黑人，是混血儿还是其他人种，在原作中未被提及。

我反省了自己的种族偏见，并为扮演珂赛特的黑人演员送上了热烈的掌声。她一定与种族偏见做惯了斗争。我希望人与人之间能够相互沟通和理解，我梦想着一个不将"差异"扩散为"差别"的世界。

---

① 珂赛特：维克多·雨果的小说《悲惨世界》（1862）中的一个虚构人物。

109

差异之美

　　连日来，新闻里不断涌现出"歧视""恐怖袭击"之类的可怕词语。然而，结合我自身的旅行感受来看，比起憎恶和愤怒，人与人之间的爱意和理解更为强烈。我遇到的人不会错过任何给予别人帮助的机会，对待初遇之人也像对老相识一般，十分热情地打招呼。在旅途中，曾有一位陌生人见我因迷路而徘徊，便痛快地让我搭他的车。我总是被这种来自陌生人的亲切深深打动。最神奇的是，我们都觉得对方很神奇，彼此都难忍笑意。

　　有一次，我在名为蒙彼利埃的法国城市旅行，偶然发现那天正好在举办夏季庆典。整座城市洋溢着欢快的节日气氛，街头搭建了巨型表演舞台，有人在现场做起了人体彩绘，到处都挤满了卖衣服、饰品、古董和食品的商贩。街道的一侧布满了售卖各种食物的餐车，其中最受欢迎的是混合各种调料的油炸红皮洋葱。油炸蔬菜竟然冒出了炸鸡般的香味，实在令人难以拒绝。我排了很久的队，等到轮到我的时候，厨师用英语问我："您从哪里来？""韩国。""坐了几个小时的飞机？""大约12个小时。""哎呀，真是远道而来。我还没去过那么远的地方。韩国有长这样的洋葱吗？"

　　他的想法有些荒唐，但没有让我感受到攻击性。我面带微笑，说道："我们也有很多好吃的洋葱。"如果我再好斗一点，可能会提到韩国人爱吃的炸鸡和啤酒，以及放满洋葱和土豆的脊骨土豆汤、辣炖鸡块、调味排骨。

　　我从旅行中学到了一个宝贵的真理：差异使这个世界更美丽。如果只习惯于一个地方，人对差异的敏感度就会降低，变得不够灵活和宽容。让我欣喜若狂的是，在充满文化差异的旅程中，我的偏见和刻板印象被打碎了。

治愈国王口吃的语言治疗师

电影《国王的演讲》总是能给人新感动。初看这部电影，我还以为这是一个无名医生拯救国王的故事。患有口吃的国王必须面向全国民众发表演讲，这该有多么艰难？语言治疗师莱纳尔·罗格以娴熟的训练法，给我们带来了令人战栗的感动。又一次看这部电影时，我注意到万众瞩目的国王是多么孤独。作为王子长大的他，从未想过自己会成为国王。而他对英俊哥哥的厌恶，更是令人心碎。面对权威型的父亲与狂妄的哥哥，他觉得很不得志，而口吃就是他因不得志而表现出的症状。第三次看这部电影时，我才醒悟到，就连治愈别人痛苦的语言治疗师也有自己的一簇簇情结。

语言治疗师莱纳尔·罗格实际上想成为一名演员。他最初的梦想是演戏，却总在试镜中失败。他的惊人成功始于利用受挫的天赋（表演技巧）从事"语言治疗师"的工作（现实）。他就像一位教表演的老师，教国王演出"不口吃"的样子。他没有受限于从未当过演员的情结中，而是表现出面对这种情结的勇气。即便年岁已长，他还是不断地试镜，同时以语言治疗师的工作来维生。不因情结放弃梦想的他扮演了治疗师的角色，致力于让别人的梦想成真。

莱纳尔·罗格治疗情结的方法：让心无止境地放松，只专注于此刻。"忘记其他一切，只看着我讲话就好。就像看朋友一样。"他的治疗让国王很有安全感。他像一个游刃有余的指挥家，教国王用自己的声音来演奏。同时，他让国王意识到情结并非源自"口吃"本身，而是源自"我不配成为国王"的错误观念。"你是我认识的最勇敢的人。你一定会成为一个好国王。"口吃的国王自认为无法肩负重任，而语言治疗师对此开出的最佳药方则是"相信自己"。

SAT
艺术

向"神之子"报以温暖的微笑

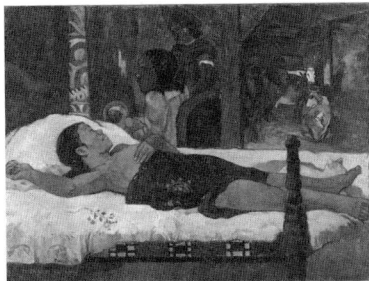

19世纪，诞生于太平洋群岛的一幅圣母马利亚画像掀起了惊涛骇浪。这幅画彻底动摇了人们的成见——圣母马利亚和耶稣是白人。然而，想要拥有这番领悟，我们必须寻找有关这幅画的信息。在慕尼黑的新绘画陈列馆里，我初次遇到保罗·高更的《耶稣诞生》（1896）。

它给我带来了极大的美感，丝毫没有让我感到不敬或不妥。直到后来，我才得知这幅被判定为亵渎神灵的画作，长期以来备受争议。如果固守"圣母马利亚必须是白人"的教条，自然就无法领略这幅画的光辉。对我来说，这幅画具有毫无修饰的纯粹与温暖的美感。它的诞生不是一场唐突草率的艺术实验，因为它的诞生，圣母马利亚终于揭开神圣的面纱，迈向人世间的寻常街巷。

与这幅画相遇的那天，我的妹妹刚经历过艰难的分娩，产下了她的第一个孩子。这使得我望向这幅画的目光，平添了几分悲伤。观众看不到马利亚的正脸，只能看到筋疲力尽的她一脸疲惫地看着刚出生的婴儿。我们何曾见过圣母马利亚如此凌乱的模样呢？皱皱巴巴的床单见证了她遭受的痛苦。艺术家以一种温暖的视线，打量着这些痛苦的痕迹。充满分娩痛楚的空间，如今蔓延开蜂蜜味的安详。奇迹笼罩着新生儿。马利亚如寻常百姓一般，以一种舒适的姿势凝望着婴儿。这一刻的她显得安稳可靠，似乎失去了疲惫。通过这幅画，我看到了婴儿身上承载的神奇的祝福。刚出生的耶稣既有神圣的父性，又有人类的母性。借由这幅画，我望见了无尽爱意与安宁之光。

●事实上，如果你看到这幅画，便会惊讶于马利亚周围的空间有多么丰富多彩。金黄色与柠檬色争奇斗艳又和谐统一，温暖耀眼的床单是"上帝的爱"的形象化。

112

尽情张望的自由

　　通过四处游荡获取一种丢失目标的解脱感，是旅行给我带来的快乐之一。我对"拿着地图苦闷去哪儿"这种问题感到头疼，时常跑到陌生的街道瞎逛。从法国前往西班牙时，我曾在法国城市蒙彼利埃逗留。原本只想在这里休息一天就走，却在不经意间发现了这座城市的美。我漫步在街巷间，构思着一本追随凡·高足迹的旅行游记。走着走着，法布尔博物馆突然映入眼帘。记忆中，我听过这个名字许多次。这是凡·高与高更展开争论之地。我并非特意来寻，竟能意外地与它相遇。这大概就是机缘巧合。在我的计划和预料之外，总有偶然涌现的点点喜悦。如果我没有漫无目的地闲逛，大概也不会发现这个美丽的博物馆。一想到这里，我的心中便闪烁起"徘徊、张望、慢行"的美。

　　我从白天闲逛到了晚上。打听过后，才知道这天刚好举办夏日庆典。恍然不觉间，我已经在庆典现场端着红酒杯了。那个正在哼唱着某段旋律的、看起来很幸福的异乡人就是我。自场地正中央缓缓传来的歌曲，是斯汀的《英国人在纽约》（*I'm an Englishman in New York*）。突然，不知从何处传来了轻柔甜蜜的女声，为这首歌增添了独创的和声。我向声音传来的方向望去，一位晃动着脏辫的帅气黑人女性正在向我眨眼睛。我称赞了她的美妙嗓音，她说自己虽然并不出名，但也是发行过专辑的歌手。我听后感叹道："嗓音非同一般，果然是歌手！"我又结结巴巴地同她说了些废话，最后还当场买了她的唱片。朋友听后毫不留情地说："就说你傻傻的，所以才总当冤大头！"我听了也没觉得不高兴。如果没有那天的游荡、没有那天的机缘巧合，我又如何能听到她的美妙嗓音呢？

　　这时，一位法国人问我："你为什么不喝酒呢？"我告诉他，比起酒，我更享受庆典。他听后笑着将酒饮尽，我欣喜地为他将酒斟满。朋友听后又在啧啧称奇，但我却感到很幸福。杯中酒虽然没能让我幸福，却让我身畔的人感到幸福。美丽摇曳的庆典就是旅行送给我的祝福。

113

轻抚内在小孩的话

　　静视某个单词的话，我有时会感到很揪心。例如，提醒人们要"小心轻放"的词汇"fragile"。这个词会触动极易崩溃的脆弱的自我，使人看后又惊又喜："哎？这词不就和我灵魂的阴影一模一样吗？"如同被直击要害一般。在机场看到贴有"小心轻放"字样的行李时，我的心就会怦怦直跳。总感觉里面有什么易碎易毁的东西，令人生出照顾某种脆弱的决心。

　　这时，在我体内睁开双眼的就是"内在小孩（inner child）"。在心理学中，内在小孩需要成人的自我给出安慰和建议。内在小孩既了解我们内心最黑暗的创伤，也知晓我们内心最闪亮的潜能。他可以一直成长到生命的尽头，与成人的自我融为一体，也可以一直阻碍个体的发展，凝固成一直长不大的幼稚的部分。"到现在还没摆脱老么的样子。""还是遇到什么问题就忙着逃跑。"如果你总是听到这类话，不如怀抱坚韧与责任，为了变得更成熟而努力。

　　为了使受伤的内在小孩成长，作为成人的我们，应该给予内在小孩适当的帮助。能够照顾自己的成熟的自我，要主动开启与内在小孩的对话。内在小孩总是躲在我们内心深处的小黑屋里哭泣，只有成熟的自我主动前去敲门，他才能得到成长和疗愈。

　　为了确认内在小孩是否安好，我时常跟他沟通："今天心情怎么样？几天前的伤痛稍微好点儿了吗？"他有时会露出灿烂的微笑，有时又会面露悲伤地说"创伤还没好呢"。这时，我已经成熟的自我就会向他诉说伤痛的意义，告诉他只有面对和克服伤痛才能成长。

唤醒我内心的"游牧民"

很多时候，人很难将心里话诉诸笔端。我们会认为自己的想法太过不可理喻，担心不被人理解或是遭受非议。但作家奥尔加·托卡尔丘克（Olga Tokarczuk，1962— ）却将我的心里话如瀑布般倾泻而出。她的文字既惊心动魄又畅快淋漓。那些我想过却没能过上的生活，那些我想去但没能去成的地方，她都很好地体验过。

在她 2007 年发表的作品《云游》中，作家的化身"我"展现了隐藏于人类心中的根源性爆发力——"游牧民（nomad）"的力量。"我"一刻也无法滞留于固定的状态，无法定居于任何地方，无法将自己塞入任何意见和信念当中。充满魅力的"我"天生就是流浪者，拥有忍耐各种麻烦的韧性和轻松适应环境的灵活。

"我"的魅力在于不留恋任何东西、不执着于任何社会角色、不背负任何名号。真正的"游牧民"能在任何地方生存，他们不受制于地位与职责，还能尽情享受每个当下。游牧民的本性并非不负责任，而在于坚韧灵活，在于超乎想象的耐心。只有那些善于忍耐、能不停改头换面的人才能成为游牧民。《云游》中的"我"以这种独特的游牧民本性，见证了许多人的旅行、移动、四散、消失。漂泊四海的人像夜空中的美丽繁星，在不觉间彼此沟通。

游牧民不从美丽的地方获取能量，他们靠不断离开来充能。对于他们来说，去哪儿并不重要。旅行不需要随波逐流，出发这件事本身就弥足珍贵。吹嘘自己去过世界各地的几个国家几个城市，与真正的游牧民天性不符。离开这一行为所带来的生命能量是最重要的，逗留在哪儿或在哪儿留下人生照片，反而是无关紧要的事。

115

潜能是如何被压抑的

看纪录片《蒙特梭利小教室》时，我感到很遗憾。如果我们小时候也接受过这样的教育，会不会成为更自信、更自由、更富于创造性的人呢？对新挑战感到恐惧的成年人，如果从小培养自信与创造性，应该会变得更自爱吧？

蒙氏教育的基本理念是完全相信孩子与生俱来的"内在力量"。无论孩子设定怎样的目标、进行怎样的挑战，都要先给予孩子关注、信任与支持。因为只有最雄心勃勃的动机，才能使最勇敢的挑战成为可能。在这个过程中，老师既不干涉也不指责孩子，只观察他们的活动并适时给予鼓励。在这样的氛围中，孩子们展现出了惊人的沉稳，他们有条不紊地做事，在与周边事物的互动中学习。蒙氏教育法不仅能实践于幼儿园和学校，还能在家中实施。

蒙氏教育的核心在于不阻止孩子进行任何新挑战。从婴儿期开始，老师就不禁止孩子的各种行为，只慢慢观察其独自玩耍的过程。当然，老师还是需要时刻看护孩子，并将书和玩具放到他们身边。但老师并不会以危险或脏乱为由，将孩子强行转移到其他地方，或是阻止他们做自己想做的事。在纪录片中，一位父亲任由自己的女儿追赶蚂蚁，整日在满是泥土的院子里转来转去，甚至允许她独自荡秋千。然而，令人惊讶的是，小女孩在无须他人帮助的情况下站了起来，在没有人教她怎么走路的前提下，自己学会了走路。也就是说，孩子开始以自己的速度和目标支配这个世界了。孩子越是如此，大人就越应该安静地在一旁守候。如果将这种教育方法也应用到我们的孩子身上，能否使他们更有自发性和创造性呢？

鼓励自己开启新挑战的最佳方法之一就是"不催促自己"。诸如年度业务额、月度员工奖之类的东西，比起给人增添动力，只会给人带来更多压力。为了开启新的挑战，我们需要的是"纯粹的自发性和因此而引发的真诚的喜悦"，而不是来自外部的奖赏。

116 想成为绝不发火的老师

在学校受到的伤害不会轻易消失，因尊敬的老师而受伤的记忆更是难以抹去。那些动辄对学生发火、总让学生跑腿、不给予学生教诲还要求学生忠于自己的老师绝非良师。还有那些让学生给自己搬行李、每逢节日都暗暗索取礼物、一到了教师节就收钱的老师，我下定决心绝不变成他们那样。我曾被这类老师深深地伤害过，所以总试图向学生展现无条件的温暖。我知道老师的一个小表情或一句话，就能对学生产生巨大的影响。然而，因为我总训练自己保持温暖、绝不发火，竟演变到了害怕给学生建议的程度。我怕我的建议被学生视为"干涉"。虽然已经尽量不越过建议与干涉间的界限，但出于对学生的关心，有时我还是会越界。

M 就是这样一位令我苦恼的对象，他在我的写作课上展现出耀眼的天赋。儿时的 M 没能得到父母满满的爱，也没有得到老师充足的鼓励和支持。总是因此而深受折磨的他，开始用文字来表达所有伤痛。写作既是 M 人生的重要出口，也是升华创伤的绝佳机会。然而在某一刻，我发现 M 的写作只专注于表达自己的伤痛，没有广泛地涉及各类主题。我感到有些担心。写作不仅需要自己的故事，还需要别人的故事。"我"可以是写作的起点，但不应是一切写作的终点。好的故事要从自身延伸到他者，在以"我"为主体的基础上，努力获得读者的共鸣。在写作中，理解预料之外的想法和行为，是很有必要的。我把这些话告诉了 M，他感到非常难过："原本以为老师是懂我的人。"我听后又给 M 发了一封温暖的建议信，现在正在等待他的回复。我不仅想成为一个懂他的人，还希望不遗余力地告诉他我所了解的一切。希望 M 不要把我的深爱视为干涉，相信他总有一天会明白我的心意。

FRI
电影

抚慰衰老的恐惧

如果时间停在年轻耀眼的二十多岁，人真的会幸福吗？只要我们能长生不老，失去其他一切也无妨吗？电影《时光尽头的恋人》回答了这些问题。在暴风雨中遭遇车祸的阿戴琳，在落水时被闪电击中，随后竟奇迹般地起死回生，并神奇地拥有了不老之身。她惊人的皮肤和最强童颜令人咋舌，这也使她被FBI追踪，陷入了沦为生物试验对象的危机。因此，她不得不与心爱的女儿告别，每隔几年更换一次自己的身份和居住地。数十年后的女儿已经年老，她却保持着年轻耀眼的美貌。除了女儿之外，她无法向任何人透露自己的秘密，也无法与任何人建立亲密深厚的关系。阿戴琳看起来并不幸福，她并不相信自己能拥有友情与爱情。她一边生硬地处理着靠近自己的缘分，一边担心女儿逐渐衰老。

永远不会老去的阿戴琳并没有感到幸福。然而，真爱悄然降临。艾利是个好男人，似乎能接受她的一切。即便阿戴琳再怎么否认对他的爱，再怎么不断自我折磨，都逐渐意识到：想爱一个人的心，是无法放弃的。这部电影提醒我们，有时，亲密关系远比不老的奇迹珍贵。起初，人们总是对阿戴琳的耀眼美貌着迷，但越是对她有所了解，就越喜欢她充满智慧与经验的内在。

比起阿戴琳毫无皱纹的皮肤，我更羡慕她会说很多种外语、记得很多老胡同和史实。她比任何人都有时间读更多的书，更好地感受与学习世界。也许，变老意味着经历更多悲喜。喜悦会日益丰饶，而悲伤会日益复杂深邃。衰老绝不是诅咒，反而是一种令回忆积聚的祝福。如果你恐惧衰老，不妨从《时光尽头的恋人》中获取安慰。

移动身体才能疗愈心灵

有关舞者的画作总使人感受到移动之美。哪怕舞者只做出一个微小的手势，都能给予人鲜活的律动感。埃德加·德加的许多作品都描绘了美妙的人体曲线，而我最喜欢的一幅是《蓝衣舞者》（约1893）。这幅画捕捉了神秘的"静中动"。画作中，舞者尚未摆出什么特别的姿势，却展现出一种微妙的动感。

占据画面重心的是舞者所穿的蓝色长裙，它散发的神秘蓝光似乎要将观众吸入舞台。因兴奋而颤抖的舞者，没有直接摆出舞蹈姿势，而是在脑海中勾勒舞蹈动作。这是一种尚未成形的微妙的移动，恰好介于静止与动作之间。这幅画的魅力在于某种不彻底。画家用无数颜色各异的点来表现舞台背景，应该是运用了乔治·修拉的点画法。比起以生硬的笔触勾勒出"线"，画家选用"面"来涂抹舞者并不清晰的轮廓。

德加享受于捕捉女性下意识移动的瞬间。在他的画里，有睡眼惺忪的女人正打着哈欠，有沐浴后的女人用毛巾擦拭身体，也有演出开始前整理着装的女舞者。德加试图描绘一闪而过的东西，包括这种下意识做出的举动。这些自然发生的举动没有经过刻意的计算，也没有意识到旁观者的视线。

令人遗憾的是，德加在 36 岁时右眼失明。在这种恶劣的条件下，他开始以一种更强烈的个人风格来描绘"人体"。到了晚年，另一只眼睛也恶化的德加以触觉来弥补视觉上的缺陷，他的兴趣由二维的画作转向了三维的雕塑。

119

SUN
对话

感受艺术之美的权利

有人问我："您不写作时通常会做什么？"不写作或想休息时，我总会去公演场。于繁忙的都市生活中欣赏优美的管弦乐表演和歌剧，就像在沙漠中找到了一片耀眼的绿洲。很久以前，怀着能否继续坚持梦想的恐惧，我前往世宗文化会馆看演出。那时的我梦想着成为一名优秀的作家，却不确定自己是否有才华，以及是否有发挥才华的韧性。听着 KBS 交响乐团演奏的《第二钢琴协奏曲》，我如同沙漠一般荒芜的心头，涌出一股难以名状的怀念之泉。

我竟会怀念那段时光。那段时间，我白天在学校上课，晚上在学院讲课，直到深夜才能揉着睡眼开始写作。我灵魂中遗失的一切美好、为了梦想的激情付出、对严酷世间的恐惧和疲惫，都在音乐中得到了展现。从此，我决心一有空闲就去看演出。就算坐最廉价的座位，睡眼惺忪地看演出也好。我开始珍惜这令人眼花缭乱的艺术时光。对疲惫不堪的我而言，最好的礼物不是新商品，而是凝聚了艺术之美的时空。如果演出和展览无人欣赏，它们就会成为凄凉的存在，像从未开屏的孔雀一样。

每次看到演出和展览，我都会再三思索这句话：每个人都有感受艺术之美的权利。然而，如果不能打起精神、勤快地穿鞋出门，美丽只会令人惋惜地从我们身边掠过。如果有更多场所能提供多彩迷人的刺激，让厌倦艰辛生活的人随时感受艺术之美，那艺术的疗愈功效是否会增强呢？美一直在我们身边，只要做好不错过它的准备。

告别压力之源

病人去医院的时候，最想知道自己为什么会生病。患者希望的是去除痛苦，想知道的是痛苦的原因。但由于医生没法一下子掌握病人的全部情况，患者通常很难从医生那里得到明确的答案。在这种情况下，医生给患者最常见的回答之一，就是"因为压力"。这真是让人充满压力的回答。哪有没压力的人呢？我们到底是因为哪种压力而生病，又该如何减轻压力呢？压力是万病之源，这是不可动摇的事实。生病的人的确有必要对自己进行主观的自我分析，评估自己的压力从何而来。

加剧现代人压力的主要因素之一，是长时间接触互联网。智能手机用户在全球范围内迅速增加，韩国人智能手机的使用率更是达到了全球最高。"如果不积极参与社交媒体活动，就可能会被朋友孤立。"这种恐惧和压力正对十几岁青少年的人际关系产生严重的不利影响。很多人抱怨自己患上了"SNS疲劳症"，最终选择关闭消息通知、离开Facebook。

智能手机带来的压力也与睡眠障碍和抑郁症密切相关。那些在临睡前使用智能手机的人，比不使用智能手机的人患睡眠障碍和抑郁症的概率要高得多。互联网不断让我们将自己的生活与其他人的生活进行比较。极少数人的精彩生活使人们的自尊心比以往更频繁、更持续地受到伤害。

为了减轻网络带来的压力，我练习着每天远离手机三个小时以上。我只通过电子邮件进行业务联系，并拜托相关人员在特定时间段展开工作。冷静地整顿头脑中复杂的想法，这给了我不错的感觉。从无用的检索中获得解脱之后，我有时间阅读、写作和回顾自身了。我正在摆脱像箭一样不断袭击我的各种媒体。摆脱智能手机的束缚，也许就是关怀心灵的开始。

121

慈悲，人人都能实践的心灵疗愈

　　现代人既容易受伤，也容易伤害别人。如果让我选一种现代人最匮乏的东西，我会选"慈悲"。慈悲可以促进协作和共情，有助于心灵的疗愈。读塔拉·布莱克的《全然接受：18个放下忧虑的禅修练习》时，我最关注的是有关慈悲的部分。透过这本书，我接近了慈悲的实质。塔拉·布莱克为经常陷入"自我厌恶"沼泽的现代人指明了自爱的道路。自我关怀的过程包括走出自我折磨的思维怪圈（停歇）、时刻清醒地观察自己的内心（从迷惘中觉醒，修持正念）、发现真正的自己（洞察）、终于自爱并拥抱整个世界（成为怀抱者，完全觉醒）。这本书拥抱了因悲伤而哭泣的我、努力变得比现在更好的我、恐惧未来的我、最终向真我迈出一步的我。

　　通过这本书，我逐渐领悟到：慈悲不仅是情感，还是智慧和领悟。培养慈悲需要努力和洞察力，更少不了日复一日的练习。正如人们最初所追寻的那样，慈悲可以用来治愈生病的人。科学家兼冥想专家乔·卡巴金出版过许多关于冥想的著作，也亲眼见证了慈悲冥想的效果。他对遭受压力的工人进行了有关慈悲冥想的教育，脑部扫描的结果证实，这一疗法减少了工人的不安。经过慈悲冥想后，他们的免疫系统也得到了明显的增强。实践慈悲的前提是，认识到别人的痛苦与自己的痛苦别无二致。从这个意义上讲，比起含有施予感的"给予慈悲"，我更喜欢"实践慈悲"这样的表达。

　　对可怜之人感到同情的时候，如果这份同情暗含着"我更优越"的高下之分，那这种感情就与慈悲毫不相干。真正的慈悲诞生于，明白别人也像自己一样，渴望获得幸福、不愿遭受痛苦。比起对某个对象产生特定的感情，慈悲更需我们对别人遭受的痛苦产生新的理解。实践慈悲的对象也不仅局限于某个人，还包括宇宙的所有生灵。对于不了解心理学知识的人来说，慈悲是能在日常生活中实践的最佳疗愈方法。

122 丑小鸭的自我发现

　　研究生在读时，我是个丑小鸭，动辄听到别人说："你的文章太感性了。""过度的主观不利于写作。""你干脆去文艺创作系吧，为什么要在国文系受这种苦？""国文系是学习的地方，不是让你随心所欲写作的地方。""对论文来说，客观性就是生命。你写的东西太像小说了。"每次听到这种话，我的自尊心就会遭受重创。我极度热爱自己笔下的写作对象——小说家和诗人，竟以为用稍微客观的语言去表达这份爱就算是论文。即便如此，我在使用客观性语言的路上还是遇到了许多阻碍。我越想客观地写作，越觉得内心深处某些珍贵的东西被削掉；我越想运用冰冷的理性和清晰的逻辑去写作，越莫名地感到体内珍贵的感性与温暖的热情在消逝。听到上面的指责之后，我也开始自我责难了，就好像自己犯了什么天大的错一样。

　　但当我用相同的文风去写自己的书时，大众的反应却温暖得令人惊讶："看着老师写的文章，我好像体会到了自己来不及表达的心情。""读着您的文章，我治好了产后抑郁症。""我女儿也想像您一样，写出抚慰人心的文章。"我被这些充满温情的回应所震撼，不由得再次回首过往。我现在的文章和以前的文章没有区别，究竟是什么发生了改变，才使我收到如此不同的评价呢？大概是因为我所在的环境变了。我的文章常在学术界遭到批评，但在面向大众读者的随笔市场中，却收获了热情的响应。我被一股强烈的感动俘获，就像丑小鸭第一次看到真实的自己倒映在水中一样。鸭子和天鹅之间没有高下之分，但我也想做一只被同类爱着的天鹅，而不是一只总被责怪的丑小鸭。

　　从学者转为作家之后，我又找回了曾经遗失的自尊，甚至产生了自爱。当人遇到肯定自己的伙伴，就不必急于装点自己，也不会陷入不被爱的恐惧。因此，寻找能被同类接纳并喜爱的地方，是重要的冒险和自我实现。如果你感到某个地方不适合自己，并持续被一种孤立感所困扰的话，你需要积极寻找能让自己"我行我素"的新团体。

　　有时，我想让文学作品中的主角成为现实生活中的朋友。作家弗吉尼亚·伍尔夫笔下的达洛维夫人就是这样的存在，她敏感内省、深思熟虑又富于观察力。就算她固守着贵族的品位，难以抛弃作为派对女主角的生活，我也还是很中意她。因为她拥有广阔的包容性，能深切地共情与自己极不相同的生命。同时，她的魅力还在于，有一点难缠，有一点羞涩，以及努力隐藏自己那温暖的感性。

　　她知道自己看起来只像位热衷于派对的政治家之妻，因而无比怀念被称为克拉丽莎的少女时代。只因那时，她还保有清新灿烂的热情。她总是叹息着说："如果能从头再来该多好，如果能以不同的面貌生活该多好。"但我却为她此刻的美而驻足。散步是达洛维夫人与这个世界沟通的方式，散步的路上遍布着伦敦城的人间群像。就算是在买花的路上，她也从未停止过自己的观察与思考。热衷于派对的她并非喜爱奢侈玩乐，只是想将所爱之人齐聚一堂，并凝视他们的幸福模样。她渴望通过散步与更多人进行交流，期待借派对让更多人快乐。而我所喜欢的，或许是她对世界怀有的隐秘热情。从表面来看，达洛维夫人是那样的冷静沉稳，以至于无人看出她宏大的热情和深厚的爱意。

　　从小，克拉丽莎就喜欢请别人来自家的庭院一同度过美好时光。精心打理的庭院因她的灿烂笑容与热情款待，成了世上唯一的魔法花园。她最看重的便是友情。就算没有血缘关系，就算没有利益纠缠，仅凭"朋友"这样的关系，就能诱发她无穷无尽的共情。关于疗愈，克拉丽莎出于本能地理解并实践着。

　　我原以为《女人们》只是部简单的娱乐电影，没想到竟然从中收获了很深的感动。玛丽（梅格·瑞恩饰）虽然是一名才华横溢的设计师，却被迫为父亲的公司做设计。她梦想着过上顺遂幸福的婚姻生活。而西尔维娅（安妮特·贝宁饰）则是一家时尚杂志的撰稿人，终日埋头于工作。善良的玛丽将别人的幸福看得比自己的幸福还重要，但她所期盼的幸福又以家庭和睦为前提。只有家人毫不犯错，这种不安的幸福才能维持下去。

　　终于，危机降临到生活中。玛丽发现老公的出轨对象是香水专柜小姐克瑞斯托·艾伦，而自己恰好是这个专柜的老主顾。曾是报业界名人的丈夫和她组成了令人羡慕的甜蜜家庭，如今这家园却在一夜之间崩塌了。玛丽向身边的人寻求建议，得到了使自己左右为难的答复。保守的母亲说"忍忍吧，我也是这么忍过来的"，闺蜜西尔维娅却建议她勇敢出击——把出轨的丈夫给揪回来。善良的玛丽一直维持着体面优雅的生活，这样的她根本无法理解丈夫与第三者的丑恶。她甚至无法用一种严厉又坚决的方式大吼，呵斥他们结束这段不伦之恋。

　　渴望通过禁食寻求改变的玛丽遇到了一个名叫利亚的女人。玛丽对她说："我努力保持善良，为什么会沦落到这种地步呢？"利亚回道："Be selfish!"多为自己考虑时，人生反而更顺畅。人生中最重要的，是想清楚自己是谁，以及自己的追求到底是什么。终于，玛丽第一次遵从自己喜欢的风格来设计，她也得以知晓：美好生活的动力并非源于别人的评价，而是源于自身的意志。

　　如果你也总爱担心别人、疏于照顾自己，我想把这部电影推荐给你。我们不必把生命浪费在"必须是好人"和"努力满足别人需要"的牢笼里。不管别人怎么说，做好自己就好。

125

SAT
艺术

凝视映照在心中的自己

突然停电的时候，我久违地点燃了一支蜡烛。在烛光的照耀下，我的心出奇地平静。世间好似只有我和蜡烛，一切复杂的刺激都消失了，我内心的一切秘密也暴露无遗。我后悔没有早点如此。点燃蜡烛的那一刻，整个世界变得与以前大不相同。与光照过分明亮的日光灯不同，蜡烛通过照亮部分空间，展现出自然的高光效果。点燃蜡烛的那晚，我写下了没怎么写过的日记。笔刮过纸面时，发出沙沙作响的生动声音。借由小小的蜡烛，我找到了通向自己心门的钥匙。

光本身不具备形体，只通过照亮他人来宣告自身的存在。乔治·德·拉·图尔的画作《油灯前的马格达丽娜》（1630—1635）将这种黑暗之中的光线展现得淋漓尽致。光是看着这幅作品，我仿佛就看到了自己在心中的倒影。这幅画产生的效果与正念冥想相同，它让人深思这样的问题：此刻我的心是什么样子呢？

光没有特定的形体，但它赋予一切有形物体"真实的形体"。光还赋予一切物体色彩，这总令画家万分着迷。光能通过分解自身，为物体创造出新的形象。各种光散开、塌陷和破碎，使物体得以被重塑、照亮和突出。万物时而全面吸收光线，时而奋力推开光线，既与光交谈，又同光共舞，最终合二为一。我们无法单独见证光和物体，却能看到光与物体的和谐共存。

画家比任何人都更敏感地捕捉了光与物体间的和谐关系。拉图尔仅靠一支微小的蜡烛，就捕捉到了一个人内心深处的回响。抱着骷髅头的马格达丽娜凝视着灯火，觉察到随时可能到来的死亡，崇高地期盼着救赎与觉悟。虽然拉图尔只画了一个女人，但他展现的画面却是每个渴望觉醒之人的梦想。

125

126

对话

艺术能培育心灵的力量

艺术给人的疗愈，就像治疗师揉着病人的肩膀、儿子揉着妈妈疲惫的双脚。艺术能找出我们不自知的疼痛，并向我们真诚地发问："你这里不舒服吗?"

看歌剧《维特》时，我的心酥酥麻麻的。想到维特怀着永远无法实现的爱逝去，我不禁为这位陌生国度的少年感到悲伤。他的悲伤与我的悲伤产生了温暖的交汇。从这个意义来说，艺术是连接万物的存在。就算角色所经历的痛苦与我的痛苦有着不同的纹路，我也能对角色的痛苦感同身受。在地球的另一端，发生着看似与我们毫不相干的各种波澜壮阔的故事。这些故事只要经过艺术的棱镜，就能得到我们的理解和共情。在这个感性匮乏的社会，于种种难以预料的状况中培养对他人痛苦的共情能力，才是当今的艺术赠给心灵的祝福。

艺术打破了沉浸于日常惯性中的标准化思考。艺术能提醒人类"我们眼中理应如此的世界"，其实是某些人以血汗泪凝成的催人泪下的作品。如果我们能从艺术之美中获得疗愈生命的力量，就能更炽热地热爱生命。当你听着美妙的音乐，当你束手无策地站在无法错过的画作前，当你沉浸于一场让人忘记时空的演出，日常生活中的情绪劳动和令人疲惫的社交都会如同积雪一般消融。在种种美好中获得心流体验之后，我变得更加聪慧坚韧了。而一个更加深邃自由的我，不仅能治愈自己的痛苦，也能治愈别人的痛苦。

我们有权通过艺术享受更美好芬芳的生活。在媒体的洪流中感到厌倦的人，更加渴望艺术的回归。美丽的艺术作品能向我们发问:"你这里不舒服吗?"

与阴影相伴的日夜

　　我喜欢的心理学家——卡尔·荣格如此开启他的自传:"我的一生,是个无意识自我实现的故事。"通过荣格,我意识到我不知不觉间做过的很多事、被我选择性遗忘的许多记忆,构成了我人格的阴影。那些被我隐藏、忽视和践踏的无意识里的内容,如同携带强大能量的生命体,足以改变我的人生。那么,如何用荣格的语言去表达我的人生呢?大概是一场与阴影的激烈战斗。阴影是我的劲敌,聚集了我体内的悲伤、创伤和匮乏。然而,越是深入了解自己的阴影,我就越走向与阴影化敌为友的方向。

　　与阴影亲近并非意味着每天都像傻瓜一样咀嚼创伤。鉴于阴影主要被分享给亲近的人,我们难免在照料阴影的同时与家庭创伤相遇。对此,我们一定要清楚地认识到:重新认识家人对自己造成的伤害,并不会减少家人间的爱。只有直视父母给我们造成的创伤,才能正确认识潜藏于"爱"背后的自私和暴力,从而学会尽量不造成伤害地去爱。即便向家人坦诚自己的阴影,我们的灵魂也不会有任何折损。我们也不是在报复伤害自己的人。无论多努力,伤害都难以彻底避免,我们所能做的就是养成一种体谅和尊重的心态,将伤害降到最低。只有照料好阴影,我们才能防止创伤加重,培养疗愈创伤的力量。

　　如果我们把"直面阴影"看得很痛苦,就无法从阴影中发现任何新的可能。仔细聆听阴影的声音吧!一切悲欢离合的源头都在那里蠕动。如果对阴影放任不管,无尽的创伤只会不断加重我们的痛苦。只有像对待珍宝一样对待阴影,阴影存在的地方才能产生救赎和创造。请一定不要回避自己的阴影。

128

如果能与阴影成为朋友

罗伯特·约翰逊的著作《度过未曾度过的人生》是对荣格心理学的精彩介绍，也是一本用荣格心理学进一步释放潜力与创造力的指南。本书作者提醒我们：人一生中最重要的任务是驯服"人格面具（persona）①"下的阴影，即自己的"第二自我（alter-ego）"。那些像野马一样狂奔的愤怒与仇恨，最终都聚集在阴影中。搁置或逃离阴影并不会使生活变得顺利。假装创伤或情结与自己的生活无关，也只源于人格面具的出色演技。现在，我宁愿把注意力集中在创伤和情结聚集的阴影上。因为我知道勇敢地面对它比无休止地逃避要明智得多。罗伯特·约翰逊的书不仅能使这种勇敢成为可能，还提醒我们：比起"弃置阴影的人生"，"照顾阴影的人生"才是关怀心灵的聪慧秘诀。

在一个年轻人的梦中，他的女友坠入冰湖身亡了。荣格认为梦中淹死的女友就是这位年轻人的另一自我形象，也就是"第二自我"。男人梦中出现的女人，往往是他的阿尼玛（anima）形象。我们不能袖手旁观，让自己的梦中情人淹死。对年轻人而言，溺水女友就是需要被拯救的内在女性气质，也是他最重要的潜能。梦到女友坠入冰湖，代表他内心宝贵的女性化一面正在消亡。内在的女性气质可能是演奏乐器的渴望、写作的冲动，或是不再将身边的人视为竞争对手，温柔地拥抱他们的痛苦。通过分析和反思"垂死女友"在梦中的象征性含义，人们能面对内心堆积已久的问题。如果能重视阴影的声音，我们的潜能就会得到成长。只要能与内心的阴影共舞，我们就不会被痛苦摧毁；只要能与阴影成为朋友，我们内心的一切烦恼和痛苦就会变成耀眼未来的基石。

---

① 人格面具：由心理学家卡尔·荣格提出，指人展现给外在世界的形象。

WED

日常生活

给诗留一处心灵空地

很久以前，一看到某人转身而去，我就难以抵挡潮水般的思念。正当我心情复杂，想着此生何时才能再见到他的时候，刚好在地铁玻璃上瞥见了一首诗："我不是平白无故地爱你 / 别人只爱我的红颜，而你爱我的白发 / 我不是平白无故地想你 / 别人只爱我的微笑，而你爱我的泪水 / 我不是平白无故地等你 / 别人只爱我的健康，而你爱我的死亡。"这是诗人韩龙云的《缘何爱你》。

我的泪水夺眶而出。想从某人那里得到爱，也想给予某人爱，但最终什么都没能达成的惋惜与思念化为诗中的字句。美丽的诗如沁人心脾的花香，无须多言便推倒了我灵魂的城墙。灵魂崩塌的瞬间是美好的，因为筑起心墙的我只是伟大的演员，不是真正的自己。

诗人的语言将我的心墙推翻，好似帮我越狱的紧急出口。名为诗的紧急出口无处不在，但只有透过一颗清醒的心，我们才能看到这些出口。在地铁玻璃上发现这首诗的那天，我的灵魂睁开了双眼。

通过诗歌，我们能行至未曾到过的荒野与大海，遇见未曾踏足过的日月星辰。哪怕是再陌生的地方，诗歌都能让我们如同身临其境。有些秘密，只有读诗才能知晓；有些世界，只有诗歌才能创造。诗能展现长篇大论所缺乏的浓缩之美，凭借符号和隐喻达到不可思议的深度。诗遍布于地铁玻璃和卫生间便签，只要我们能给它们留出心灵的空地，就能从中收获感动。

直到听到某人死亡的消息，我才意识到自己是多么爱他，特别是那些与我素未谋面、只隔着银幕相见的演员们。一想到再也看不到已故演员的新作，我就感到无比心碎。我对罗宾·威廉姆斯的痴迷，始于《死亡诗社》中那句令人难忘的"Oh，Captain! My Captain!"，加深于温馨有趣的《窈窕奶爸》，最终在《心灵捕手》和《机器管家》中达到顶峰。

他在《死亡诗社》中饰演了老师约翰·基汀，这位疗愈专家的出场始终令我记忆犹新。一位好老师在任何恶劣的情况下都能激发学生的潜能。在电影刚开场时，学生并不信任这位老师。托德（伊桑·霍克饰）是个不善表达的内向学生。影片通过一段对话，展现了基汀帮他释放诗歌潜能的过程。"那边有张惠特曼的照片。这张照片让你想起了什么？别多想，立刻回答。""一个疯子。""什么样的疯子？""狂野的疯子。""不，你能做得更好！释放你的心灵，尽情发挥想象力。说出跃入脑中的第一个念头，即使是胡言乱语也没关系。说吧。""令人齿冷的疯子。""老天！孩子。你的内心毕竟还是有诗意。现在闭上眼睛，描述你看到的事物。""我的眼睛闭着。这个影像在我身边飘动。""令人齿冷的疯子？""对，令人齿冷的疯子。他的目光冲击着我的心。""太好了！赋予他行动，让他做些事。""他的手伸出来压着我。""对，很好，很好！""他不断自言自语。""他在说些什么？""关于真理。真理像使你脚发冷的毡子，你拉它，却永远不够长。你踢它、打它，却永远无法覆盖住任何人。从我们哭着进入此生，到我们垂死离开此世，它都只能盖着你的脸。任你悲叹、哭泣与尖叫。"待到托德言毕，满堂皆为他惊人的想象力喝彩，基汀更是微笑着叮嘱："不要忘记这个经验。"

即便胡言乱语也无妨，只要能引出内心深处的呼喊就好。在超我断言我们没有天赋时，本我就会发出这样的呐喊。每个人都有独特的才能，为了将自己的才能发挥得淋漓尽致，我们需要找到合适的老师。于我而言，读书、观影和写作就是这样的老师。

131

直到能够原谅自己

　　凝视演员华金·菲尼克斯的脸，你就能看见他绝不软弱的心。他那钢铁般的下颌线、威风凛凛的鼻梁与唇线分明的嘴唇，展现了一种永不崩溃的意志。正因如此，在电影《别担心，他不会走远的》中，他的极度脆弱令人惊讶。因遭遇车祸而四肢瘫痪的卡拉汉弱到了极点，总是不断让身边的人失望。每当生活好像再也无法令人更崩溃的时候，令人崩溃的事又会发生。

　　由于主角承受的痛苦过于深重，看电影的时候，我总是忍不住扭过头去。但电影里又有太多宝石般闪耀的台词，让我欲罢不能。卡拉汉努力战胜瘫痪的痛苦，艰难动手作画的场景是多么美丽！他用搞笑的讽刺与刻薄辛辣的图文升华了创伤。他以全身心来面对痛苦，人们却因他的过度坦率而摇头。在他笔下的一幅漫画中，因交通事故而栽倒在地的他，依旧对行人大喊大叫着："我口袋里有五美元，用这个给我买杯啤酒吧！"对他来说，比车祸更可怕的是酗酒，比酗酒更可怕的是被母亲抛弃、不被父亲爱、走到何处都毫无归属感的孤独。

　　卡拉汉的导师唐尼是匿名互助戒酒协会的组织者。在聚会中，唐尼自我介绍的场景也令人感动："我是唐尼。我酒精成瘾。我有两条裤子。一条沾上了屎，一条没沾屎。我根本不在意自己穿了哪件。但今天是个值得纪念的日子。我起床之后，穿着没沾屎的裤子买了杯咖啡。咖啡真的太好喝了。我今天过得很好。直到在这里遇见你们。"

　　直面破碎人生的唐尼十分坦率，这种坦率打开了卡拉汉的心扉。唐尼最终帮卡拉汉治好了酒精中毒，并在他的画作销售中起到了决定性作用。我们必须直面让人痛苦的阴影，直到最终能够原谅曾经无法原谅的自己。

自然中的人类之美

威廉·透纳描绘了人与自然的和谐之美。在泰特不列颠美术馆的威廉·透纳特别展上，我遇见的英国人在每幅画前都站了许久。在我心中千篇一律的风景画，在英国人的眼中，该有很多值得谈论的妙趣吧？那天，比起透纳的画作，更让我感动的是喜欢透纳的人。

几年后，直到真正体验过英国最严酷的寒冬，我才隐约懂得了英国人热衷于透纳的理由。透纳不仅描绘自然，还描绘处在自然中的人。他很早就醒悟到的是，人能将自然视为一种特别的风景，而非理所当然的客观条件。他的早期作品《海上渔夫》（1796）就描绘了一场人与暴风雨的搏斗。即便画作中没有直接出现人脸，观众也能想象出在暴风雨中挣扎的面孔。

"恶劣自然环境中的人类"是特纳作品的重要主题。他描绘过无数风雨中的渔民、风雪中的旅人、严冬中穿越崎岖山峦的军队，展现了人类被迫与自然抗争的命运。

从初冬到冬末，经历过英国最恶劣天气的我，终于意识到透纳的画有多么"英式"。严冬中，太阳在下午三点就已经落山。从天气预报里听到最多的一句话，是"明天会有暴雨和强风"。也许，英国人借由透纳的画作，看到了与自然做斗争的自己。

通过透纳的画作，我们能见证人类在恶劣环境中试验自己的力量，以及与自然不断抗争，直至共存的命运。这样的人类之美，只能通过自然来显现。

133

SUN
对话

怎样遇见灵魂

有时会被问到这种问题："谁对您的人生影响最大？"我回答了钟爱的许多作家，比如弗吉尼亚·伍尔夫、苏珊·桑塔格和路易莎·梅·奥尔科特等。但当我回家再一细想，又觉得答案并不完整。虽然已经不像以前那样经常见面，但对我影响最大的人依旧是父母。只不过，与上述伟大作家带来的影响相比，父母对我的影响恰恰相反。今日的我，80%是由学习和对学习的厌恶塑造的。父母对成绩的执念让我很努力地学习，也因此受到了巨大伤害。我总是想要做得更好，总是觉得做得不够，总是认为自己水平有限。这种压迫感、匮乏感和自我厌恶，是蒙在我个性上的阴影。

父母对孩子影响最大的是什么？荣格否认了诸如财产、环境和价值观之类的回答，认为答案是父母"未曾经历的人生（the unlived life）"。这是父母投射在孩子身上的阴影。有太多父母要求孩子过上自己没能过的生活，做成自己没能做的事情。对自己的人生感到满意且自爱的父母不会这样做，但现代社会的许多父母并没有那么幸福自主。实际上，只有自己才能满足这种未实现的欲望，孩子或配偶是不能代替自己完成的。

只有走自己的路才能遇见真实自我，在各种刺激与诱惑中脱身。为了走父母反对的作家之路，我忍受了与他们的不和。那段时间，我寂寞得像在走一条死亡隧道。但如果没有这些，我也无法在落笔的此刻感受幸福。自性化就是不顾"道阻且长"，找寻我们真正渴望的自我。

正视压力之源

虽然没有能一次性消除所有压力的灵丹妙药，但最近在认知行为治疗领域，各种调节压力的技法正在被开发。心理学家戴维·伯恩斯博士成功治疗了惊恐症、广泛性焦虑症和社交恐惧症等多种精神问题，他与患者一起前往令他们感到恐惧的地方，并对他们说："即便这里看起来很危险，你也绝不会死。你看，就算挑战新事物，也不会出事。"笛卡儿说："我思故我在。"戴维·伯恩斯博士则说："我思故我惧。"引起恐惧的是个体的想法，而不是实际的外部环境。如果我们能改变对恐惧的看法，就能改变将各种刺激解读为恐惧的思考方式。

伯恩斯博士将导致恐惧或紧张的大脑活动看作一种心理圈套。例如，一个有恐高症的人在高层建筑的电梯里会这样想："这里真的很危险，我马上就会掉下去摔死。"一个有演讲恐惧症的人会在发表前陷入这种妄想："我肯定会胡说八道一通的。所有人都会把我当白痴，然后我会变得一团糟。"夸大危险也是恐惧症患者的特征。恐惧血液或患有疑病症的人就算只承担了极小的风险，也会感到巨大的压力。如果他们在剃须时有轻微的擦伤，可能就会感到压力爆棚："为什么会出这么多血！是得了什么严重的病吗？"就算压力源这么小，也有对此感到异常恐惧的人。比起刺激本身，关于刺激的想法更令人受苦。人们明明知道过度的压力和恐惧是扭曲精神的把戏，但依旧会被其压垮。

认知扭曲是造成压力过度的主要原因。非黑即白、过度概括、心理过滤、无视优点、武断、夸大缩小、自责等是常见的几种认知扭曲。因压力过度而做出种种误判的患者，下判断的根据并非事实和逻辑，而是模糊主观的个人情感。"我的心都跳成这样了，一看情况就很危险。""我无论走到哪都感到被冷落，不安已经成了日常。我百分百是个失败者。"我们应该正视这些错误的主观感情，从这些感情的束缚中把自己解放出来。

有一种方法能将患者最恐惧的压力转化为疗愈的契机。戴维·伯恩斯博士在《伯恩斯焦虑自助疗法》一书中提到了患者杰弗里的案例。杰弗里是一位出色的律师，极度恐惧败诉的他总是强迫自己无休止地工作。他害怕自己会因一场尚未发生的败诉而声名狼藉，最终沦落到妻离子散、无家可归的境地。在他的脑海中，有一个显而易见的错误信念："如果我失败了，所有人都会背弃我。"对此，伯恩斯博士让杰弗里在会议上分别告诉十个同事自己输了一场官司。这个举动是困难的，但实验的结果却让杰弗里大吃一惊。他发现十位同僚中有五位好像根本没有听到他说了什么，只是继续疯狂讲述他们自己的事。而另外五位律师不仅没有离他而去，反而向他分享了自己曾经输掉的官司，甚至向他倾吐了自己的家庭矛盾。"每个人都会嘲笑我的失败"，这种自我攻击信念（Self-Defeating Beliefs，SDBs）被证明是不真实的。这个世界比杰弗里想象的更加正义、智慧和温暖。

伯恩斯博士在书中回忆起他实习时的恐怖经历，那时的他还无法克服对血液的恐惧。有一天，一个因炸弹爆炸遭受重伤的恐怖分子被送到了急诊室。伯恩斯需用牙刷去除他器官组织上的火药粉，否则病人就会中毒。这是一项让人毛骨悚然的任务。面对被炸得不成人形的病人，伯恩斯只得强迫自己把手伸进带血的身体里，用牙刷清理火药残留。然而，神奇的事发生了。十分钟后，他发现自己对血液的恐惧逐渐减轻，甚至突然消失。他被在场医护人员的专业素养所鼓舞，开始学习该如何成为一名真正的医生。

如果能勇敢地直面恐惧，反而能从恐惧中解脱。压力本身就是一个危险信号，但如果我们能与之狭路相逢，可能会迎来人生的转折点。痛苦并非源于现实，而是源于人对现实的判断。与其说成败荣辱是实际存在的，不如说那是我们对自身经验的刻板印象。

非暴力沟通的艺术

连日来，在政治版面的报道中，充满冲突和愤怒的攻击性言语让人心乱。这些言语都有无形的刀刃，使看到或听到的人备受伤害。如何才能摆脱这种充满仇恨和暴力的语言呢？如今，制度层面的民主已经确立，但心理层面的民主似乎离我们还很遥远。虽然并不存在"心理层面的民主"这个概念，但我认为民主必须超越程序和制度的层面，跨入为人着想的阶段。"心理层面的民主"的具体含义：考虑到与我意见不同之人的痛苦，也考虑到自己的意见是否会对他人造成伤害。为了做到这一点，我们首先要学习非暴力沟通的艺术。

借由 Netflix 剧集《远漂》，我学会了如何非暴力沟通。已经在火星探测器上待了三年的宇航员艾玛·格林（希拉里·斯万克饰），苦于如何保持自己的领导地位。作为一位承担艰巨任务的年轻女性，身边人对女性的微妙歧视和对年轻领导者的不信任、团队成员间的嫉妒与误解、与丈夫和女儿的分离都给她带来了巨大的痛苦。然而，艾玛没有埋怨任何人。

极度嫉妒艾玛的化学家王璐与一名翻译官相爱了，这一趣闻在同事间不断流传。能力出众的王璐厌倦了没有爱的婚姻，也厌倦了因英语不佳而遭受歧视的现实。此时，一位名叫陈梅的女性出现了。陈梅在练歌厅唱起流行歌曲，帮助王璐学习英语。就这样，王璐与陈梅相爱了。

作为太空船的总指挥官，艾玛很理解王璐的心情。哪怕王璐这位身肩重任的世界级科学家丑闻缠身，艾玛对她陷入婚外情和爱上同性的事也并不在意。艾玛懂得王璐身上那令人熟悉的孤独，那是一种迷失在宇宙里的深邃孤独。艾玛对王璐耳语道："我知道你的脆弱和孤独。"就这样，艾玛和最讨厌她的同事成了真正的朋友。原来，不伤人的沟通方式能让宿敌变为朋友。

《小妇人》中的光辉友情

《小妇人》中的老三贝丝是姐妹里最安静的一个。劳伦斯爷爷的屋子里有一架大钢琴，害羞胆小的贝丝对钢琴朝思暮想，却鼓不起勇气走进那间屋子。劳伦斯爷爷的一声"嗨"，曾把她吓得夺路而逃。为了让热爱音乐的贝丝能够演奏钢琴，劳伦斯制订了一个绝妙的计划。某次，他故意对贝丝视而不见，转而与她的妈妈畅聊。说着说着，他巧妙地将话题扯到了音乐上，大谈特谈自己知道的歌唱家与弦琴珍品。这使待在远处角落的贝丝逐渐听得入迷。终于，她的好奇代替了恐惧。

贝丝忍不住渐渐靠上前来，站在劳伦斯的椅子背后悄悄聆听。她的眼睛瞪得很大，脸颊也羞得通红。劳伦斯没有理会她，继续对她妈妈说："不过钢琴闲置着太可惜，你家姑娘愿不愿意过来时不时弹弹，免得荒废了。你说呢，夫人？"贝丝上前一步，依旧一言不发。劳伦斯看穿了她的恐惧，又说道："她们用不着跟人说，随时都可以跑进来；也不会撞见什么人，只要有空来弹弹琴就好了。"劳伦斯了解贝丝的敏感内向，他认可并保护了她的心，让她能毫无顾忌地弹琴。

她终于鼓起勇气告白："我是贝丝。我很喜欢音乐。如果您肯定没有人会听到我弹琴——被我骚扰的话，我会来的。"她被劳伦斯的和蔼与关怀深深打动，抛开了以往的害羞，勇敢地表达了自己的意愿。

贝丝的家人和邻居没有批评或指责她性格内向，只是在等她慢慢表达。就算贝丝再怎么隐藏才华和情感，她的身体还是会无言地表达。这就是非暴力沟通的意义所在。为了给某人的自我表达铺平道路，我们应暂时搁置任何判断。无条件的爱能够战胜恐惧，沉着的等待能够冲破心灵壁垒。

一想到电影《早间主播》，我总觉得神清气爽。这部电影中有一切能让人兴奋的东西：耀眼的工作热情与才华、心动爱情的开端、各种只有专家才知道的窍门，以及一个人失去一切后的绝望与希望。我在沮丧或无精打采时，常看这部电影。

被前公司解雇的贝琪获得了"晨间秀"节目组的邀约，成了节目的总编导。为了挽救连连下滑的收视率，她决定不计代价地邀请传奇节目主持人迈克·波默罗伊。迈克性格难搞且对当下新闻节目颇多微词，不肯欣然接受。几经波折后，迈克终于被贝琪说服。另一方面，和迈克搭档主持的是与他风格不同的科琳·佩克。两人之间硝烟四起，展现了两种自我间的强烈冲突。如果为了守护自尊，就不真诚沟通的话，不仅会使人际关系恶化，还会降低工作方面的成就。

节目有所起色，但收视率仍然很差。如果收视率跌至谷底，节目就要被砍掉了。贝琪不得不使出撒手锏：让大厨到直播间做菜，让人气说唱歌手营造疯狂的音乐会氛围，让最优雅的女主播亲吻青蛙，直播主持人的文身过程，以及原封不动地暴露主播间的斗嘴场面。

收视率因此而有所上升，但节目仍未摆脱被废止的风险。在一次讨论会上，迈克终于开口说："我有个新闻线索可以做节目。"他的话使整个团队焕发了生机。后来，他成功报道了州长的政治腐败，这令节目的收视率奇迹般上升。有些事件，如果没有杰出的记者去报道，公众就永远不会知道。新闻工作者的责任在于准确报道观众需要知道的新闻。

长久遗失本真面貌的迈克如此向贝琪告白："虽然没人这么说，但我认为自己有能力解决这件事。我想向你证明这一点。"如果失去许多的你仍想重新出发，我会向你推荐这部电影。

光揭示存在的秘密

扬·维米尔通过绘画证明了一点：只要有少量阳光透过窗户，就能完全照亮物体。如果要给只有他才能捕捉到的光起一个名字，我愿称之为"揭示存在的秘密"。他笔下的人物大多无法在光天化日里随心所欲。利用透过窗户射入的光线，维米尔让观者产生了一种窥探他人日常生活的感觉。无法直接暴露私欲的女性激发了观众隐秘的好奇。他笔下的许多人物都依靠窗外的光线或一盏短灯来展现神秘的身姿。如果不刻意窥探的话，这些场景绝对无法被捕捉。维米尔不会彻底暴露人物的私生活，只是保留一种"秘密的留白"，使观众愈加心潮澎湃。

他的画作《读信的女郎》（约 1659）令我着迷。我沉醉于这种"犹抱琵琶半遮面"的风情，沉溺于画中人微红的脸颊。左边窗顶的帘子仿佛不愿被关在屋中，渴望将更多光线吸入屋内的它，只随意地悬挂在那里。地毯像波浪一样皱起，好似象征女人因激情而荡漾的心。毯子上铺着的甘美果实则象征了"未能实现的热望"。

更有趣的是画面右侧垂下的长窗帘，现代科学的 X 光透视揭开了隐藏在它背后的秘密。令人惊讶的是，帷幕后有一个丰满的婴儿天使，正用丘比特之箭瞄准画中女人。维米尔显然画上了丘比特，随后又将其抹去。删除可爱的丘比特之后，这幅画隐秘的象征性得以绽放了。画中的女人拼命掩饰自己的模样，但周围的一切似乎都竭尽全力地暴露着她的状态，就连微开的窗户也斜映着她通红的脸颊。即便我们看不到信上的任何一个字母，但在这神秘的信中，一定满溢着充满禁忌的爱语。

140 逃离名为自我厌恶的监狱

外貌至上主义的可怕之处在于：哪怕明知以貌取人不对，也一直因为外貌而自责。比起批判错误的社会固有观念，人们更愿意通过惩罚自己的方式加深有关外貌的情结。虽然我也有很深的外貌情结，但从许多作家那里学了处理它的方法后，我便不再故意自我折磨了。《不值得：如何停止自我怨恨》一书的作者安内利·鲁弗斯坦言："我干脆连镜子也不照，就那样克服了自我厌恶。"

安内利讲到她只在早上化妆时，用一个手掌大小的小镜子映出脸上的一小部分，从不用大镜子照全身。照镜子的行为会让人产生自我评价，而自我评价的前提是与他人进行比较。因此，减少照镜子就能降低自我厌恶的可能性。

安内利心中蠕动的自我厌恶是从母亲那里继承来的。儿时的她曾看到妈妈盯着镜子自言自语："真是一头又肥又丑的猪。"注视着自我虐待的妈妈，女儿也内化了外貌情结，继承了妈妈的创伤。有没有人会因此而戏弄或骚扰妈妈呢？妈妈会终生被这种想法困扰吗？母亲在不知不觉中将自我厌恶传给了女儿，亲手将女儿关进了充满自厌的监狱。然而，在女儿的眼里，母亲不仅不丑不胖，反而是美丽又干练的。

为了逃离名为自我厌恶的监狱，安内利研究了各种心理学，其中也包括正念。每当她要出门见人，就会念叨这样的咒语："不要矫揉造作，不要试图用愚蠢的手势来引人注意，不要认为周围每个人的快乐都取决于你。"当她变得更忠实于自己的内心时，便不再继续自我厌恶，反而开始了自我关怀。同样，我也在通过思想、身体、声音和写作来自我表达，以期逃离各种各样的情结。

141

逃离同辈压力

　　我在他人的视线中很少感到幸福。就算有人称赞我，我也会因对方的视线而不适和尴尬。如果人要因为别人的看法去抬高或贬低自己，那自我又跑到哪儿去了呢？不在意批评或赞扬的我，只是想做自己罢了。总是在写作的我很少能接到电话，我经常通过电子邮件和文字短信来沟通。但这并不意味着我放弃了社交。我通过写作和授课与陌生人沟通，借由见面和品茶与熟人交流，过着无比幸福的生活。有人会去阅读我的作品，这对我来说已经是沟通上的奇迹。我认为想法的价值并不取决于 Facebook 上收获的"赞"数。只要自认为自己的想法是对的，只要自己喜欢自己，就足够了。朝着自认为正确的方向努力，本身就是充满奖赏的一件事。

　　有时，我们的人生蓝图中会包含来自他人的称赞，但真正的幸福并不存在于"满足他人"中。父母曾希望我成为一名法官，但我却极度渴望当一名作家。哪怕写作充满不安和孤单，我还是想写下去。最终，我花了将近二十年与父母做斗争，才在我们的关系中找回了一点和平。现在他们依旧对此不满，但我早已学会更厚颜无耻地循循善诱："但是呢，如果我感到幸福，妈妈也会感到幸福吧？"

　　如果能对梦想永不言弃，身边人的看法早晚会发生改变。比起揣测别人的心思，不如多关心自己，多进行宝贵的自问："我现在离理想生活越来越近了吗？我是否正为了喜欢的事而奋斗？"有时，别人眼中的我们也只是瞬间形成的暂时印象而已。人若只专注于自己的生活，就能承受住任何视线的攻击。最重要的视线其实源于自己，因为他人的视线会随着自己的视线改变。

《实验室女孩》，用友情疗愈创伤

　　霍普·洁伦的自传体小说《实验室女孩》讲述了一位勇敢女性的故事。这位女性凭借对人与自然、研究与写作的热爱，战胜了自我厌恶。霍普·洁伦是一位为了生存和成功而奋斗的女性科学家，曾遭受过严重的性别歧视。仅仅因为怀孕这一点，她就被刻上"危险人物"的烙印，陷入被研究所放逐的境地。书中记录了她充满戏剧性的生活，以及她与朋友比尔的微妙关系。如果说他们之间是爱情的话，两人隔着一段清晰的距离；如果说他们之间是友情的话，两人又比朋友亲近得多。无论是恋人、朋友、同事，还是指代世间任何其他关系的名词，似乎都无法阐明他们独特的关系。男女之间居然能产生如此奇妙的联结，居然能构建完美遮挡彼此缺点的伙伴关系。他们能畅所欲言，一同克服困难，而无须背负有关两性的紧张感。

　　两人一生都保持着无法以任何事物裁定的关系。他们超越了教授和助手的雇佣关系，耀眼地证明了"完美理解彼此的关系"存在于世。达成这种全然理解的前提，是对彼此的生命怀有深沉的敬意。他们每天面对面交流，了解对方的情结与创伤，洞悉对方羞耻的一面；他们都将彼此视为最佳搭档、珍贵朋友、杰出科学家，更将彼此视作伟大的个体。

　　以大众的视角来看，两人的关系看似模糊不清，令人无法判断他们到底是家人还是同事。实际上，两人从不干涉对方的爱情生活，无条件尊重各自感受到的幸福与不幸福。比尔没有过分暴露男子气概，霍普也没有凭借女人的身份获取更多保护与照顾。可以说，他们超脱了典型的男性气质和女性气质，而这一事实使他们的长期关系成为可能。

　　如果比尔强行张扬自己的男子气概，霍普就不会成为他真正的朋友；如果霍普只是看起来像公主一样优雅美丽，两人就无法成为最佳搭档。《实验室女孩》的另一魅力在于：一个不自称女人的女人和一个不自称男人的男人结成了最佳友谊。

143

永不言弃的精神

有些人能在别人放弃希望时独自前行。即便周遭环境对自己不利，他们也能获得微弱优势和一线生机。发现自己不为人知的优势并最终实现梦想的人，拥有将不利化为有利的惊人创造力。诺贝尔奖获得者萧伯纳说："真正有创造力的人能积极为自己创造有利条件，哪怕情况对他们绝对不利。"换句话说，在毫不有利的环境里创造理想情境的人，具有真正的进取精神。

克莱尔·丹妮丝凭借电影《自闭历程》斩获了艾美奖最佳女主角。电影中主角通过安静聆听动物的痛苦声音，展现了真正的进取精神。电影原型是一位名叫坦普·葛兰汀的女性，她从四岁起便患上了严重的自闭症。但她却建立了世界上第一个"非虐待性牲畜收容所"，成为动物权利运动的旗手，担任科罗拉多州立大学的教授，并被《泰晤士报》选为"世界上最有影响力的100人"之一。

坦普·葛兰汀不断受到周围人的歧视和嘲笑，甚至差点被父亲送进精神病院，但她没有放弃热爱世界，也没有停止倾听动物们的声音。面对语言交流方面的困难，她找到了一个不可思议的出口——通过图像来思考。以语言表达思想的方式受阻之后，她变身为一位视觉思考者（visual thinker）。像这样，在如此意外的境地里，进取之人依旧能创造出一个"奇迹出口"。

坦普·葛兰汀没有被困在名为自闭症的社会标签里，她只是专注于自己热爱和擅长的事。充满激情地献身于心爱的事业，是抑郁与孤单的最佳治疗剂。

THU
人

战胜痛苦，创造属于自己的世界

对梦想永不言弃的人，总能带给我们勇气。这类人在别人感到痛苦的时候，也能在内心深处发现真正的快乐。在永远不失进取的伟人中，一定包括写下《追忆似水年华》的小说家马塞尔·普鲁斯特。因从小患有严重的哮喘病，生活在剧烈疼痛中的他很少能下床。然而，普鲁斯特并没有放弃梦想，他坚信自己总有一天能完成一部绝佳的小说。

在完成《追忆似水年华》之前，普鲁斯特为使自己免受周遭刺激和噪声的影响，用"软木塞"将卧室的墙紧紧堵住，进行了彻头彻尾的噪声防御。他克服了儿时被视为弱者的创伤，成就了连坚韧之人都难以完成的八卷小说的庞大伟业。他的作品不仅仅是有趣，还伟大到在世界文学史上留下浓墨重彩的一笔。

当哮喘引发的苦痛缠绕身体，呼吸困难与咳嗽模糊了意识，普鲁斯特的脑海中就会涌现出对小说人物和现实人物的深厚情感。他对那些与他共享梦想的人物怀有深切的爱和同理心。同时，他内心深处的喜悦与世俗所需的价值达成了一致，他懂得如何在个体热望与社会需要之间取一个交集。这样的人拥有改变世界的进取之力，能利用自己的潜力让世界变得更好。进取精神终究源于卓越的共情力，而这种共情力能使个体的期望与社会的需要达成统一。

145 摆脱创伤的加害者

有时，除了真心谢罪以外，我们无法摆脱创伤。电影《赎罪》盛着一个女孩因童年过失而终生愧疚的告白。通过这部电影，我意识到创伤不仅存在于受害者心底，也为加害者打下了深深的烙印。如果认识不到伤痛的严重性，又很难得到别人的同情，加害者的创伤甚至有可能比受害者的创伤更难治愈。

善良的人也会成为加害者。《赎罪》的主人公布里奥妮儿时犯了一个巨大的错误。当表姐罗拉被强奸后，布里奥妮指证是罗比做的。而罗比其实是亲姐姐塞西利亚深爱的男人。布里奥妮的虚假证词不仅彻底毁掉了无辜的罗比，也毁掉了爱着他的亲姐姐塞西利亚。罗比蒙冤入狱后，塞西利亚只能伤心欲绝地等待。随着战争的爆发，他们各自悲惨地死去。这段爱情终究没能实现。

在少女布里奥妮的心中潜藏着一种复杂的邪恶。怀揣着对相爱恋人的嫉妒和永远无法融入他们当中的孤立感，她在不知道强奸是什么的情况下，将罗比诬陷成了罪犯。亲姐姐和罗比接吻的场面，更成了她作伪证的导火索。为了赎罪，成年后的她在战争期间自愿担任护士。她一边为流血的士兵治疗，一边努力为自己的罪孽付出代价。然而，她始终没有勇气直面被自己伤害的人。

多年以后，布里奥妮实现了成为著名作家的梦想。写作是她最后的赎罪方法。战争博物馆里存放着罗比和姐姐的情书，她根据这些情书将这段凄美的爱情故事写成小说。哪怕现实中他们无法实现爱情，能在小说里实现也好；哪怕在现实中她没能道歉，能在小说里请求原谅也好。这就是写作的力量。现实中无法实现的爱、宽恕和重生，可以通过写作成真。在布里奥妮的小说中，罗比和姐姐终于找回了爱情，永远结为一体。

世界之光开始的地方

凝视着凡·高的画作《夕阳下的播种者》（1888），我不自觉地想：什么是人生中真正重要的事呢？大概是像播种的农夫一般，拥有开始某件事情的初心吧。凡·高无比珍视的，是平凡劳作激发的原始生命能量。而这幅画作所呈现的完美，正由阳光、种子、泥土和农夫构成。只凭这些，我们的生活便足够充盈。除此以外，我们还需要些什么呢？大自然毫无保留地赠予我们太阳的光辉，泥土不断孕育着新生命，播种的农夫则以至高无上的忠诚来劳作。这些美好足以充盈整个世间，而置身其中的我们却总是奢求更多。

凡·高笔下的太阳是那般浓烈，烈日散发的光线浓到刺目。农夫背对着太阳播种的模样，展现出人与自然所能缔结的最幸福的关系。凡·高笔下的土地混合了天蓝色、褐色、明黄色、朱红色，散发着一种微妙的光芒。猛然一看，这片土地好似大海，又好似天空，就连那泥土中萌出的新芽，都像被染上了天蓝色的想象之光。在凡·高的眼中，是否正因播种者静默无言的劳作，黄褐色的土地才能被魔法般的天空之色映照呢？

凡·高笔下的土地，最终成了栽培梦想的灵魂之田，成了接纳世间所有光芒的心灵之田，也成了期望世间所有黑暗都得到映照的、满载着真挚心愿的艺术之田。土地因我们选择了更为便利的文明社会而被践踏，而凡·高则帮我们找回了它原本散发着彩虹之光的希望。我们因乘坐汽车而无法感受脚踩土地的温暖，我们因住在公寓或高楼里而无法感知土地的芬芳，我们无法亲自饲养所食之物，亦无法亲手从土地中挖出食物。我们对于野性的渴望，消融于无意识的深处。而这所有的渴望，凡·高都为我们一一寻回。

看着凡·高的这幅画作，我好想光脚去踩一踩泥土。上次光着脚踏上土地，是在什么时候呢？已经有些记不清了，记忆是模糊的。大概只有脱掉鞋子踏上土地，我们才能过上与自然更近一层的生活。凡·高描绘的土壤、太阳、水和空气，蕴藏着最为宝贵的生机。光是注视这些，我体内的能量就满溢出来。这种感觉才是凡·高画作给予我们的治愈性礼物吧。

尼采说:"人只能听到自己能回答的问题。"这句话在我心头久久萦绕。我是否也只接受能回答的问题,然后逃避无法回答的问题呢?无法回答的问题无处不在。在一次讲座结束之后,有位读者问我:"您的终极目标是什么?"那一刻,我的大脑一片空白。如果是初次见面的关系,这个问题其实很难作答。就算反复自问,我也答不上来。最重要的是,这个问题还很难通过简答的形式作答。然而,通过这个提问,我得以开启宝贵的思考。回首往事,我无比厌倦朝一个终极目标拼命奔跑的生活。所以现在的我只是每天努力过上更好的生活,梦想着每时每刻做自己罢了。我没有什么远大目标。

一位在美国留学的朋友被邀请参加一个韩国学术会议。当他被要求提前收集会后要讨论的问题时,他慌了。慌忙询问理由的他,收到的回复居然是"为了避免意外问题带来的惊慌"。不可预测是提问的本质。也正因问题的不可预测,人们得以享受讨论与辩论带来的喜悦。注视某人作答时,我们在意的不是他的反应速度,而是他解决问题的生动过程。在提前准备问题和答案的文化里,恐怕很难爆发出热烈的辩论。在以尊重和礼貌为前提开启的讨论中,问题越是突然、答案越是没有准备,讨论就越会充满活力。

生活中最重要的一些原始问题——例如"我为什么爱那个人""我真的能完成这件事吗""我真正梦想的生活是什么"之类,往往难以回答。但只有思考自己该如何回答,我们才能迎来成长。在读书沙龙和广播节目中,当别人不按台本发问时,我的感觉更好。从现场喷涌而出的新鲜的问题,总是更能刺激我的大脑。当我们真正开始享受突发问题时,自我疗愈力和复原力才会得到增强。

抵挡反社会人格障碍

为了自身利益而不择手段的反社会人格患者，在过去是极为罕见的。而现在，由于越来越多人坚信"出人头地就能掩盖一切缺点"，反社会人格患者数量飙升。他们只顾飞黄腾达，彻底无视他人的人格。许多单纯的受害者只因好骗这一个理由，就被反社会人格患者剥夺了全部尊严。幸运的是，我们仍有力量阻止这种局面的蔓延，反社会人格患者也仍有弥补自己过失的机会。将错误转嫁给继任或榨取继任才能的人大概率具有反社会倾向。在这类人进一步堕落之前，我们应当采取一些道德上的措施，以阻止他们升到更高的位置。

"我是该直接指出对方的错误，还是该保持沉默呢？"这大概是社交生活中最令人苦恼的时刻。以前，我也会因担心后果或恐惧高位者而保持沉默，但结果往往变得更糟。所以，哪怕看起来仍有些胆怯，现在的我依旧会小声表达："不对的东西就是不对！"结合过去的经验来看，当我直言"不对"时，结果往往还不错。就算对方因我直率的意见和批评感到不快，在经过长时间的努力沟通之后，我们的关系最终还是会得到改善。相反，如果我保持沉默、回避和拖延，虽然短时间内关系看起来还是老样子，但实际状况却是江河日下，甚至最终会迎来关系破裂的结局。

我们没法用一个鸡蛋打碎石头，但如果能毫不停歇地尝试，甚至拿好几个鸡蛋一起砸向石头，石头也会有一点点磨损吧？当我们感到自身尊严受到威胁，不要只是独自忧虑了，去和身边的人分享痛苦吧。在分享痛苦的过程中，协作的力量会逐渐显现。哪怕被彻底的孤独包围，我们也不能放弃一些宝贵的价值观。如果我们能让正义、尊严和自由站在自己这边，即便孤身一人，又怎么会感到孤单？然而，这也是一个需要大家站在一起的时代。我们也需要将自己的爱投向全人类，而非某个个体。

人际智能的力量

如果友情和爱情能持续很久，我们心中就会产生一个信念："只要他还在我身边，我的人生就很充足。"这种温暖的信念能使人度过任何艰难困苦。琳达·格雷厄姆在著作《强势回归：重建大脑恢复力，抵达幸福彼岸》中所强调的"恢复力"便蕴含着这种力量。拥有大脑恢复力意味着在任何人生的暴风雨中都能够守护自己。恢复力较强的人无论面对任何困难，都会努力从自身内部寻找力量。这类人灵活淡定，能够富于创造性地应对各种压力与创伤。

这本书介绍了在日常生活中增强大脑恢复力的各种方法，开出了被神经科学证实有效的代表性处方——正念冥想法和移情法。佛教传统冥想、正念练习以及心理学的移情法都能不断刺激大脑往积极的方向发展，有效强化前额皮层的功能。假如一个看到父亲就愤怒的儿子训练自己在父亲面前尽可能地"友善"与"宽宏大量"，他的关系智能（relational intelligence）就会提高，亲子关系也会好转，甚至能达成自我疗愈。哪怕是习惯性发火和一发火就失去理智的人，也能通过正念冥想和移情法培养大脑恢复力，从而更富创造性地应对压力。

佛教所讲的智慧与慈悲，心理学所讲的自我与移情，最终都扮演了增强大脑恢复力的角色。而正念与移情的结合则是"正念移情法"。我们只有在内心深处打造能够获得最高智慧和最佳舒适的皈依处，才能培养出如同天然抗生素一般的恢复力。为此，我们可以去家附近的公园，在一棵令自己安心的树下久坐，也可以哼唱父母喜爱的流行歌曲来获取内心的平静。弯而不折的力量、跌倒后又爬起的力量、借助内心进行自我拯救的力量就是大脑恢复力。

只因你和我一样珍贵

哪怕不援引心理学中的概念，只要能做到"自己不想做的事就不让别人做，自己不想听的话就不对别人讲"，我们在日常生活中就不会伤害到别人。然而，遵循"己所不欲，勿施于人"的原则绝非易事。越来越多的人正在走向自我意识过剩，也就是自我膨胀。强调自己尊严的人越来越多，看重他人尊严的人却很难找。每个人都热衷于保护自己的尊严，极少反省自己是否忘了关注他人。

几年前，在乘坐 KTX 高速列车时，有件事让我感到很惊讶。有位看上去四十多岁的男性乘客对一名女职员张口就说了非敬语："三号车在哪边？"我震惊到停下脚步，纳闷道："怎么能随便对初次见面的人讲非敬语呢？"女职员的反应更令我心痛。她一副无事发生的模样，礼貌地指了指右手边，神情毫无波澜地回他敬语："乘客您好，三号车就在那边。"她给出这样的反应，说明并非初次受到这种荒谬的对待。这种乱用非敬语的人，恐怕在别处也是这样吧。而从事服务业的人，每天不知道会经历多少次这种事。

不久前，在一家百货公司，我看到了一个很有人气又令人心碎的标语牌。它被放在美食广场的一张桌子上，旁边就站着一位女职员。牌子上写着："我们对别人来说也很珍贵，我们也是别人的亲人。请您不要说出和做出任何伤害亲人的事。"这句话的关键词是"珍贵"。当我们只关心自己的利益和情绪，便很容易忘记面前无数人的"珍贵"。不管别人令我们多么愤怒和不适，他也是另外一些人眼中无比珍视的对象。想到这一点，不知我们的愤怒与烦闷是否会减轻一点？"珍贵"这个词本身就含有巨大的疗愈力。我很珍贵，你也很珍贵。如果我们不遗忘这两点，受伤的人大概就会慢慢痊愈。

151

未曾谋面就让我哭泣的人

　　长时间从事读写工作的我，看人前会先看他的文章。有一个人的文章，是让我一读就爱不释手的。在金素敏的《活着有时很丢人》一书中，有这样一幕："每当我觉得世界上只有我一个人的时候，妈妈就会给我做鱼。家里总是飘满黄鱼味儿。加了鳀鱼的大酱汤和凉拌蕨菜端上桌时，我总会抱怨米饭太多了，但还是狼吞虎咽地吃光。母亲无论如何都要喂饱绝望的我，又亲自把我领到地铁站。看着这样的她，我下定了决心。为了这个瘦弱的女人，我会努力活下去。"读到这个场景，我不禁想起了我的母亲。她也用堆得像小山一样的米饭，把我从人生的沼泽中救出来过。

　　这本书的作者长期从事记者工作。我总会纳闷，她是如何隐藏起湿润的感性，写出那么多纪实报道的。她是一位天生的作家。在见面之前，我们就已经靠互传短信亲近了不少。我非常喜欢她寄给我的书，还在 Instagram 上发表了书评。我给她发了这样一条短信："人们因为疫情而无法见面。我太想念'寒暄'的时间啦。"她回复道："我也怀念这样的时光。看了您的文字，我因为想到失去的'寒暄'，抱着我的狗哭了一场。我刚刚出书了。说不定过不了多久，我就得去租一辆手推车，提着大喇叭去卖书了。哦，带着我的狗。"看到这条短信的瞬间，我的眼泪夺眶而出。想到新人作家为了卖书到处吆喝，眼泪就这么流下来了。我第一次出书的时候也是这种心情。虽然那时我的小狗不在我身边，但那种急迫的心情却如出一辙。我又回复给她："怎么能没见面就把我弄哭呢？"她回道："真想给您做顿饭。我们边吃饭边谈些琐事吧？我非常想念聊琐事的日子。"通常，人们会用"请您吃饭"作为问候语，但作家却说要给我做饭。我想我已经心动了。买饭和做饭的巨大差异中，彰显着不同的真心程度。我想同这位未曾谋面就让我哭泣的人来上一段激动人心的寒暄。

FRI

电影

爱上自己的不完美

关于写作的好书有很多，关于写作的好电影却很少。所以，当我发现电影《困在爱中》的一家人都为阅读和写作而疯狂时，我感到欣喜若狂。这一家人就算天天见面，依旧爱彼此爱到发狂。威廉是出版过很多书的作家，他的前妻总是手不释卷，大女儿是新人作家，儿子则是渴望成为作家的高中生。威廉与前妻的恶劣关系给大女儿带来了很大伤害，甚至在潜移默化中改变了她的爱情观。明明彼此深爱，这家人偶尔还是会装作互不在意。然而，威廉会对孩子们的写作进行细致的指导，他的家中也堆满了书籍。如果能重生的话，我想出生在这种书香家庭。

诚然，孩子们很讨厌干涉自己写作的父亲，但我还是很羡慕他们。也许是因为我从小只能独自阅读、独自书写、自写自评，也无人可以和我谈论写作。情结能让人终生羡慕自己匮乏的东西。但我现在也从过往的情结中解放不少。看这部电影时，我的视角从羡慕（啊，我也想出生在这种家庭里）变成了怀念（啊，好想我的家人）。以前的我会羡慕电影里细心为孩子检查写作的父亲，现在的我则会想念为我认真祈祷的父母。就算我的父母不是电影里那种知识精英，就算他们只能祈祷我的书籍大卖，就算他们无法理解我到底写了什么，我都能坦然接纳这份爱。拥有爸妈盲目的爱，也是我独一份的人生。

情结只会使我们被嫉妒生擒，无法为我们带来任何救赎。通过这部电影，我学会了拥抱自己充满缺陷的生活。我爱我不完美的家庭，我爱我不完美的写作，我爱我没能好好被爱的记忆。

爱的理想图景

拉斐尔·桑西的《草地上的圣母》（1505）展现了超越宗教差异之爱的理想图景。任何一位爱孩子的母亲，都能理解画中那无比温柔的微笑。小圣约翰、小耶稣与圣母马利亚构成了完美的三角组合，呈现了"母性的乌托邦"。这种非现实的平和感究竟从何而来？首先，他们周遭的自然环境十分静谧。在没有任何阻碍与恶劣天气的平静氛围中，小耶稣与小圣约翰正围绕着十字架展开一场可爱的心理战，而圣母则以慈祥的神情注视着他们，脸上没有对未来和育儿的担忧。这种在现实中几乎无法见证的完美的平和感，弥漫着神圣的光环。飘浮在马利亚头顶的金色光环，像在散发着警报：不要以现实的尺度来评判你眼前的场景。

母性不是自发产生的，它是在碰撞、伤害与苦闷的过程中逐渐萌芽的。从这个意义来讲，关于母婴的画作总让我想到"母性多姿多彩的矛盾性"。比起无条件地打动人心，这幅画胜在能与观众长久地交谈。问我"什么是母亲"就和问我"什么是生命""什么是生活""我是谁"一样重要。看着这幅画作，我感到有些心痛：如果没有现实中的阻碍，母性是否会如此平和完美呢？我们的生活每天都充满着起起落落与迂回曲折，但在某些时刻，奇迹会极为罕见地降临到我们身上。今天的好，在于好得恰如其分，好得一分不多也一分不少。每一个母婴平安和载满祝福的日子都风景如画。

●这幅充满平和的画作也笼罩着母亲必须蒙受的痛苦阴影。圣母右侧背后盛开的红色罂粟花暗示耶稣会经历受难、死亡和复活的过程。她长袍的红色如同耶稣遇难时的血色一般，预示了母子在不可避免的痛苦中成为一体的命运。

通过问题与更宏大的我相遇

难以回答的问题不一定让人痛苦。不久前，有人问了个有趣的问题："您喜欢阅读还是写作？"我曾认为写作更好，现在却难以抉择。写作是人类为了回答一切无法回答的问题而展开的一场美丽的斗争。让我在阅读和写作中二选一，难度等同于让我在吸气与呼气中二选一。但这仍是个有趣的问题，因为阅读和写作是唯一让我永不厌倦的活动。就算我败倒在爱情、友情和工作上，它们也会陪在我身边。

每当对难以回答的问题拖延或沉默，我都会发现一个以往不熟悉的自己。面对令人尴尬的所有问题，准备专属答案的过程就是走向自性化。自性化道路不是标准化或社会化道路，它是独属于每个个体的。在人生的前半期，人们不得不通过社会化成为共同体中的一员；到了中年之后，追求更深层次内在成长的精神力量——自性化力量开始变得更加活跃。荣格将自性化道路称为"有尊严地通往无意识之路"。如今，越来越多的现代人因没有照顾好自己的无意识而陷入歇斯底里和焦虑症。所谓"有尊严地通往无意识之路"，就是通过照顾自己的无意识，获得走向自性化的力量。

"有尊严地通往无意识之路"能使人从周围的各种刺激和诱惑中解放。在过度工作、进食与消费趋于麻木、极易上瘾的现代生活中，走向自性化变得更难了。在各种媒体刺激和华丽商品的诱惑下，人很容易遗失"心灵的道路"。走向自性化就是与真实的自己相遇。真实的自己不是遵循规范形成的社会性的自己，而是更加深邃宏大的自己。

所以，越是困难和突兀的问题，越是让人愉快。希望你不会因为任何问题而感到惊慌，而是为拥有宝贵的反思机会而感到高兴。愿人生成为一场美丽的斗争，愿我们以全身心回答难以回答的问题。

155

强调合作的阿德勒

　　心理学家阿德勒将"合作"列为人际关系中最重要的任务。性格各不相同的人为了引领共同体的和谐发展，需要相互理解和共情，并对共同任务给予关心。例如，在中世纪德国的某个村庄里，流传着一个预测夫妻默契度的有趣任务。村里人会递给准夫妇一把非常钝的刀，并让他们同砍一棵大树。在刀很难拿起、树厚实柔韧、围观之人众多的情况下，除非两人齐心协力，否则根本无法完成任务。如果准夫妇能配合对方的速度砍断这棵树，村里人就相信他们婚后会过得不错。通过这个任务，准夫妻能够建立起深厚的情谊。如果他们对彼此有浓厚的兴趣和感情，并将宝贵的心力倾注到同一项任务中，就能创造出新的幸福。

　　弟弟妹妹让我意识到了合作的意义。以前住在一起时，我们会为了一点小事吵架；现在各自成家后，我们变得互相帮助和牵挂了。令我们顿悟的瞬间，也许是发觉已然各自独立，只能偶尔见面的时候吧。这些世上与我基因最相似的弟妹们，就算一言不发，我的心也如明镜一般，能够彻底地理解他们。每当要共克时艰，我们就会产生难以置信的凝聚力。因为我们深知，如果不能共同克服磨难，等待我们的将是一个更加艰难的未来。作为长女，儿时的我曾因过度的负担感而感到辛苦。但后来，每当我遇到危机时，这种负担感都会成为宝贵的精神能量。我和弟弟妹妹在一起的日子很久，感情也非常深厚。正因如此，独立后的我们才能成为彼此想念的对象。一切提醒我们不能"唯我独尊"的人，都是最宝贵的老师。即使相隔很远，弟弟妹妹也是我最亲近的老师。

无法挽回的丧失之痛

　　琼·狄迪恩的《奇想之年》是一部纪实作品，讲述了她如何战胜丧夫的痛苦与无助。狄迪恩与丈夫都是居家工作的作家，有过许多彼此陪伴的时光。他们既是对方的爱人，也是对方的朋友。然而某天早上，正在等待她递来沙拉的丈夫，因心脏病突发离世。从此，狄迪恩的"魔法时光"开始了。

　　"魔法时光"是指人们理性上知道某人已经离世，但内心深处还是认为他会回来的状态。陷入魔法时光的人，虽然意识层面接受了某人死亡的事实，但无意识层面仍在无休止地等待对方归来。狄迪恩尽可能地说服自己接受丈夫死亡的事实，但她还是吃不下、睡不着。因为担心丈夫回来时会需要鞋子，她甚至不能丢掉他的鞋子。从第三者的角度来看，这是一种凄惨的状况。但对急需信念的当事人来说，魔法时光中萌生的幻想是难以抛弃的。

　　友谊使她挺过了这可怕的魔法时光。朋友见她终日难以下咽，就送来鸡汤。这让她不至于精疲力竭，最终挺过了那段痛苦时光。这位日日关心她是否安好、日日为她带食物的朋友救了她的命。有人在关心自己的痛苦、有人会给自己不变的友谊，这是拯救心灵的关键。

　　虽然每天都有几次幻听到丈夫的声音，但狄迪恩还是接受了他的离开。因为一个人的生活仍要继续。在丈夫活着的理想人生与只能独自行走的现实人生之间，她终于达成和解，找到了一种奇妙的和谐。她还是时而痛哭流涕，时而接受独自生活的希望。"世界以痛吻我，我要报之以歌。"挺过丧失的痛苦之后，人会迎来灿烂的成熟。

157

自我中心主义的破碎

从未被打破自信乃至太过自负的人是危险的，比如毫不犹豫地说出伤人言语却对此一无所知的人。自以为是会令人在人际关系中犯下各种错误。对于某些人而言，守护自尊比在意他人更重要。其实，自尊并不绝对。为了维护他人的自尊，构建温暖的人际关系，人有时甚至要削弱或弯折自己的自尊。

心理学家阿德勒说："在弟弟妹妹出生的瞬间，孩子迎来了人格形成过程中最严重的危机。"对孩子来说，父母的爱意味着整个宇宙。当原本只关心自己的父母开始关心新生儿，孩子们自以为是的时光便一去不复返了。他们体验到了一种巨大的失落——"我也许不是最好的。"这种感觉无异于全世界都分崩离析。据我妈妈所说，在弟弟刚出生的时候，我的嫉妒也非同小可。嘴上说弟弟可爱的我，经常偷偷捏他一下。在弟弟妹妹出生后，有些孩子甚至会表现出一些退行行为。原本能言善语的孩子可能会突然口吃、小便困难，原本不怎么撒娇的孩子会突然撒娇或模仿弟弟妹妹的行为，如此折腾是为了夺回失去的爱。

在很小的时候就意识到"我可能不是最好的"，反倒会对自己的发展有好的影响。在人生的很多时刻，我们会感到沮丧和悲伤。没有提早打破自我中心主义的人，无法在这种情况下做出明智的反应。他们可能执着于与爱人的分离，或是在失败时难以摆脱失落的感觉。而那些无论如何都能自我珍惜的人，可以构建一个更为成熟的自我世界。

158

活在心里的人

小叔叔是第一个教会我失去之痛的人。相爱的家人离开人世，哪里还有比这更痛苦的离别呢？如果亲人在我们年幼时离世，这种痛苦就更难忍受。

当深爱的人离世，人们常感到内疚："如果我当时能再小心一点，如果我当时做了不同的选择，如果当时我在场的话……"在令人无能为力的巨大事故和疾病前，我们梦想着以爱的超能力将不可能变为可能。对于与可怕的疾病做斗争的家庭来说，只能指望有奇迹发生。当医生和叔叔都不再相信会有希望的时候，作为家人，我们更感到无能为力。没结婚的叔叔过早离开了人世，连祈祷奇迹降临的时间都不给我们。我抱着他的遗像在房间里转了一圈，强忍许久的眼泪涌了出来。

许多年过去了，现在我的年龄比叔叔去世时还要大。我时常想起他，也曾在日记里记录下一同度过的宝贵时光。没有人的时候，我会独自呼唤他："叔叔！叔叔！"这样的话，在我够不到的地方，他是不是也会少一些孤独？即便亲人的身体已经灰飞烟灭，关于他的记忆也不该消亡。

现在我已经成熟了许多，能理解叔叔离开时的心情了。他会有多么孤独、多么心如刀绞、多么想念我们呢？岁月流转，当初那个以离开洒下伤痛的人，又会成为另一种安慰。在梦里，叔叔有时会给我讲故事，或是拜托我带他去兜风。梦里的他是年轻人的模样。当初只会接纳爱的我，如今终于懂得了给予。哪怕某人已经不在世，只要思念他、爱他的人还活着，离别就不是尽头。

以感恩之心疗愈伤痛

随着时间的推移，我越来越觉得"感恩"是最好的疗愈情绪之一。能够治愈心灵的感恩并非源于算计，譬如得到了某些具体实在的好处。对生命本身怀有感恩之情，是成熟的人才能拥有的心灵祝福。电影《天使爱美丽》就是表达谢意的佳作。电影中，小时候因母亲去世而对孤独生活感到沮丧的艾米莉，偶然发现了一个小铁盒。通过将铁盒物归原主，她感受到一种济世救人的喜悦。艾米丽第一次意识到：自己给出的一点点关怀能彻底改变一个人的生活。

当艾米莉发现举手之劳能成为某人生命中的礼物时，她开始兴奋地帮助身边的人。看到在路上艰难行走的盲人爷爷，艾米莉突然走近，告诉他周遭的风景："让我来帮您！小心台阶。我们走。迎面走来的是军乐队鼓手的遗孀。自从她丈夫死后，她一直穿着他的制服。注意，上台阶。那边！肉店装饰的马头丢了一只耳朵。这笑声来自花店老板娘的老公，他的眼角笑出了好些细纹。哦，在糕点房的橱窗里，有皮耶罗谷芒的棒棒糖。您闻到香味了吗？是佩普纳在给顾客尝他的蜜瓜呢。这个好！有卖杏仁蛋糕味的冰淇淋。现在我们正走过猪肉店。火腿带骨卖 79 法郎，腌排骨卖 45 法郎。现在到了奶酪店。12 块 9 一块阿尔代什羊奶酪，柏安图干酪则卖 23 块 5。肉店门口有个小婴儿盯着狗狗，但狗狗却望着烤鸡。好啦，现在我们来到报亭前面，再过去一点就是地铁站口了。我就把您带到这里了，再见！"

打开了话匣子的艾米莉，在短短三分钟内改变了盲人爷爷的人生。就这样，充满祝福的光芒倾泻到老人身上。如果我们能像电影中的艾米莉一样，利用空闲时间来帮助别人，奇迹般的喜悦将如阳光般倾泻而下。

如果你因忙于工作而无暇仰望天空，我想把艾米莉天马行空的想象力和温暖的笑容献给你。艾米莉在向我们低语："世界远比我们想象的更加耀眼。快穿上鞋子，到户外去感受大自然的丰饶吧！"

刻画母亲的悲伤

《隆达尼尼的圣母怜子》（1564）是米开朗琪罗未完成的作品。雕塑中，扶起并支撑耶稣身体的圣母，似乎比任何圣母怜子像中的圣母都要强大。这座雕塑蕴含着某种神秘的不确定性。圣母并没有温柔地拥抱耶稣。相反，两人的姿势显得既不自在也不稳定。满心怒火的耶稣似乎正试图站起来，而圣母马利亚则急于阻止他的行动。这部未完成的作品是米开朗琪罗艺术生涯最末期的作品，这一事实本身便具有浓厚的暗示意味。此时的米开朗琪罗已经在梵蒂冈留下了深受世人喜爱的雕塑杰作《哀悼基督》，但他仍梦想着能创作出超越前作的作品。

正当他完成大概构想，即将开始增添细节时，死亡不期而至。因艺术家离世而残存的遗憾，使欣赏雕塑的观众多了些奇妙的触动。雕塑中的圣母没有因丧子之痛而跌坐于地，她全力支撑耶稣的形象看起来坚韧无比。她似乎在对失去生气的儿子耳语："儿子，你不能倒下，你要重生。而我会陪在你身边。我没有悲伤痛苦的时间，也没有遗憾怨恨的余地。因为我必须救起你，然后和你一同为这黑暗世界带来光明。"

从某种角度来看，雕塑的构图不像是"母亲抱着儿子"，而是"儿子背负母亲"。这不是母亲支撑起死去的儿子，而是死去的儿子依旧选择背负母亲。雕塑周遭笼罩着这份刻骨铭心的爱和对永生的永恒祈祷。对于一位相信儿子会复活的母亲来说，死亡绝对不是结束。看着这未完成的雕塑，我不由得产生了一种美丽的错觉：曾是女人之子的耶稣重生为上帝之子与世人之子。从子女的角度来看，尽多少孝道都无法回报母爱；而从母亲的角度来看，无论对孩子付出多少爱，都永远不够。现在，母亲想让儿子起死回生的真心与儿子即便死去也要背负母亲的真心融为一体。

161

SUN

对话

再痛也要铭记

有时，读者会寄来令我心碎的信件。每多一位读者向我倾诉悲伤，我都会再次意识到：我们生活在很难开口谈论痛苦的文化里。很多孤独的人宁愿与从未谋面的作家分享担忧，也不向身边的人倾诉。

一位读者向我讲述了自己的故事："不知从何时起，家人就像约好了一样不提某些事。在我小时候，哥哥因为交通事故去世了。回忆哥哥就成了禁忌话题。我那时还太小，记忆比较模糊。但姐姐与父母不同，他们对这些事记得很清楚。有一次，我看到了用红豆做的冰淇淋，就高兴地说那是哥哥喜欢的。父亲的表情变得凝重起来。从那时起，我就不在家人面前提起哥哥了。但偶尔还是有想要提起的时候。如果连我们都不记得他，他不就永远消失在这个世界上了吗？我总是因此感到心痛。究竟到什么时候，我们家才能有一点儿关于哥哥的对话呢？"

我告诉他，他拥有"悲伤的权利"。无法表达悲伤和思念是一种压抑，人需要一些空间来释放这些情绪。人人都需要拥有能表达悲伤的舒适空间。如果能吃着哥哥喜欢的冰淇淋，听着哥哥喜欢的歌曲，这位读者会在不知不觉间将自己的身份变成哥哥。这样一来，随着岁月的流转，对这位读者来说，不幸去世的哥哥在记忆中会变成像弟弟一样令人怜惜的存在。

分离也是新的开始，让我们能带着某人的痕迹继续生活。我去过一个叫"李珍雅图书馆"的地方演讲。李珍雅是一位不到二十岁就逝去的女孩。这座以她的名字命名的图书馆，修建人与图书捐赠人都是她的父亲。为了纪念爱书的女儿，父亲创造了一个与书共存的空间。我在这个图书馆找到了与亲人告别的美好方式。就算再也见不到某人的脸，再也不能抱住某人温暖的身体，我们也能选择一种美丽的哀悼方式来与其永远相伴。

162 将痛苦升华为艺术的玛丽·雪莱

一些作家将痛苦升华为伟大作品，为读者奏响疗愈的最强音。虽然"升华"也是心理防御机制的一种，但它同时也是治愈人心的精神补偿体系。而"压抑"这样的防御机制虽然能让人有目的地遗忘痛苦，却无法治愈痛苦。大部分心理防御机制都无法直面痛苦的根源，只能暂缓人的痛苦。但"升华"能将痛苦转化为创作的能量，使人最终从痛苦中有所领悟。创作《弗兰肯斯坦》的玛丽·雪莱便是升华痛苦的代表性作家。

《弗兰肯斯坦》是世界上第一部真正意义上的科幻小说。创作这部小说时，玛丽·雪莱年仅十九岁。作为一位具有里程碑意义的作家，她年轻女性的身份居然成了证明作品伟大性的绊脚石。年轻时，她因"伟大诗人珀西·雪莱的第二任妻子"这一身份而广为人知，直到很长一段时间后才被认可为科幻文学的创始人。虽然《弗兰肯斯坦》的重要创作灵感的确来自于雪莱丈夫的朋友，但"丈夫的朋友为其提供决定性的创作原动力"，这种评价是否也有些过分呢？无论如何，丈夫的朋友们只是创作的扳机，而不是创作的火花。只有玛丽是《弗兰肯斯坦》的真正原作者。

所有创造新世界的人，都不免遭受批评、蔑视、警惕与厌恶的目光。习作期的玛丽·雪莱也不例外，她也收到了不友善的评论："对于一个年轻女性作家而言，这样的题材似乎有些过头了吧？""就不能写一个积极一点的结局吗？"这些评论伤透了玛丽的心，但她从未修改过作品内容。造就伟大作家的不是赞美，而是促使其不断创作出伟大作品的批评。虽然这部科幻小说一开始并没以她自己的名义出版，但经过不屈的斗争，她终于在作品上留下了自己的名字。只因早逝的母亲是位著名女权主义者，玛丽就背负了许多恶评。此外，对女性作家的束缚、心爱子女的死亡，都成了她的致命创伤。然而，她还是拥抱了所有创伤，写出了伟大的文学作品，以创作的喜悦成功治愈了创伤。

人造怪物，向痛苦的根源发问

在社会生活中，我们感受到的最强的不安大概是疏离感——"感觉大家都很相似，只有我跟别人不太一样。"虽然每个人都过着各自不同的生活，但经过"社会化"过程后，大部分现代人会认为这种生活方式是最无可挑剔的：适度看看别人的脸色，遵从世俗常见的方式生活。但自身特性有时却不好隐藏。有些人从出生开始就被规定为与众不同的存在，永远也过不上普通人的生活。小说《弗兰肯斯坦》就将一个无法混迹于人群的怪物形象刻画得感人肺腑。

《弗兰肯斯坦》不只是关于怪物的故事，还是关于失落与愤怒的故事。小说主人公弗兰肯斯坦博士出于对科技的无限好奇，在实验室制造了一个模样奇丑无比的怪物。怪物一被制造完成，就脱离了他的掌控。或者说，掌控科技的人类抛弃了自己制造出的怪物。怪物不仅得不到爱，连最起码的尊重都得不到。他开始自我损毁，变得孤立于人群。作为有生命的存在，他一出生就丧失了被爱和被尊重的权利。在意识到自己无法得到最想要的东西时，怪物爆发出了滔天愤怒。愤怒是小说的真正原动力。将失落和愤怒的能量升华为创造力的作品就是《弗兰肯斯坦》。

弗兰肯斯坦创造的怪物没有名字，只被人称为"那个"。连姓名权都没有的怪物无疑是悲惨的。没人知道他想要什么、梦想什么、因什么而痛苦。怪物与人类的相似点在于，拥有被爱的渴望。在小说《弗兰肯斯坦》的开头，出现了《失乐园》中亚当发出的呐喊："造物主啊，难道我曾要求您用泥土把我造成人吗？难道我曾恳求您把我从黑暗中救出，把我安置在乐园之中吗？"从稀里糊涂诞生这一点来看，或许我们从一开始就像弗兰肯斯坦的怪物一样。不曾恳求诞生却突然诞生的我们，是不是也被赋予了为生命寻找价值的义务呢？

164

WED

日常生活

摆脱执念的练习

在让我们煎熬的情绪中，"执念"是最难打破的。我们可能执着于人、记忆甚至是万事万物。怎么才能消除这种执念呢？很多时候执念会自然而然消失。你还记得自己儿时迷恋的玩具是什么吗？迷恋毛毯、火车模型、玩具、娃娃的孩子不计其数。我们迷恋过的许多东西，在成年后逐渐被淡忘。长大后的我们只是对儿时的玩具感到怀念，并不会过分执着。随着时光的流转，执念往往会自行消失。

但我收集玩偶的执念并没有完全消失。每次去旅行的时候，我都喜欢收集体积不大的迷你模型。这些模型大部分是"家"的形象化体现，比如古城、教堂、宅邸之类。我的执念成了原有欲望的可控化折中。收集又大又难整理的玩偶，很难被视作"成人"的兴趣，因此我改为收集迷你模型。像这样，与其完全抹去执念，不如改变它的面貌并以疗愈的形式将其留存。

每当感到疲惫时，我都会像抚摸幸运符一样，抚摸盛满旅行回忆的迷你模型。我健康地克服了执念。虽然不能成为拥有众多玩偶的公主，但我成了收集迷你模型、写旅行相关文章的人。将自己置于更大的图景中，试着将执念往更具创造性的方向升华吧。如此一来，执念将不再是让生命窒息的痛苦，而是创造新生活的动力。

塔莎·杜朵，对自然的热爱

塔莎·杜朵一生都在将各种伤痛升华为对自然的无限热爱。在佛蒙特山丘建造农庄和庭院的她，与在瓦尔登湖畔建造小屋的梭罗心意相通。她想摆脱他人的干涉和唠叨，亲手开拓自己想要的生活。她用出版插画作品赚来的钱购买了农场，将作家与农场主的生活成功地融为一体。我既无法像梭罗一样建造小屋生活，也不能像塔莎那样建造巨大的农场和庭院，但我想在城市中建一片绿洲般的安身所。人迹罕至的瓦尔登湖畔难免冷清，我也没有管理农场的非凡能力。但总有一天，我会构建一个可供朋友和读者休息的空间——"郑丽蔚的瓦尔登湖"，在这里，我还会举办作品展示活动。

为了过上理想中的生活，塔莎·杜朵不得不违背父母的意愿。父母希望出身于贵族家庭的富家女儿塔莎能在波士顿的社交界华丽出道，但她却极度厌恶这种生活。塔莎儿时的愿望就是当一位农夫，这种渴望无法被父母理解。还是青春期少女的塔莎一直很向往农场生活，当她听说叔叔有个很棒的农场时，就给叔叔寄了钱，说想买他农场的一头牛。叔叔收到侄女的来信后，不仅将钱还给了她，还寄去了一头壮硕的牛。在不求助于他人的情况下靠自己养一头牛，这让塔莎感到很充实。

如果说梭罗将焦点放在了"简洁"上，那塔莎·杜朵则将焦点放在了"美丽"上。她几乎不用电，更不用电视和网络。这并不是与文明隔绝，而是在脱离他人的视线。她与花草树木和各种动物一起生活，制作玩偶和画册，还会画插画。她梦想的人生就是让与自己有关的一切都变得充实美好。塔莎渴望的富饶不是物质上的富饶，而是和大自然一同创造的富饶。

166

FRI

电影

将地狱变为奇迹空间

　　由凯特·温斯莱特和卡梅隆·迪亚兹主演的电影《恋爱假期》展现了这样的奇迹：他人的地狱也能是我的乐园，我的监狱也能是他人的天堂。阿曼达是洛杉矶一家电影预告片制作公司的总裁，堪称令人钦羡的阿尔法女孩[①]。在遭遇同居男友的背叛之后，她孤零零地留在富丽堂皇的豪宅里，想着该如何脱离这一可怕的空间。与此同时，诚实又有才干的出版社职员爱丽丝住在伦敦乡村的一间房子里。某日，她爱慕已久的男人当着全公司的面，宣布要与另一个女人订婚。回到家后，她茫然忧郁地坐着，得出了与阿曼达相同的结论：她也要逃离居住的房子，为人生寻找一个新的出口。

　　来自英国的爱丽丝和来自美国的阿曼达相隔 6000 英里。在网站上发布各自的房屋之后，她们决定在为期两周的圣诞假期交换房屋。飞往美国的爱丽丝在阿曼达的豪宅里度过了一段美好时光，而飞往英国的阿曼达则对田园住宅一见钟情，计划要过一个快乐的圣诞节。我们熟悉到感到倦怠的空间，对陌生人来说却是新颖的场所。

　　阿曼达在伦敦乡村遇到了三个陌生人。在与三人变亲近的过程中，她逐渐领悟到了自己的匮乏之处。小时候，因父亲外遇而度过艰难青春期的她，患上了一种即便再心痛也无法流泪的病。当爱上格雷汉姆时，她终于明白了泪水的含义。与此同时，正打算在美国独自过圣诞节的爱丽丝遇到了阿曼达的朋友——电影音乐作曲家米尔斯。她能将陌生空间填满温柔的人情味，却无法治愈自己的创伤。通过与充满关怀的米尔斯建立新的关系，爱丽丝也找回了对自己的爱和关怀。最后，爱丽丝的监狱变成了阿曼达的天堂，阿曼达的地狱变成了爱丽丝的乐园。

[①]　阿尔法女孩：即 Alpha Girl，指许多方面的能力和表现都在同龄男性之上的年轻女性。

倘若世间无人坠入爱河

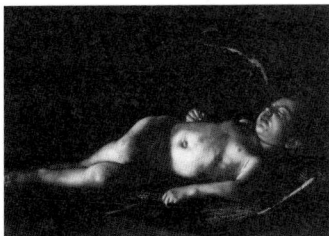

在卡拉瓦乔的画作《沉睡的丘比特》（1608）中，呼呼入睡的丘比特可爱极了。这幅画似乎在对我们耳语："爱就是这种温暖又舒适的东西！"但这幅画隐含的象征却有些可怕：如果爱神丘比特睡着了，全世界的爱都可能坠入黑暗。如果爱走到了尽头，我们的生活会不会陷入画中这般悲惨的黑暗呢？

现代人的爱情不是宙斯永无止境的变身游戏，反倒充满了卡夫卡小说中常见的"阴郁的激情"。对现代人而言，爱情已经成了一项异常艰难的课题。但是，爱情真的从一开始就这么难吗？对于爱神丘比特来说，爱的本质不过是"玩耍"。丘比特掌管着两支箭，黄金制成的利箭会让人坠入爱河，而铅制成的钝箭则会让人永不相爱。当然，他通常会射出让人坠入爱河的箭，被激怒时才会射出另外一支。丘比特向着使自己愤怒的阿波罗射出了坠入爱河之箭，对阿波罗一见钟情的对象——达芙妮射出了永绝爱意之箭，这一举动将丘比特调皮鬼的本性展现得淋漓尽致。

描绘丘比特之箭的画作数不胜数，但我尤其钟爱这一幅。这幅画没有描摹丘比特射箭的姿势，而是捕捉了他安详入睡的形象。画作传达的信息简单又富于挑衅：当丘比特沉睡时，世界将笼罩在黑暗中。如果丘比特没有射出使人坠入爱河的箭，世界会变成什么样呢？如果我们再也不会沦陷于爱情的魔力，这个世界该有多么枯燥乏味？进一步说，如果世间再无残存的爱意，我们的人生将味同嚼蜡。箭矢脱离丘比特的手，隐喻欢乐、热望与期待的逝去。这幅画让人想象爱消失之后的世界，令人找回爱的神秘。

有时，读者的提问会与我的苦闷不谋而合。不久前，一位读者询问该如何克服别人对自己的执念。她在来信中如此写道："有时候，不熟的人还好，来自家人的目光真的太沉重了。婆婆总把我当小孩，特别喜欢干涉我的生活。我结婚已经十多年了，现在年纪也不小了。但她还是用一副信不过的眼神看我。看到她事事都无视我的样子，我感觉自己早晚会情绪爆炸。这种想法让我感到痛苦。"

看完之后，我如此回复她："实际上，这是最难处理的情况。有时候，总有人想要约束我们的生活。我和妈妈之间也有类似的经历。妈妈曾对我怀有很高的期待，事无巨细地干涉我的生活。于是我天天琢磨着怎么逃离。倒不是因为她不爱我，就是因为太爱我了，才会产生这样的问题吧？直到我真正独立之后，才摆脱了她的监视。几年后，我意识到自己看待母亲的方式也在不知不觉中发生了变化。有时候，我竟会怀念以前那种无止境的唠叨。当隔开一定程度的'距离'，我们投向彼此的目光变得更成熟了。"

婆婆之所以用一副信不过的眼神看儿媳妇，是因为这种目光中潜藏着某种"满足"。一个不成熟的儿媳妇能给婆婆带来这样一种错觉："哎哟，儿媳妇还不懂事哪，果然还是需要我的经验！"这种时候，当面爆发冲突并非上策。如果放任怒火倾泻而出的话，会抹杀改善问题的可能。我的建议是开启一种新体验来转移婆婆对自己的过度关注。思索一下婆婆有什么喜好，想象一下可以和她进行怎样的娱乐活动吧。不管是看电影、戏剧，还是尝试以前从未有过的体验，都是不错的选择。把原本紧盯自己的视线转向别处，或许是个扭转彼此偏见的机会。

如果能将别人对自己的执念升华为对其他事物的热情，我们不仅能从执念中解脱出来，还会照亮自己的生活。

169

MON
心理学

"都是你的错"这一陷阱

"你当时不是生气了吗？我还以为你生气了，就什么也没说。""不是生气，是当时发生了很重要的事。我刚好在想别的。"像这样，我们有时不能理解别人的真实意图，只是根据自己的情感去衡量对方的状况。如果别人不接电话，我们就容易怀疑对方不喜欢自己；如果别人迟到，我们就容易认为对方要抛弃自己。这些都是错误的情感投射。如果你不了解某人的心思，及时询问才是上策。只靠揣测的话，会错过对方的情感变化。

一个看起来没问题的人，可能只是在装没事。让我们靠近一些，倾听他的悲伤吧。只有带着爱意分享对方的悲伤，才当得起"亲近"二字。随心所欲地剖析他人，完全误解或歪曲对方的真实意图，是破坏关系的可怕习惯。名为"投射（projection）"的心理防御机制会让人彼此误解、搞砸关系、以憎恶代替爱意。与其急切地赞同流言，不如先提出这些疑惑："他回家以后会是什么样？一个人的时候他会想什么呢？他的烦恼是什么呢？"比起依据不完整的信息草率地对一个人下判断，有时只要直接问上一个问题，就能更好地了解他人。

如果已经产生误会，不如直言自己并不了解对方，承认自己草率地下了判断。承认别人在某种程度不可想象，可以将我们的冷漠与怀疑化为充满爱意的亲密。每个人的心中都有我难以捉摸的留白，都有我看不到的死角地带，理解和尊重对方的前提就是接受这一点。

　　如今，在激烈的竞争中，考虑退学的学生正在迅速增加。"皮格马利翁效应"讲求"如果你真的渴望某事，它就会成真"，但我却对此感到怀疑。那些因父母的期望而不断卷入竞争的孩子，就像皮格马利翁神话中被心血与感情催活的象牙少女，成了被过度期待的对象。假如承载了更深的期盼，子女就会变得更优秀吗？从象牙少女的角度而言，自己会产生爱的感觉，只是缘于皮格马利翁的自私罢了。皮格马利翁是她见过的第一个也是唯一一个男人，所以她只能爱上这个雕刻出自己的"造物主"。皮格马利翁神话隐藏了这样的主题：谁在渴望我的转变？所有因父母的过分期望和压迫而无法过上理想生活的人，都不得不将丧失自主权的遗憾和悲愤内化。

　　当我在人文学讲座中谈及"象牙少女永远不会快乐"时，有听众提出了这样的问题："'皮格马利翁效应'不是好事吗？"确实如此。但这种结论是站在谁的立场上呢？仅以皮格马利翁的立场而言，神话的结局是完全有利的。但若将视线转向亲子关系及一切强弱关系中，皮格马利翁效应成了只维护强者利益的工具。皮格马利翁完全不在乎将雕像变成人的无理意志是否会伤害象牙少女的心。他的致命缺陷在于无法爱上世间真实存在的女人，只痴迷于亲手创造出的理想型。也就是说，他无法接受环绕在客体身上的生动现实，只会强行投射自己的理想化形象。

　　如果父母强行送不愿意当医生的孩子去医学院学习，就算是陷入了这种皮格马利翁情结。强迫孩子按照自己的意愿和规划成长，会剥夺他们的自主权。在这种情况下，想要摆脱父母的投射行为并夺回自主权，我们就需要暂且无视他人的视线，找到自己眼中的"我"。

避开草率的猜测，走近些开启对话

　　远观未必能看清一切。"他表面上看起来很正常，我没怎么担心过。了解过后才得知他患上了严重的抑郁症。""他看着总是很幸福，了解过后才知道他煎熬又疲惫。"这类言论令人胆战心惊，展现了我们极不了解身边的人的事实。隔了二十年才得以相见的一位中学同学曾对我这样说："虽然现在说有点晚了，我当时真的很羡慕你。你学习又好，总能独占老师的爱，还横扫了各种作文大赛。"我感到十分惊讶，不由得向她吐露心声："你说什么呢？我还羡慕你呢。我一直很孤独，但你身边总是有很多朋友。你是个阳光般灿烂的孩子，而我一直都很黑暗。"交谈过后，我们没能忍住笑意，但心里却是冰冷疼痛。原来我们只是遥遥相望地羡慕彼此，却从未进入过对方痛苦的内心。

　　我们应该停止远望，靠近对方并亲切地询问："有什么忧心的事吗？有没有哪里不舒服？有没有好好吃饭？"没有什么比一直被人误解更痛苦的了。我曾因长期遭受误解和偏见而被疏远，至今都有无法摆脱创伤的时刻。有一次，我无意中发现有人在背后说我的闲话。流言始于某人的无脑猜测，紧接着越传越真，到最后竟然煞有介事。从"我感觉她会这么做"到"她本来就是这种人"，流言的传播速度快得令人震惊。虽然我早已和那群人绝交，但心中的伤痛却久久挥之不去。直到现在，就算有人面带微笑地友好接近，我也不敢轻易信任对方。我们必须停止对他人的远观，避开草率的猜测。根据我的经验，"那个人应该很讨厌我"的预期通常是不真实的。如果你想与某人成为真正的朋友，就不能屈服于他人的视线。首先要避免轻信流言，也不要被表面现象所迷惑。我们可以勇敢地接近对方，走近并倾听他的故事。

172 成为更好的自己

　　每当听到"人永远不会变"这句话，我的心就会痛。明明人是可以改变的，我也在不断改变。能够激励我的人是那些相信改变能够发生并懂得适时而变的人。"人永远不会变"，人们经常这样说的原因或许在于不愿改变。

　　我不想被困在"人永远不会变"的偏见中，我想变成一个更好的人。虽然不能飞速改变，但我的确每天都在努力成为一个更好的人。例如，我正逐渐改变内向的性格。我曾认为自己99.9%是个内向的人，但当开始学习心理学，我意识到了自己内心深处潜藏的外向与主动。听过我讲座的人甚至这样评价："你一点也不内向，整个人看起来外向得很啊。"在公众面前演讲时，激情总是在不知不觉中爆发，那一刻的我也就完全摆脱以往的羞涩了。如今，我依然喜欢那个内向的自己，也不排斥展露更多的外向。人们说着"你现在看起来比二十多岁的时候更聪明、更健康了"时，我想将这一切都归功于心理学，归功于与文学、旅行、写作、演讲的相遇。这所有的一切，都使我日日精进。

　　很多女性在生育后会听到"变成熟"的评价，不少家庭主妇变身为上班族后又找回了活力。通过心理学，我获得了"人能变得更好"的信念。很多人坦诚心理咨询使他们的精神状态变得更加稳定，一些学生讲到曾将无法对亲友言说的事向心理咨询师倾诉。心理咨询师是完全陌生的他人，不似亲友一般与当事人有情感上的缠绕。因而，在许多情况下，当事人能更加公开透明地向咨询师坦白过往。只要不因困难而放弃，我们就能抓住改变的机会。每个人都尝试过从一尊不会动的雕像变成一个大活人吧？而令我得以如此的是阅读与写作，真正使我转型的是我对写作的信念。

173 | 爱是摆脱强迫症的最佳秘诀

电影《尽善尽美》证实了爱能使人变得更好。电影主角梅尔文是位对爱情毫无兴趣的成功作家。他还是个脾气古怪的强迫症老头，连走路都要踩固定的砖块。为了不用餐厅提供的刀叉，他总是随身携带一次性塑料刀叉。一天，邻居西蒙的住所遭到抢劫。身受重伤的西蒙在住院前将自己的小狗托付给梅尔文照料。为了拒绝这个请求，梅尔文甚至试图将小狗扔进垃圾桶。简而言之，他是一个惹人恨的极端利己主义者。梅尔文每天只出一次门，到同一家餐厅吃饭。餐厅女招待卡罗尔·康奈莉用爱改变了他。当然，起初的卡罗尔一点也不喜欢梅尔文，她直言不讳地说："你真是个无血无泪的人，你一点也不关心别人。"听到这样严厉的指责，梅尔文第一次开始了自我反省。

梅尔文将小狗扔进垃圾桶后，又被迫把它抱了回来。他按时给它投喂食物，为它弹奏钢琴，甚至在分开时为它流下了眼泪。逐渐心软的他感叹道："我居然因为一条小狗哭了！"

梅尔文的改变令他自己都难以置信，但改变的过程是愉快而令人兴奋的。当他开始爱一个人时，这个人周围的一切都变得重要了。他为卡罗尔生病的儿子介绍了医生，并支付了治疗费用。

患有强迫症的梅尔文在单方面坠入爱河之后，苦闷于心上人如何看待自己。连这样一个彻头彻尾的利己主义者也萌生出了为心上人变好的念头。有时，我们会因别人的目光而或喜或悲，有时又会因别人的目光而成为更好的人。心上人的温柔目光是能让我们变好的奇迹。

174 以爱的力量创造奇迹

这幅画是爱德华·伯恩·琼斯的《神性燃烧》（1868）。画中右侧的男子是希腊神话中的塞浦路斯国王——皮格马利翁，他不喜欢任何凡间女子，无法被任何凡间女子填满心房。

由于找不到任何一个令自己满意的女子，皮格马利翁用神奇的技艺雕刻了一座美丽的象牙少女像。对他而言，象牙少女是一位完美无瑕的理想情人。孤独的艺术家如此梦想着："如果这座雕像能和我说话就好了。如果她的双脚能走在地上，如果她能和我一起吃饭、和我一起入睡和醒来，我会有多么幸福！"

他暗自祈祷象牙少女能化为真人，然后与自己坠入爱河。除了祈祷，他还将温暖的毯子盖在她身上，在四下无人时悄悄给她温柔的拥抱。看着象牙少女时，两眼放光的皮格马利翁总是脸颊通红。

对皮格马利翁来说，雕像不是"它"而是"她"。象牙少女不是一尊石造雕像，而是由爱创造的生命体。爱神阿佛洛狄忒听见了皮格马利翁的愿望，将爱的气息吹入象牙雕像，为其赋予了鲜活的生命。象牙少女不再是困在坚硬石块中的灵魂，她终于以活人的身份回应了皮格马利翁的爱。直到今天，人们仍然喜欢这个殷切表达人类心愿的故事。

在爱德华·伯恩·琼斯的画作中，爱神阿佛洛狄忒为冰冷的石像注入了祝福的气息。"现在你的心脏会开始跳动。跑过去吻他一下吧。"令人眼花缭乱的爱情魔法将冰冷的石雕变成了拥有粉红色脸颊的真人。皮格马利翁的神话也是这种甜蜜幻想的起源：只要恳切祈愿，梦想就会实现。

SUN
对话

父母不爱我

不久前，一位读者向我分享了自己的烦恼："我的父母并不爱我。如果我配不上他们在教育上的投资，我就永远不会被爱。但我永远无法取得他们想要的那种成功。"听到这些话，经历过同样恐惧的我感到很心痛。曾经的我也一直认为，如果自己成绩差或没按父母希望的路径发展，我就不会被他们爱。但后来我发现，原来父母讨厌的不是差成绩，而是某段没能好好学习的岁月。年轻时的我还不足以明白这一点。看到他们对好成绩的过分迷恋后，我只感到很不是滋味。就在此刻，成千上万想被父母表扬的孩子仍然生活在这种深深的焦虑中。"如果我学习不好，父母就不会爱我。只有我的成绩提高了，他们才会爱我。"每个孩子都是带刺的刺猬。幸运的是，无论身上的刺多么尖利丑陋，仍有父母会无条件地爱刺猬。他们爱着刺猬一切凹凸不平的缺陷。

但是，我们也绝不能无视那些看穿父母私欲（"我投资了这么多，他就应该有多成功！"）的孩子。如果父母过分执着于成绩，孩子就会有种人生被操纵了的怨恨感。即便真的成了医生或律师，孩子也会因失去自主权而憎恶父母。"这一切都是为了你""爱你才这样"之类的辩解是行不通的。

爱从来不是衡量盈亏的投资，也不应含有强迫他人的私欲。充满操纵的爱不是真正的爱，它虚伪的一面早晚会暴露。父母的期望和爱就像莫比乌斯带的面一样，让人无法分清。父母不应以爱的名义掩盖私欲，也不应以爱的名义强迫孩子。醒悟这一点是迈向爱的第一步。那些能无条件爱我们的人、连我们的缺点与阴影都能完整接纳的人，是我们真正的灵魂伴侣。

轻抚人心的美丽

　　并非只有心理学知识能疗愈人心，艺术、自然和语言都在我的日常生活中发挥着疗愈功能。有时，比起特定的心理学知识，欣赏美丽事物、听音乐、在大自然中奔跑和鉴赏画作对疗愈我的心灵起了更大帮助。随着艺术治疗、音乐治疗、文学治疗、园艺治疗等领域的兴起与发展，心理学不再局限于专业范围内，开始更广泛地造福人类。音乐治疗和美术治疗的原理也是基于艺术之美。美所蕴含的原始能量，本身就能发挥疗愈的力量。

　　小时候，一提到"艺术"这个词，我脑海中就会浮现出整日激情创造的"天才"。人们常想到的天才形象，大概就是电影《莫扎特传》中的莫扎特吧。不管莫扎特的真实性格如何，他在电影中的天真形象都被烙上了浪漫天才的印记。他不愿维持成熟体面的举止，也不愿在意麻烦的道德规范。他将创作视为令人兴奋的游戏，而非严肃刻板的工作。我一度极为憧憬这种态度。就算不能模仿天才的天赋，我也要模仿一次他的性格。就算不能成为优秀的艺术家，哪怕只有一天，我也想像天真烂漫的孩子一样生活。然而，只坚持了不到一天，我就想："啊，这是不适合我的面具！"

　　随着时间的流逝，我发现能给我持久感动的艺术家的形象并非如此。说实话，比起马塞尔·杜尚和安迪·沃霍尔，我更喜欢凡·高和弗朗西斯·培根；比起激发想象力的生动小说，我更喜欢在无尽岁月中始终端庄持重的厚实小说。不追随特定的潮流，只发掘自己喜爱的风格，这样虽然不是很方便，但却令人幸福。很长一段时间里，我的审美都屈从于权威。奈何艺术的纯粹总是触动人心。如今的我不再受任何权威的左右，只安静地聆听自己的心声。只要是打动人心的艺术作品，都能让受伤的我们痊愈。

177

对美好事物的怀念

　　提及小说之美，我首先会想到李弥勒的《鸭绿江奔流》。小说主人公"弥勒"因瞒着父亲做风筝而被训斥。深夜，弥勒的堂兄秀岩在秘密仓库里做着什么。秀岩曾成功制作过无数风筝，如今正梦想着制作一只巨型风筝，并将其高高地放飞到天空中。调皮鬼秀岩勾来模范生弥勒，让他在自己做的风筝圆孔下方画上蝴蝶。为了完成梦想，他们将竹条削成风筝骨架，在细线上涂上糨糊，用火炉加热竹条使之定型。孩子们的梦想就这样一点点成熟起来。小心翼翼地将竹条附在纸上时，他们经历了一生中最紧张的瞬间：弥勒的父亲一把推开了秘密仓库的门。秀岩慌忙地藏起风筝，但来者已经将一切尽收眼底。

　　孩子们被吓坏了，做风筝的纸可是父亲发的练字纸！果不其然，父亲勃然大怒："你们俩都给我滚出来！"善良的秀岩为了保护弥勒，一直在不停地辩解。弥勒则一言不发，只是盯着风筝。天下没有只放过自己儿子的道理，弥勒的父亲最终拿起荆条，抽打了两人。做风筝没有什么大不了的，但随意将练字纸揉皱、撕碎和丢弃的行为，是父亲愤怒爆发的源头。

　　窃取自由的巨大代价是，孩子们接受了棍棒的洗礼。荆条一下一下地打在身体上，周围好像有人屏住了呼吸。哦，观看这场受刑仪式的是一群学生。那是一根能刺痛人的荆条，足以令滚烫的泪水如喷泉般奔涌而出。在他们长大成人后的某一天，这种苦涩的疼痛会变成模糊的记忆。痛苦是转瞬即逝的，但深夜与朋友偷偷做风筝的回忆却会成为终身遗失的美梦，永远记在孩子们的灵魂中。

　　风筝不仅是自由的象征，还是令人警醒的物件。当风筝盘旋于高空时，人的双脚并没有离开地面。随着风筝线的一放一收，现实与理想的距离、我们与世界的距离，都在发生变化。人应该冷静地衡量自由有多远、现实有多牢不可破。在这个过程中，人内心的深度不断增加；在这样的时光里，灵魂的果实逐渐甘美成熟。读到书中的美丽场景时，我重新找回了童年时期的充实感。

从艺术之美中学习

　　偶尔，我会开启一个悠闲的早晨。晨起后，我总是立即为自己准备咖啡或茶，并选择适合那天天气的音乐。肖邦的练习曲适合晴天，拉赫玛尼诺夫的钢琴协奏曲适合阴天。我一边望向窗外的天空，一边品茶读书、聆听音乐。仅凭香气芬芳的茶、温暖的阳光与悦耳的音乐，我的生活就足够耀眼。即便在周末，我也为周一的截稿期限所迫，一旦偶尔拥有这样的悠闲时光，我就会安慰自己说："这才是生活啊。你就是为了这一刻而忙里忙外。"如果此时还能赏画的话，那就再好不过了。翻开克里姆特画集的我会聆听贝多芬的《第九交响曲》，翻开莫奈画集的我则会享受肖邦的《夜想曲》。如果能时常与书籍、音乐和画作相伴，即便在艰难的境况下，我们也能找回人生的重心。

　　我通常边写作边听音乐，但在极为疲倦时，我会渴望挣脱语言的束缚，只专心聆听音乐。作为一名作家，我经常能感受到与语言打交道的快乐，但也有想逃离语言的时候。当我因找寻美妙的只言片语而徘徊无措，甚至异常烦闷时，就会开启一段漫长的音乐之旅。

　　听音乐是不错的体验，但看人演奏音乐更妙。每当我感到难过，都会重看杰奎琳·杜·普蕾演奏大提琴的老视频。虽然视频的画质并不好，但每当杰奎琳用琴弓拉响她的大提琴，仿佛有人开始抚摸我疲惫的后背。光是注视她那充满热情的动作，我心中的一切忧郁就被冲刷掉了。她那彻底陶醉于音乐的神情本身就蕴含着无尽美丽。她的大提琴是穿过胸膛的箭，是走在寒风中恰巧所需的温暖大衣，是为我合上疲惫双眼的温暖的手。她一开始演奏埃尔加的《e小调大提琴协奏曲》，我就变成了一个自愿沉醉于音乐的快乐囚徒。站在舞台上的她面带羞涩，用席卷整个世界的激情的表演俘获了所有观众。随时随地将人类从地球引向永恒的音乐，今天也抚慰了我的疲惫心灵。

聆听格连·古尔德演奏巴赫的音乐，就像在没有宇宙飞船的情况下探索太空一般，会让人产生奇异的兴奋感。他的演奏令人质疑："这还是我认识的巴赫吗？"格连·古尔德的演奏令人脱离了对巴赫音乐的熟悉感，他创造的无限复杂的音乐，有时给人幽默之感，有时又显得荒诞。

光是听他演奏巴赫的音乐，我们就得消耗很多身心的能量。有人说，听着他的演奏，还以为房间里跳出了恶魔。这是因为古尔德独特的哼唱声。在当时，许多人对这位钢琴家的怪异哼唱感到惊讶。但在今天，他的哼唱却为整个演奏创造出独特的光环。听他的演奏时，若是没有一点哼唱声，听众反倒会感到心中空落落的。

格连·古尔德借助哼唱，与原曲展开了富有创造性的有趣应和。他的哼唱与钢琴的音律不完全相同，也不遵循音阶的准确和音，更近于无心的祈祷。这种哼唱听着像是在自言自语，又像是在和巴赫展开一场对话。他痛快地打破了人们对巴赫音乐枯燥难懂的刻板印象，如同利斧劈开了冰封的大海。

此外，古尔德的钢琴椅也十分有趣。演奏时，他总是随身携带一个矮小独特的橡胶椅。这种椅子能跟随他的姿势而自由弯曲，从而减轻他孤军奋战于坚硬座椅上的痛苦。坐在这样的椅子上，钢琴家如同在海上自由地漂流。演奏者不一定非要虔诚，也不一定非得姿态端庄，只须将演奏完全融入自身灵魂。

在头脑混乱时，我想推荐你听古尔德演奏的巴赫音乐。音乐如同瀑布一般倾泻而下，在脑海中落下一片清爽明晰。

通过音乐疗愈创伤

电影《音乐会》情节与配乐俱佳，令我反复观看。影片的高潮部分出现在最后 15 分钟，主角演奏了柴可夫斯基的《D 大调小提琴协奏曲》。这首曲子凝聚了柴可夫斯基的全部热情，融入了世间一切的生老病死，听众会为它的磅礴气势所震撼。

隐瞒自己身份的安德烈深情地注视着成为杰出小提琴家的女儿。起初，对此一无所知的女儿安妮·玛丽对父亲抱有怀疑，但最终，两人还是带领一支 30 年间都没能好好演奏过的管弦乐队，奇迹般地演奏了一首优美的协奏曲。30 年前，他们究竟发生了什么事呢？

30 年前，作为苏联最著名的指挥家，安德烈·菲立波夫因拒绝驱逐乐团里的犹太乐手而被解雇。但他没有放弃对音乐的热爱，一直留在剧院，当了足足 30 年的清洁工。让他忍受这份艰辛的，是对重启演奏的渴望，对与女儿重逢的渴望。一天，他无意中发现了一封来自于巴黎普莱耶音乐厅的邀请函。如果他能带着自己曾经的那帮老伙计前去演奏，顶替原本真正受邀的乐团，他就有机会和女儿一同演奏《D 大调小提琴协奏曲》。

当安德烈提出想要共同演奏时，安妮·玛丽先是给出了拒绝。她不仅不知道他是自己的父亲，还因为像孤儿一样长大的经历，对陌生人感到警惕。经历过各种纷繁复杂的故事后，当两人终于在同一个场所演奏同一首曲子时，"音乐"这一恳切的语言，彻底打破了两人的所有隔阂。

被乐团流放后，安德烈曾经的音乐伙伴们混杂在莫斯科街头，做着勉强维持生活的底层工作。30 年没能作为乐团成员活跃的他们，为了完成安德烈异想天开的演奏计划而费尽全力，在历经波折后终于成功演奏了乐曲。究竟是怎样的力量，能使这些各自经历悲惨生活的音乐家在时隔 30 年之后，仍然保持出色的表现呢？大概是早晚会被音乐拯救的信念吧。

美终究会治愈我们

在佛罗伦萨的乌菲兹美术馆，我等了四个小时才看到这幅画。在烈日下等候入场是艰难的，但这种等待很有价值。在桑德罗·波堤切利的画作中，我们能感受到艺术家甘愿为艺术牺牲灵魂的纯粹的热情。美丽之所以能治愈人心，是否是因为美丽不掺杂私心？

桑德罗·波堤切利的《维纳斯的诞生》（1486）是对美的膜拜。这幅画不曾流露出嫉妒或愤怒，只包含着对女神诞生的欢迎。西风神泽费罗斯正鼓起双唇把维纳斯徐徐吹向岸边，来迎接她的春之女神准备把一件披风披到她裸露的身体上。就连西风神那飘扬的斗篷下摆似乎也在祝福维纳斯的诞生。但女神却很害羞。维纳斯轻轻遮羞和微微歪头的姿态，蕴含了不知自身伟大性的无尽谦卑。

然而，为何波堤切利笔下的维纳斯看起来如此悲伤？在这幅画中，永远被理想化的维纳斯有了具象。但可悲的是，这样的她只能被注视，无法被触摸或拥抱。波堤切利笔下的维纳斯与其他艺术家笔下活跃热情的维纳斯相去甚远，他笔下的维纳斯是单薄冷清的，唤起了人们悲伤的怀旧之情。事实上，这幅以佛罗伦萨第一美女——西蒙内塔为原型的画作，似乎承载了画家对不可拥有之人的渴望。据说，波堤切利一生都在单恋西蒙内塔，甚至在她23岁死于肺结核之后，也一直惦念着她。借由维纳斯的裸体，波堤切利令我们回味爱情的深邃神秘与不可打破的神圣。

在出版了几本关于旅行的书籍后，我经常会被问到一个问题："您最喜欢哪里？您眼中的最佳旅行地是哪里？"如果回答每个地方都不错，读者肯定会感到失望，但我实在没法对每个地方的魅力进行排名。在每个时间段，我都有不同的理想目的地。最近想再去一次的地方是阿塔卡马沙漠。这里既保留了沙漠的渺茫，又增添了人烟的温暖。沙漠之所以美丽，是因为不知某处存在着一口井或一片绿洲。但美丽的，并非只有充满神秘的未知沙漠。在这片沙漠里，好像会有小王子突然冒出来，提出一个令人啼笑皆非的要求："请给我画只绵羊！"这是一片没有秘密的沙漠，关于沙漠的地图清楚地标明了大沙丘的位置。人们知道它的尽头在哪儿，清楚绿洲在哪儿。

位于沙漠绿洲的瓦卡奇纳村庄给了我耀眼的人生提示。如果能变成沙漠，我想变成一片使人明确绿洲位置的沙漠。每天都在写作的我、一有空就讲课的我、挤出时间去旅行的我，分明与过去的我有所不同。过去，我痴迷于自我实现的梦想，认为只要能写上一辈子，也就无憾了。但现在，我想扩大人生的半径，去跟更多人分享自己的人生。如果没有写作、演讲和旅行，我大概还是一个独自在屋里写作的人吧。

我想成为别人的沙漠。我想成为一片友好亲密的沙漠、一片有路标和绿洲的沙漠。我要拥有一片不难找的绿洲，一片在日常生活中随处可见的绿洲。为了使我的绿洲不仅存在于幻想或极端情况中，我必须努力通过听说读写，踏足陌生的地域。如果你能看着我的游记，爆发出"这个人到底去过哪儿，才能写出这么多的旅行日记啊"的感叹，我们共同创造的绿洲就不会是遥远的乌托邦。独自做梦是空想，一起做梦则是人与人之间建立联结的狂欢庆典。现在，就算独自播下梦想的种子，我也想和别人一起收获梦想的果实。

183

治疗家庭创伤

为了治疗家人的心理问题，越来越多的人开始求助于心理咨询师。然而，通过心理咨询，许多为了孩子前去就医的父母，竟然意外地治愈了自己。此外，许多研究结果表明：如果家长的创伤被治愈，孩子的心病就会自然地痊愈。因为孩子在不断创造及发展心灵的过程中，自身情绪极易受到父母心理状态的影响。重要的是，孩子既是映照父母创伤与优点的镜子，也是能迅速吸收父母创伤和情结的海绵。当父母情绪低落时，孩子也会变得沮丧；当父母开心时，孩子又会以惊人的速度找回灿烂的笑容。所以，自己首先感到幸福，是治疗家庭创伤的关键。与其为了孩子和父母的幸福而牺牲自己的幸福，不如从自己身上找到变幸福的方法。如此一来，家人也会接连不断地幸福起来。

家能令人无比幸福，也能给人带来最难以逾越的伤痛。我们总是被教导说，家是由血缘关系与婚姻关系构建的团体。但事实果真如此吗？血缘关系与婚姻关系是构建幸福家庭的关键吗？如果想治疗家庭创伤，没必要只将目光局限在家庭内部。有时，家庭之外的对象也能使人感受到关怀与联结。

难以摆脱家人带来的伤害时，我会向没有血缘关系的人求助。为我打开作家之路的S学姐在与我素未谋面时，仅凭我大学期末考试时的答题纸，就开口说："这位朋友该写文章啦！"在我自认为毫无天赋时，前辈鼓励我写作并成为作家。当我感到被世上所有人都抛弃时，我对朋友K说："你现在能来一下吗？"他的回复是："不管你在哪，我会立刻过去。"我通过与朋友交换爱意来治疗创伤。没有血缘关系或婚姻关系的陌生人，在分享爱意的瞬间也能成为家人。来自血缘关系之外的关怀，能抚平家人带来的伤痛。

食物，表达家庭之爱

在"刀印"这个尖锐的标题之下，包裹着温暖和柔软。在金爱烂的短篇小说《刀印》中，母亲的刀削面自带光环。母亲的刀削面没有什么惊人的秘诀，只因是母亲亲手做的，便让子女不舍至落泪的程度。因为刀削面不仅是家常菜，还是母亲面馆的招牌菜，也就浓缩了更多的深情。母亲一辈子都在切面条，她手里的刀也因切各种食材而磨损得很薄。刀是坚韧母性的象征，蕴含了无穷的忍耐与希望。小说中的女儿如此回忆自己的母亲："妈妈像一个提着刀的武夫，拿刀保护自己的孩子免受世间的荒凉。"女儿意识到，有关母亲的回忆早已镌刻在自己身上。即便母亲离开了，她的刀印也会一直守护自己。

母亲没有闪亮的戒指，只有寒光逼人的菜刀。二十多年来，她通过卖刀削面养活了三个女儿。这样的故事给人留下痛苦而温暖的余韵，令人不禁想起熟悉的家常菜。《刀印》中的母亲并非只会被动地牺牲，忍耐地生活下去。她是一个缺点很多的泼辣女人，一个拒绝生儿子、努力养家糊口的强悍女人，一个拒绝给本家做家务、干农活的勇敢女人。

为了养家糊口，母亲操着一把旧菜刀，卖了二十多年的面条。在面馆前，当一条凶猛的狗要扑向女儿时，她拿起刀保护了女儿；在切面团时，她拖着疲惫的身躯，一不小心切掉了三个手指。即便母亲已经过世，她的刀印仍然留在女儿身上。不哭、不化妆、不喜顺从的母亲，总是放不下自己的旧菜刀。家是孕育创伤的地方，也是疗愈创伤的地方。这部作品在诚恳地提醒我们，做饭和吃饭是关于"家"的原始记忆。

185

某些日子，想念妈妈做的饭

小时候，比起妈妈做的饭，我更喜欢朋友妈妈做的饭。不知为何，总觉得别人家的饭比我们家的好吃。比起妈妈用鳀鱼调味的泡菜汤，朋友家加金枪鱼或猪肉的泡菜汤更好吃；比起妈妈放满新鲜蔬菜的紫菜包饭，朋友家满是火腿和蟹肉的紫菜包饭更好吃。在年幼的我看来，妈妈不加调味料、不爱吃肉的口味是单调乏味的。但现在，比起别人家黏稠的泡菜汤，我更想念妈妈素淡清爽的泡菜汤；比起闻名全国的黄豆芽醒酒汤，我更怀念妈妈明澈朴素的豆芽汤。被妈妈养大的孩子都是这样的。最终，妈妈的饭散发出奇妙的光辉，成了世上最美味的食物。

如果不给饮食赋予某种神圣性，人就无法在这个世界上生存下去。制作和享用食物是最普通的事，也是最神圣的事。人类以做饭的名义，付出了巨大的劳动代价。多亏了某人的辛勤照顾，我们才能快乐地吃吃喝喝。在名为"做饭"的劳作中，蕴含着多少痛苦与回忆呢？妈妈的菜刀小小一件，又能保护多少东西呢？做饭和吃饭在人的生命中是多么宝贵呀。

完美兼顾家务与生意的妈妈，没能如愿得到任何人的称赞。她就像神话中的西西弗斯一样，每天都将巨石推向山顶。但她竟对这样的重复毫无厌倦，只一声不响地打理着名为"生活"的美丽花坛。妈妈表面上看着很犀利，其实内心充满了温柔。珍贵的烹饪和有关妈妈的记忆触及了爱的本质。

直到现在，每当我身体不舒服时，就会想起妈妈做的海带汤和泡菜汤。就算不能直接跑去吃她做的饭，仅仅想象一下也会感到幸福。在我内心深处沉睡的童年记忆中，总是有妈妈做的饭。只要想起只会用温热的饭来表达爱意的妈妈，我身心的伤痛就得到了疗愈。

186

隐藏的导师，妹妹

我们家是从未风平浪静过的闹腾的家庭，也是一个爱意永不停歇的幸福家庭。虽然妈妈咄咄逼人的唠叨给我们带来了伤害，但如果没有妈妈闹腾的爱，我们家大概也维持不下去。我们家的好处是过分民主，大家习惯了毫不畏缩地发言。我们会因担心妈妈受伤而讲不出话，却从未因害怕妈妈而不能说话。我们可以自由地向父母表达任何意见，所以就算经常吵架，我们也能非常深刻地理解彼此的想法。这是一个缺乏冷静、有很多缺点和冲突的家庭，但总体而言还是溢满了爱。所以现在我真的感觉不错。就算有数不清的问题，爱也总比问题更庞大。

由于我们出生在等级秩序不分明的家庭，比我小很多的弟弟妹妹也会成为我的导师。不久前，由于一个难以摆脱的问题，我持续苦恼了一个多月。拿这个问题去问朋友会有负担感，问前辈又会觉得不好意思。简而言之，由于我顽固的自尊心，这个问题很难与任何人商议。比起进行心理咨询，我选择以抱怨的形式向最小的妹妹倾诉。但那时我们都太忙了，也就只能通过短信来交谈。我当时几乎是抱着"那就顺其自然好了"的心情倾诉苦闷，但令人惊讶的是，妹妹竟然想出了非常明智的解决方案。

问题的核心在于，我不想听从别人的意见，只愿做自己想做的事。听从别人的意见违背我长久以来坚守的信念，这令我感到很痛苦。但妹妹对此评论道："但是，那些人的想法有可能是对的啊。"她并不总是站在我这边，但却会真正为我考虑。在向妹妹坦白挫败感之后，我自己长期存在的问题也清晰可见了。我只相信那些我信得过的人，这种狭隘的选边站思想是阻碍我求学的最大障碍。那一天，比我小七岁的妹妹、在我眼里还是小孩的妹妹，成了我的导师。

187

FRI

电影

超越家庭的定义

电影《家族的诞生》能让观众从不同的角度看待家庭的定义。这部电影的主角总是动辄相互指责："你怎么能这么对我？"善京将生活的不幸归咎于母亲、爱人和弟弟，但当痛苦的浪潮席卷而来，她终于意识到将不幸归咎于家人毫无意义。

善京无法接受母亲爱上一个有两个孩子的有妇之夫。她绝情地让母亲吃闭门羹，说着"看到像没事人儿一样的妈妈，火气立马就涌上来了"。就算得知母亲得了不治之症，善京的反应也很冰冷："所以呢，我该哭吗？"思念已故父亲的善京，无法接受母亲爱着另一个男人的事实，也无法接受母亲与那个男人育有一子的事实。她梦寐以求的家庭早就崩塌了。因此，在日本找工作的她，只将摆脱家人作为唯一的目标。面对垂死的母亲，她只是问道："妈妈还要还我 675 万韩元。这个能解决吧？"

没能与母亲共度最后时光的善京，最终在母亲的遗物中找到了见证自己成长之物。不管女儿如何拒绝，岁月的痕迹证明了母亲对女儿的爱。善京这才意识到：被自己极力推开的母亲是唯一一直保护她的人。只会将不幸归咎于母亲、男友和叔叔的善京，发现自己成了孤家寡人。

在这部电影里，有人假装不懂爱，但还是被爱治愈；有人无视家人，却因家人而找到避风港；有人毫无血缘关系，却结成了深厚的友谊。不管是想离家却无法逃脱的人，还是感到家人不靠谱的人，最终都拥有了超越原生家庭的新家庭。超越家庭主义却又不放弃家庭的故事真的很美。

埃贡·席勒，母亲的痛苦

据说，埃贡·席勒对母亲的感情非常复杂。母亲经常抱怨席勒没有尽到作为儿子的职责，也不为他的艺术成就喝彩。事实上，在埃贡·席勒的画作《盲母》（1914）中，孩子不是生命与创造力的象征，而是痛苦和忧虑的象征。盲母艰难地支撑孩子身躯的画面，唤起的也不是母性的温暖，而是母性的痛苦。

事实上，当人们想到母子时，首先想到的还是某种温暖和安逸。母性的普遍形象充斥着以无尽爱意拥抱孩子的慷慨。在描绘母子的时候，我从不错过弥漫在母亲周围的温暖光芒。当一位母亲给孩子喂奶或怀抱孩子哼唱摇篮曲时，她的周围会形成透明的结界。母亲喂奶时也会像战士一样警惕周遭环境，哼唱摇篮曲时还会忧虑孩子会不会醒来。我多次见证过母亲们周遭的温暖光环。这似乎无法称为某种氛围，更像是某种具体的能量。也许这就是日常生活中的一个小奇迹，只不过母亲们因沉浸于孩子而无法觉察。

然而，在埃贡·席勒的画作中，每个母亲都有一张痛苦的脸。母性的真实面貌之一，是难以期待的救赎与疗愈。在这幅自画像中，母亲独自忍受着生活的痛苦，这令观众感到钻心剜骨般的痛苦。比起母性给人的疗愈，席勒的画展现了一位需要被疗愈、需要得到救赎的母亲。但是，就算这位母亲只剩下微弱的能量，她依然坚守在孩子身边。这位可怜的母亲一无所有。有时，母亲也需要有人来分担艰难生活的重担，母亲也需要母性能量的关怀。母性不仅是从母亲流向孩子的单向能量，更是一种具有普遍性的温暖的能量。母性可以体现在人与人之间的相互扶持上，体现在"没关系呀"的温暖安慰中。

189

SUN
对话

别因为是家人就保持沉默

在读者寄来的信件中，不乏与家人发生冲突的内容。我总是收到这种问题："人际关系对每个人来说都很困难，但与家人的关系是最难解决的。不喜欢的朋友和同事可以不见，但不见家人就无法生活。正因彼此距离太近，很多时候会举止随意，这样一来，就连细微的言语也能给人带来伤害。究竟需要付出怎样的努力，才能既与家人保持良好的关系，又不被他们伤害呢？"每当收到这样的问题，我都会告诉读者："至今为止，我仍在解决这个问题。"虽然学习了15年多的心理学，但对我来说，家庭问题仍然是最困难的问题。

但我知道的是，停止沉默是最重要的事。因为彼此是家人，所以不该藏着掖着，也不该隐藏自己的伤口。实际上，因为是家人而掩藏创伤或埋怨对方的情况也很多。然而，任何问题都无法以这种方式解决，沉默、隐瞒与忽视很容易造成问题。另外，家人之间也存在着权力关系。有时，人们会以父亲太可怕为由、以母亲太辛苦为由、以兄弟姐妹的神经太敏感为由，干脆避开谈论家庭问题。在问题发生的时候，我们没有学会积极地出面解决。只有忍到忍无可忍之后，我们才会采取一些特别措施。

如果真的想解决问题，在采取行动之前，要先考虑一切冲突的源头在哪里。到底是哪种深层次的冲突，导致自己不愿见到家人呢？世上少有没有创伤的良好关系。当我们试图解决一个问题时，每个人都不可避免地受伤，但这也证明原有的创伤正在好转。比起毫不费力地掩盖问题，疗愈过程中出现的新伤更值得我们承受。家庭创伤的治愈，从敢于直面创伤开始。

心灵所需的教父教母

　　有时，导师会恰到好处地伤透人心，令我们再次审视自己经历过的痛苦。从这个意义来说，教父教母之类的存在让我感到憧憬。虽然不是亲生父母，但他们随时能成为孩子的对话伙伴。我从小就一直在寻找这样的人。亲生父母无法对子女的问题完全保持客观。在亲生父母与子女就事业或恋爱问题针锋相对时，极端的争吵总是接连不断。父母和子女只会不断地重复自己的立场，根本没法心平气和地交流。当一个成年人最需要建议时，父母往往会成为最具压迫性的谈话对象。爱意越浓厚，人和人之间就越难保持距离。比起父母，教父教母作为能提供建议的长者，能与孩子保持更适当的距离。特别是在对母亲赋予太多义务的韩国社会，教母能成为一种人际关系上的替代方案。同意成为一个孩子的教父教母，意味着在孩子的亲生父母面临危急情况时，默认将会扮演孩子父母的角色，成为孩子随时可以倾诉苦闷的对象。陪伴孩子经历痛苦的教父教母是真正的导师。对某些孩子来说，那些对父母难以言说的秘密，反而可以向教父教母吐露。

　　虽然我不是天主教徒，但是看到有教母的朋友就会感到羡慕。一直梦想能有个教母的我，如今也到了成为别人教母的年龄。现在，当看到独自苦恼的年幼学生时，我也会苦闷是否要成为他笨拙生疏的教母。如果暂时抛开宗教差异，让女性在成为母亲之前有机会成为教母，那女性对母性的恐惧会不会减少很多呢？做母亲对女人来说是最可怕的事。对普通人来说，做别人的"心理教母"是一种实践爱的方式。让教母成为守护天使、导师和笔友一般的存在，安心地给她写一封信吧。将具有排他性的母性扩展到共同体式的集体母性，是一种解放母性的方式，这就是教母制度所拥有的无限潜力。

如何穿越绝望的时代

读着内田树的《评价与赠予的经济学》，我回顾了那些令我感动的终身导师。在以庞大的系统运转、难以尊重个体自主权的社会中，这本书描绘了人与人之间的直接关系，强调了人们以小共同体的形式进行当面交流的重要性。另外，本书还勾勒出理想师生关系的图景。

内田树将师生关系的核心视为持有这样的幸福幻觉："学生要坚信，只有自己懂得导师的杰出。"这种幸福的幻觉会增强学生对学习的尊重和热情。就算其他学生不屑一顾，只要当事人能看到导师的伟大之处，就会全然沉浸于导师的教导。那些坚信导师很杰出的学生，倾向于借助自我成长来支撑自己的观点。

人们通常会认为：只有老师足够伟大，才能开启一段师生关系。实际上，在沟通的瞬间，学生能自行发现老师杰出的一面。也就是说，决定何时开启师生关系的钥匙握在学生手中。无论老师多么好、无论课程多有洞察力和智慧，如果学生不准备接收老师发出的信号，良好的师生关系依旧难以建立。

如果我们试图找到完美导师，可能终生都难以觅到一位。我们的文化将导师的身份局限于"成功人士"，这令寻找导师变得更加艰难。重要的其实是学习者本身，而非导师的履历和成功程度。

在人人只顾自己和家人的社会中，很难有美好的师生关系。然而，就算是不听父母话的孩子，也爱听喜欢的成年人讲话。人类具备一种惊人的能力：就算对自己的子女执念深重、攻击性极强，在不得不照顾别人的儿女时，人也能变得极度客观冷静。或许，在自己的家庭之外，我们也能成为给别人温暖和建议的导师。

师从万物的 365 天

二十几岁的青年只要努力学习就能获得幸福，这让我感到很羡慕。这是人生最短暂灿烂的时期，是埋头学习就能获得爱和祝福的时期，也是提升自身素质的时期。在课堂上，我对 20 岁的新生说："大家不是有 365 天学习人文学的自由吗？这多幸福啊。"孩子们听后扑哧笑了。他们现在还不知道拥有学习的机会是多么宝贵的事。对学生来说，几十万本书就在图书馆里，等着被免费阅读；世界级学者的讲座随时待命，想听就能听。而忙碌的上班族只能在黄金般的周末，艰难地挤出一点儿时间来学习人文学。大学生就算一年 365 天都沉浸在人文学里，也是匮乏的。如果连他们都只埋头于托业考试和履历的积攒，那我们的希望又在哪里呢？

提供教诲和激发灵感是不同的。有些老师能勤奋刻苦地教书，却无法给予我们创作的灵感；有些老师看似一味空洞，在某个瞬间，又会为我们注入非凡的灵感。如果说教学是知识的问题，那灵感就是感受的问题。在一切需要给予与接受的关系中，最重要的还是接受者的态度。无论教授者传达了多么美妙的知识、灌输了多少闪耀的灵感，如果接收者是沉闷、冷漠或愤世嫉俗的，一切信息只会散落进虚空。诸如"我没有什么可向那个人学习的"和"那个人真的比我强吗"之类的疑心，是傲慢和偏见设下的陷阱，这阻碍了我们踏上热情求学的道路。

导师未必一定是人，还可以是大自然。自然中蕴藏着取之不尽的灵感。就连忠于主人的宠物狗，也能成为唤醒人类自私本性的导师。比起导师是否杰出，学生是否迫切渴望学习更能改变师生关系。导师的热情自然可贵，但如果求学之人缺乏热诚，导师也无计可施。如果学生懂得向自己的人生抛出锋利的问题，他的心境甚至能反过来决定导师的好坏。因此，重要的是迫切地对生活发问和谦虚地寻找导师。能从静物和微小事物中获得教诲的人，可以在任何地方找到合适的导师。对学习的热切渴望是师从一切的萌芽。

193

THU
人

激发我灵感的导师

回想学生时代，有些朋友对不太受欢迎的老师更热情。他们散发着一种隐秘的自豪："我对别人喜欢的老师不感兴趣。比起长得帅、穿衣好看、说话很酷的老师，我更喜欢那些让我感到特别，而且对别人毫无吸引力的老师。"看来，学习的秘诀是珍惜"老师对我来说很特别"。

L老师对我而言就很特别。他不爱与人相处，总在独自读书。对集体生活不感兴趣的他，却像敬仰神灵一般敬仰文学。上他的课总会让我感到幸福。我最讨厌争论的事，就是上谁的课能提高成绩。我不能理解以此来评价老师的学生。在我眼中，一位真正的好老师能激发学生的灵感。不过，硬要说的话，我好像也在以自己的标准来评判老师。令我无比讨厌的，应该是那种以功能性、有效性来评判老师的方式。

我衷心感谢一切教会我"师从万物"的人。让师生关系变好的不仅是导师的卓越，还有对"学习"这一行为本身的尊重。学习能洗去人内心的自满，是帮人认识并克服自身局限的最佳机会。只要认识到这一点，即使是最普通的人也能成为我们的导师。

如果你擦亮眼睛都找不到一位合适的导师，那就去阅读一本好书吧！虽说现在被称为"一年三稔"的时代，但生活依旧是一个人的庄稼田，这个道理是不会变的。苏格拉底这样定义阅读："阅读是获得他人工作成果的最简单方法。"作者倾尽全力创造的小宇宙，通过阅读，我们却能轻而易举地得到。通过微不足道的阅读行为，我们只要阅读一本书，就能迎来最佳的导师。

194 | FRI · 电影 | 这不是你的错

电影《心灵捕手》中的威尔为了避免受伤而拒绝爱的流通。作为帮他疗愈内心创伤的导师，心理学教授尚恩认为：与其为了不感到痛苦而阻断强烈的情绪，不如勇敢地面对痛苦的根源，这才是真正的治愈良方。被遗弃四次的威尔，无法克服被继父虐待后留下的创伤。他具有天才的头脑，却不知该如何使用。麻省理工学院的数学教授蓝波发现了威尔的杰出才能，他为了让威尔找到自己的人生目标，求助了自己的大学好友尚恩。威尔动用了各种巧妙的防御机制阻止尚恩走进自己的内心，但尚恩最终还是以超凡的耐心和极强的共情力敲开了他的心门。

威尔不仅憎恨抛弃自己的人，还认为自己是被诅咒的存在、不值得被爱的存在、最终仍会被抛弃的存在。这种可怕的自我厌恶源于威尔内心的创伤，阻碍了他真正的成长。威尔对他爱的女人也经常撒谎，只为阻止她进入自己的生活。尚恩提醒威尔这是一种自我虐待，他对威尔强调："这不是你的错（It's not your fault.）。"尚恩反复强调发生在威尔身上的可怕事情都不是他的错，他那炽热的眼神终于使威尔的心门轰然崩塌。与自己和解是威尔最需要的治疗过程。原来只要他不自我伤害，就没有人能真正伤害到他。尚恩让威尔意识到了关于心灵的真相：无论别人对自己的伤害有多大，只要自己不放弃自爱，就仍有路可走。意识到自我厌恶比他人对自己的厌恶更可怖时，我们就能停止这种自我厌恶。当我们解开不被爱的自我诅咒，意识到许多事并不是自己的错时，就不再需要心理商谈了。真正的导师不会告诉我们如何避免痛苦，而是告诉我们如何勇敢面对痛苦。

195

我人生的导师，普罗米修斯

从反抗宙斯独裁的普罗米修斯，到反抗克瑞翁暴行的安提戈涅，无论时代怎样变迁，神话中的人物都毫不动摇地向我们传授着"挑战无望人生"之美。在我的印象中，普罗米修斯和奥德修斯就是哪怕无法胜利，也要坚持走正确道路的代表。普罗米修斯为了弱小无知的人类，偷走了一种叫作"火"的文明工具；在家乡伊塔卡生活也无妨的奥德修斯，通过冒险改变了自己和希腊的命运。这些人物为沉闷的世间提供了希望之光和灵感之源。从他们身上，我每天都能获得活下去的勇气。

作为窃取火种的惩罚，宙斯令普罗米修斯的肝脏永远被鹫鹰啄食。使众神畏惧的宙斯并非普罗米修斯恐惧的对象。怀着对人类的爱和怜悯，普罗米修斯不惜违背宙斯的意愿，向不懂感恩的人类送上过分珍贵的大礼。为此，他会永远受刑。正因为他是神，刑罚也变得更凄惨了。普罗米修斯被吃掉的肝脏随即又会再次长出，这使他承受的痛苦永无尽头。

古斯塔夫·莫罗的画作《普罗米修斯》（1868）描绘了普罗米修斯的圣洁，这种圣洁甚至超越了席卷全身的痛苦。与这幅画最相配的连词，大概是"即便如此"。即便无人相助，即便啄食肝脏的鹫鹰如此凶恶，即便被宙斯饶恕的希望如此渺茫，咬紧牙关的普罗米修斯还是毫不畏惧地望向前方。在悲剧诗人埃斯库罗斯的作品中，被女性包围的普罗米修斯倾吐了自己的痛苦。但在莫罗的画作中，普罗米修斯是彻底的孤身一人。如果说，埃斯库罗斯将普罗米修斯描绘成陷入困境的知识分子和革命者，那么莫罗则将他描绘成肌肉发达的英勇战士。对我来说，反抗宙斯独裁的普罗米修斯是能为信仰忍受任何苦难的导师。

196

SUN
对话

谁是你的人生导师

我经常被问到这个问题："您的导师是谁?"我的导师不止一位,周边所有人都算是我的导师。我从朋友和前后辈那里学到了成年人该了解的一切。以前,在我还是个路痴的时候,朋友 H 教会我:"如果你迷路了,那就找离你最近的地铁站。"朋友 Y 告诉我虽然独居是最自由的,但和别人住在一起也不错。通过询问周围的人,我了解了有关房租和银行余额的各种问题;通过写书时遇到的编辑,我学会了关于做书的各种知识。这些知识无法通过书本和学校学习,只能借由宝贵的人际关系来领会。人际关系这一"隐形学校"提供的宝贵学习机会,让我们学到实际生活中的实用技能。但如果学校老师只教授实用知识,不教学生文学、历史、地理与物理的话,我们大概又会变成"为了求生而存在的机器人"。

"合力解决某件事"是不容易的。一群能力强的人聚在一起工作,也有可能因为心性不和而失和。在学校构建讨论型课堂时,有很多孩子吐露了心声:"小组合作太难了。"一起准备小组发表时,总会出现掉队的学生。也有学生不想进行小组讨论,更想独自发表。虽然我教授的科目是"写作",但一到了讨论课,我需要教的又变成了"如何与合不来的人协作"。懂得与陌生人协作是一种生活智慧。

能力出众的人有很多,但能持续构建良好的人际关系,并在人际关系中贯彻自身意愿的人极少。我们身边可能存在因利害关系不同而发生冲突的人、因性格取向不同而不相合的人、嫉妒甚至是诬陷自己的人。我们每日修行的课业,是在这种人际关系中找到真正的自己。在如此荒凉的现代社会,我们要在不失去自我的前提下,懂得该如何尊重他人的个性与人格,这是人际关系的核心。如果能师从万物又施教于人,我们的心灵就不乏复原力。

破坏关系的补偿心理

　　经过漫长的社会生活之后，人就能意识到"付出与回报成正比"是幼稚的幻想。人际关系不存在付出与回报之间的平衡。出人意料的是，有时我们得到的比付出的多得多。我们会从父母那里得到无条件的爱，从大自然中获得空气、水、蓝天和美景。现代人总是忘记自己已经拥有的东西，执着于付出没有回报的事实。"我付出了这么多，为什么得到的只有这么点儿？""我都对他这么好了，他怎么能这么怠慢我？"我们因为这些想法受到了无数伤害，甚至害怕与他人建立联系。但是，因为这种创伤而退缩不前，进而成为绝不想吃亏的自私之人是最可怕的结果。

　　"礼尚往来"式的思考方式中，蕴含了人类的补偿心理。补偿心理是个体为克服自己生理上的缺陷或心理上的自卑，发展自己在其他方面的优势来赶超他人的心理适应机制。社会竞争越激烈，补偿心理就越被强化。如果这种补偿心理向积极的方向运转，个体怀有的情结就能成为通往新生活的重要力量。另一方面，过度使用补偿心理会对别人造成折磨："我为你用尽全力，而你只能为我做这些？"重要的是，当不愉快的情绪产生时，我们要敏锐地审视补偿心理是否开始启动。

　　阿德勒警告说："过度压抑自卑感是危险的。"如果我们过分压抑自卑感，就会因为害怕失败而追求更大的补偿，这种渴望可能会使人扎进赌博或酗酒等危险的快乐中。另外，对权力和优越感的过度执着也会使人走向病态，追逐"可实现的梦想"才是更明智的选择。补偿心理能够刺激个体的发展，但成不了发展的源动力。激情和创造力的真正动力不是对情结的补偿心理，而是对生活朴实无华的热爱。

补偿心理使爱变为悲剧

    安德烈·纪德的《田园交响乐》是一场微妙的心理戏剧。故事以对他人的恻隐之心开始，最终却被过度的补偿心理玷污。男主人公是瑞士某一村庄的牧师，因出色的牧师活动而闻名遐迩。当他看到可怜的盲女时，决定将其带回家抚养。他给女孩起名叫吉特吕德，从零开始教她一切。连名字都不认识的吉特吕德开始学习文字、文学、历史和音乐，她的灵魂逐渐走向成熟。

    当长子教吉特吕德弹奏钢琴，注视着他们的牧师感到一种奇怪的嫉妒。此刻，对盲女的占有欲强烈激发了他的补偿心理。除此以外，盲女已经从少女成长为女人，他也在不觉间被这种美丽迷惑。

    牧师强行切断了长子与盲女间的感情。牧师的妻子早就注意到丈夫的异常，并为此感到痛苦。牧师完全不知晓的是，周围的每个人都在因为他而受苦。他眼睁睁地看着一切，却什么也感觉不到。

    相反，吉特吕德虽然是个盲人，却能动员一切感官来了解这个世界。终于，上天对她伸出了援助之手，治愈眼疾的机会悄然来临。当手术成功的吉特吕德睁开双眼，她被眼前惨淡的事实震惊了：曾经对她那样亲切的牧师妻子，如今只剩下对自己的嫉妒和被丈夫背叛的痛苦。吉特吕德对破坏他人家庭的事实难以接受，最终做出了自我毁灭的极端选择。当牧师对盲女的爱沾染了补偿心理，这种爱已经预示了悲剧性的坠落。

"善良就会吃亏"

在当今的时代，我们是不是不敢善良了？人们会认为"善良的话就没有吸引力"，还会认为"太善良就不会成功"，甚至还有人问我："善良地生活是不是很蠢？"可是，"善良地生活"究竟意味着什么？难道不是就算吃亏，也要将"善良"放在优先位置吗？所以，"善良地生活"这一表达，本身就有承受损失的含义。保持善良最大的好处在于，能够真实地面对自己。此外，因为觉得"善良=没有吸引力""坏男人=有魅力的男人"这一想法也很流行。

善良能让心感到轻松。如果能善良地生活，烦恼也会变得简单。比起说坏话、做坏事，然后感到后悔，不如一直保持善良，哪怕吃一点儿亏也好。通过保持善良，我们还能改善与自己之间的关系。与自己都无法建立良好关系的话，怎么与他人建立良好关系呢？

还有人向我吐露苦恼，说："我很愿意为对方做事，事成之后他却远离了我。""对某人好"的真正含义是什么呢？应该是用自己拥有的东西来造福别人吧？但是，如果这样的举动带有明确的目的，别人就会很有负担。"对某人好"本身就有种施舍什么的感觉。向某人表达善意不一定要执着于对他好。如果我们真的想和一个人好好相处，比起目的性明确的举动，不如和他分享各种兴趣，寻找能一起做的事。我们要考虑清楚，自己为何想对某人好，是出于本能的善良，出于真心喜欢对方，还是出于在意舆论的评判呢？如果能这样自我反省，我们就会找到更准确的答案。只想着对某人好的话，通常对改善关系没有帮助。知道自己到底想要什么，以及当下的情感状态，更有助于改善关系。

200 我的高个儿叔叔

曾几何时，我希望自己能有一个高个儿叔叔。没钱交学费时，存折余额减少时，好像没人认可我时，我都希望能有一个高个儿叔叔。不过思来想去，我的愿望好像已经实现了。每次，深陷悲伤的我还没来得及求助，J 前辈就会神奇地打来慰问电话。回想起来，我从他那里得到过很多意想不到的爱，他也经常在各种出人意料的时刻打来电话："吃饭了吗？又因为写作熬夜了吧？要照顾好自己的身体啊。"这种总是关心我是否安好、一见面就给我买好吃的、不管我做什么都完全站在我这边的人，我以前从没有遇到过。我们从来没有上过同一所学校，也没有一起工作过，只是通过写作相识，就认定对方能够深深理解自己。"有一次，报纸上有篇让我从头读到尾的文章。我还在想，这篇文章怎么会这么有趣？后来发现是你写的。"我的高个儿叔叔，就是这么会夸人。

回想起来，我并没有特别关怀过他。我只是坦率地展现真实的自己，至于偶尔送他书或礼物、请客吃饭、买咖啡，都是些微不足道的事。反过来，前辈总能给我无条件的安慰，对我的问题直言不讳。他的博学多识还提升了我对世界的洞察力。我从他那里得到的东西，真是数不胜数。

老友都是不吝于付出之人。那些边付出边嚷嚷着"我多照顾你啊"的朋友，最终会与我们渐行渐远。给自己脸上贴金、动不动就道德绑架甚至靠剥削他人来获取快乐的人，布满了世界的每个角落。在这样的时代里，拥有前辈这种朋友，对我来说如获至宝。

不刻意施舍友情和慈悲，只自发地传递爱与智慧，这样的人才能改变世界。我想向这样的人学习。真正的爱和友谊，应该摆脱渴求回报的得失心。

201

梅兰妮，无止境付出之人

虽然斯嘉丽是电影《乱世佳人》的女主角，但配角梅兰妮在我心中引起了更深的共鸣。梅兰妮注意到了丈夫艾诗礼与斯嘉丽间的微妙关系，却一次都没有显露出不快。此外，当人们注意到斯嘉丽难以阻挡的贪欲和对艾诗礼的感情时，他们巧妙地排斥斯嘉丽，而梅兰妮却站出来为她辩护。梅兰妮竟能对深爱自己丈夫的女人如此温柔亲切，这种宽广的心胸是多么令人叹服。

如果说，斯嘉丽是以华丽又充满攻击性的魅力征服身边的人，梅兰妮则因包容他人的安静魅力而受到许多人的喜爱。斯嘉丽以天生的魅力吸引他人，梅兰妮以无限宽广的共情力吸引他人。因此，瑞德爱着斯嘉丽，但也十分尊重梅兰妮。

梅兰妮没有任何情结，这在文学作品中是非常少见的。就算她真的有什么情结，饰演梅兰妮的女演员也凭借完美的演技掩盖了这个角色的缺点。她饰演的梅兰妮看起来毫无恶念，只保有对他人的友善与宽容。如果我们对他人的亲切程度有梅兰妮的十分之一，这个世界大概会更加温暖宜居。

与斯嘉丽结婚后的瑞德无法从妻子那里得到完美的爱情，便将希望寄托在他们的女儿邦尼身上。然而，邦尼因为一场意外去世了。瑞德将自己锁在房间里，与邦尼的遗体相伴，最后在梅兰妮的劝解下，他才同意埋葬女儿的遗体。梅兰妮以无尽的爱和慈祥的心抚慰瑞德的伤痛，令他鼓起勇气放了心爱的女儿。

梅兰妮的爱似乎因无休止的付出而耗尽。然而，这份爱又在她去世后变得更加深邃。梅兰妮的去世令许多人感到悲伤，这令我感受到：不断给予的爱才伟大，而不断付出的人，最终会改变世界。

为了救活死去的妻子欧律狄刻，俄耳甫斯冲入了遥远的冥界。只要他能用优美的歌声打动冥王哈得斯就能带妻子重返人间。被俄耳甫斯的琴声打动的冥王告诫他，在走出冥界之前，决不能回头看妻子一眼。但俄耳甫斯遏制不住心中的爱念，还是在冥途将尽时转身确认妻子是否紧随其后，最终令欧律狄刻再次堕入冥界的深渊。

俄耳甫斯打破了"不能回头看"的禁忌，展现了艺术家的本性。打破严酷禁忌是艺术家的特权和祝福。如果不敢打破禁忌，又怎能创造新的艺术？俄耳甫斯以永失挚爱为代价，流露出艺术家的璀璨本性。艺术的特权和义务在于揭开流金岁月中蕴含的秘密，将当时未能表达的欲望与情感升华成更美的作品。

在古斯塔夫·莫罗的画作《哀悼俄耳甫斯》（1865）中，俄耳甫斯的"死亡"被升华为艺术题材。俄耳甫斯在永远失去妻子欧律狄刻后悲痛欲绝。在被酒神手下的狂女杀害之后，他被砍下的头颅漂浮在河上，而后被音乐女神缪斯发现。俄耳甫斯在死后也唱着哀切的歌曲，缪斯女神能够听懂他恳切歌声中所蕴含的悲哀呐喊。在这幅画中，女人抱着俄耳甫斯被砍下的头颅，上演着令人惋惜的哀悼场景。后来，缪斯女神将俄耳甫斯的头颅埋在列斯波斯岛。据说，在俄耳甫斯的庇护下，这座岛诞生了许多文人墨客。缪斯女神还将俄耳甫斯的七弦琴高高挂在空中，七弦琴最终化成了苍穹间的天琴座。

当艺术的嘴被堵住，我们真正需要的不是"艺术家的存活"，而是能够理解艺术、与艺术产生共鸣并将其传递给下一代的"鉴赏者"。聆听头颅之歌的缪斯女神是在表达对"真正艺术家之死"的哀悼吧？因此，这个故事最终还是归结于俄耳甫斯的胜利。艺术家死了，但艺术没有死。艺术的不死之身，应当归功于观众对艺术的热爱、珍惜和复活。俄耳甫斯无法忍受没有妻子的世界，但这份爱情的悲伤最终成了音乐、诗歌和绘画。作为献给人类的永恒礼物，这份求之不得的爱最终还是复活了。

203 SUN 对话 | 只付出的人，只获得的人

　　一位读者神情孤寂地问："人应该为别人着想到什么程度呢？关怀他人的底线在哪里呢？一直让步或体谅他人似乎不是好事。"这确实是个难题。人在付出关怀的同时，也会不知不觉地希望获得对方的关怀，从而陷入一种对关怀的过度在意。实际上，互相关怀的幸运只会偶尔发生。

　　我太了解这种付出关怀后又感到受伤的心情了，便如此回复道："不妨试试无条件地关怀他人吧？如果不求回报很难的话，就只在自己真正情愿的时候付出关怀好了。"如果关怀不是好感的自然流露，付出关怀的人就会渴望对方的报答。只有不计回报地传递善意，当事人才能免于在事后后悔。

　　也有读者会苦恼这种问题："在一段关系中，我们应该做出多大程度的让步呢？有些人特别自私，完全不想让步。"其实，真正的问题不在于让步的程度，而在于彼此关系的深度。在一段关系中，如果到了考虑让步程度的地步，那只能说这段关系本身就缺乏亲密感。过度关怀可能会令亲密感减少，但如果关怀不足，对方又会觉得我们对他的存在缺乏"关心"。比起纠结让步的程度，不如思考自己喜欢对方的程度，这能让我们诚实地面对内心。

　　在人际关系中，最让人感到困难的问题之一是："明明不想与那个人亲近，但又不得不和他好好相处。"这时，人就会开始计算利益得失。我们之所以会感到辛苦，就是因为没有喜欢对方到心甘情愿为其让步的地步。有时，就算对方面目可憎，我们也要对他亲切以待。亲切待人并不会给自己带来损害，也不是一种浪费。投向他人的单纯的亲切，体现了使艰难的人生值得一活的人性的温暖。

敢于孤独的勇气

容易孤独的人难以独自处理自己的事情，倾向于依赖身边的人。虽然依赖他人是问题，但把他人当成"工具"、炫耀自己能随意摆布他人，也是个问题。无法独自承担责任、不懂与孤独相处的人，正在毁灭这个世界。心理学家安东尼·斯托尔在著作《孤独：回归自我》中强调，独处是一种非常重要的生活能力。独处具有疗愈创伤、克服丧失感和引导个体走向创造性生活的力量。敢于面对孤独能使我们克服对分离和死亡的压力，帮助我们与内心深处的自己相遇。

孤独是一种心理能力。所谓的"敢于孤独"，就是不依靠外界也能感知到自己的"坚实存在"。执着于外在形象和热衷于逞能的人，其实很害怕孤独。本书作者将这类人称为"隐藏在假面背后的人"。越是习惯于在生活中演戏，就越缺乏在他人面前展现真实自我的勇气。例如，那些相信父母在任何情况下都爱自己的孩子，能够从内面认识到自己的价值。但是，若孩子只能从父母那里得到有条件的爱，就会将价值观的基准放在"被夸奖"上。换句话说，只有在功成名就或得到赞扬时，孩子才能感知到自己的价值。如果父母对好成绩表现出过度的喜悦或赞扬，孩子就会变得愈加执着于成绩。同样，"必须有很多钱才能被视为优秀的一家之主"之类的观念，也是"有条件的爱"招来的悲剧后果。

有些人无法忍受失败后的孤独感，将当下的失败看成一生的阴影。因为无法忍受这种延绵不绝的挫败感，他们甚至会做出极端的选择。虚假的自我招来的另一个危险是"荒唐无稽的厚脸皮"。那些极力自我粉饰、躲在假面背后策划各种恶毒阴谋的人，都是在孤独中一无所获的睁眼瞎。敢于孤独是直面逆境的内在力量，是不管别人怎么说，都能做自己的勇气。

植物的疗愈效果在于，光是看着它们就让人心情舒畅。除此以外，阅读有关植物的书籍，我们也会感到神清气爽，仿佛置身于森林和花园。露丝·伊瑞格瑞和迈克尔·马尔德在著作《植物的思维》中强调：为了拯救正在毁灭的地球，人类的思维必须从根本上改变。比起单纯地利用植物，人类应该积极地向植物学习。我们也应像吸入二氧化碳、释放氧气的植物一样，以更美好的姿态回馈珍贵的地球家园。

当人类观察植物的生态时，就会赞叹其耀眼的极简主义。仅靠土壤、水和阳光就能存活的植物，不会贪图任何不必要的东西。植物的谦逊在于自我控制，在于不使欲望流入贪婪。这种安静的节制是拯救地球的秘诀，值得人类学习。在植物大家庭中，一部分成员能在任何条件下顽强地生存，一部分成员能在严酷的岁月里逐步成长，一部分成员还能在每个季节都换上新衣。这些都是植物带给我们的奇迹之美。

在读这本书的过程中，就像作者所建议的那样，我也想变得像植物一样。如果植物看到野心过度、消费过度、与他人比较过度的我，会怎么想呢？它们大概会这么对我说："不要那么着急地跑呀！也不用思考得太仓促！现在阳光正好，世界正好。而活着，是无比美好的事。"

这本书令我思考人性的贪婪，读来令我心痛。人类需要食用动植物的局限性，有时是令人痛苦的。于我个人而言，我想像植物一样少吃、少动、少消耗，过上一种极度沉静的生活。植物不是食材、生物燃料、药草，植物只是植物，是自然界中不能被随意命名的生物。在人的权利、动物的权利、植物的权利乃至机械的权利都逐渐被认可的世界里，我们不应随意对待任何存在。

写作，自我疗愈的开始

　　难以描述的写作对象蕴含着一种美感。如果文章写得太好，作家就容易重复使用一些熟悉的表达。作家对写作对象的过度喜爱，会拔高自己对写作水准的要求，令写作变得更加困难。不仅如此，当写作对象并非由文字构成而是由图像、声音等要素构成时，描述上的难度也会大大增加。但是，这种描述上的困难也在一定程度激发了作家的挑战精神。除此以外，就像一棵不想被砍伐的树竭尽全力抵抗一样，写作对象也会有抵抗作家的时候。

　　尽管如此，难以描绘的写作对象是作家最好的老师。它们会永远牵绊着作家，迫使作家踏上一条圆满的写作道路。只要不放过难以描绘的写作对象，作家总有一天能写出好文章。

　　既然难以描绘的写作对象总会牵动人心，那就不如紧紧将它们抓住。将难以诉诸笔端的事物落于纸上，我们就成了能触摸和升华自己创伤的人。如果将伤痛埋葬在过去，人的心就会生病。我们不用将自己的文章给别人看，只要借由写作，让心里的悲伤出来晒晒太阳就好。

　　自我关怀正始于此。自我关怀绝不是浪费时间，而是保管自己秘密的方式。有时，我们会因没能恰当地传达创伤，或是收到空洞的安慰而变得更加痛苦。世上最难描绘的莫过于自己的创伤，而关于伤痛的自我告白则是自愈的开始。

207

THU
人

阿尔法围棋抛给人类的问题

职业九段棋手李世石与阿尔法围棋的交锋结束后，妈妈立马开始担心我了："如果人工智能也擅长写作，我的女儿该怎么办呢？"我听后先是笑了一会儿，又安慰她说："我产生的是无用的想法，但人工智能产生的是高效的想法。"在安抚她的同时，我的心中也产生了疑问：如果能创造出一个与我有相同兴趣和情绪的智能程序，它能写出与我风格相似的文章吗？虽然人工智能可以运用在写作上，但这种写作与人类的写作并不完全相同。

借助过去几十年的经验和与无意识间的合作，我创造了独属于自己的"写作"。我的写作并非基于某种可以运转的数据，而是基于看不见、摸不着也无法复制的灵魂。不过，看着李世石与阿尔法围棋的对决，好奇骤然涌上了我的心头。一场在过去难以想象的思想变革正在蔓延开来。围棋棋手并非仅仅将人工智能视为"敌人"，他们借由人工智能学到了一种新的思维方式。注视着阿尔法围棋走出的"神之一手"，我感到惊奇又恐惧。如果说棋手能通过对弈获得一种划时代的思维方式，那我能否一边与 AI 对话一边写作呢？如果人类能与人工智能合作而非对抗，也许就能创造出更有趣的工作。过去，我只觉得运用人工智能写作是难以置信的，现在却不由自主地展开了想象。

然而，有些事仅靠人类的力量才能实现。如果能将合适的任务委托给人工智能，人类就能埋首于更具创造性和艺术性的工作。最重要的是，生活在因人工智能而改变的世界里，决定如何生活的主体依旧是人类。我们不应放弃做梦的自由、眺望远山的自由以及放空的自由。无论人工智能蓬勃发展的时代有多么宏伟，我们都应守护好自身的存在与价值。无论何时，我们的无意识享有成为主角的权利。

如果有人问我"什么是歇斯底里"，我会以安娜·卡列尼娜为典例进行说明。没有任何匮乏感的安娜，过着华丽的贵族生活。然而，在被骑兵军官渥伦斯基的告白震撼后，她的内心发生了翻天覆地的变化。在这之后，一切都开始显得匮乏。丈夫对自己的爱变得不足，家财万贯也难以满足她内心的空缺。她开始感到疑惑，自己究竟为何能满足于以前那种不自由的生活呢？欣喜若狂的爱的初体验，将她变成了深感匮乏的存在。这就是歇斯底里的典型症状。歇斯底里的人会对人生的不足产生强烈不满，对别人所做的一切都感到无望。歇斯底里的本质在于，认为自己的生活从一开始就是个错误，误以为以前有过的幸福都是错觉。

当然，丈夫充满执念的爱践踏了安娜的生机，这是很有问题的。同样，以爱为名剥夺安娜婚姻的渥伦斯基，也有自私的一面。但安娜对生活的不满才是最具决定性的因素。这也体现了那个时代的无数女性的痛苦，她们除了做别人的妻子和母亲，寻不到其他的活路。聪明有才的安娜只因一次失误就毁掉了整个人生。卷入爱情风暴的安娜因贪求完美的爱情而无法自控，对渥伦斯基渐生怀疑，最终被毒品诱惑的模样，更让读者感到无限悲哀。难道除了这条路，安娜再也无路可走了吗？她明明能过上更好的人生啊。在看电影的过程中，我感到万分揪心。

安娜抛弃爱护自己的丈夫，与年轻人同居的激进选择显然很危险。但真正摧毁生活的原因在于，她失去了对自身生命的呵护。在对自身缺乏关怀的瞬间，她的爱欲越烧越旺，而对方的爱欲却越烧越冷。正当此刻，一直保护着安娜的生命之火开始熄灭。比起顺从深重的贪念，拥有强韧的自我意识并铭记自己是人生的主角，才是守护自己的秘诀。

在米开朗琪罗的雕塑中，我们能看到人类克服苦难走向永恒的意志。通过雕塑《垂死的奴隶》（约1513—1514），我们能感受到人类超越虚无缥缈的世俗世界，向着永恒和理想迈进时的美丽。对于米开朗琪罗来说，生活是不完整和痛苦的。那么，他想要摆脱的是什么呢？

生命最后的瞬间为何会如此美丽？在这个作品中，在生命的最后一瞬，弥漫着的不是"冷却的温暖"，而是"永不熄灭的生命力"。如果没有《垂死的奴隶》这个作品名称，我大概会将雕塑的含义理解为"充满喜悦的人"。也许，形容词"垂死的"和名词"奴隶"限制了观众对作品的自由理解。

奥古斯特·罗丹在《罗丹艺术论》中这样评价米开朗琪罗的作品："米开朗琪罗是哥特式艺术家中最后最大的代表。灵魂的反省的痛苦、生之厌恶、对于物质束缚的争斗，这是他的灵感的元素。"米开朗琪罗虽然热爱生命，但他鄙视生活的丑恶和世俗，这种耿直的品行在他的作品中也有所体现。《垂死的奴隶》歌颂了快要摆脱肉体躯壳，即将获得无限自由的人类之美。但矛盾的是，人渴望摆脱的肉身束缚，不才是这种美丽的发源地吗？

米开朗琪罗作了这样的诗："人类为何渴望生命和欢乐？地上的喜悦会诱惑我们、伤害我们。"米开朗琪罗的忧郁便诞生于此。他将地上的快乐视为敌对对象。到了晚年，他甚至毁坏了自己建造的雕像。看着作为人类的自己创造出的艺术，他无法得到真正的满足。他通过艺术追求无限，但艺术却被束缚在"人类"身上。如果他更加热爱地上的生活，如果他不把人间视为逃离的对象而是看作纯真的爱的对象，他的作品世界也许会呈现出另一种风景。

SUN
💬
对话

你已经痊愈了

不久前，有一位名叫 K 的读者坦言："我的成长似乎永远停在了'研究生面试'的那一刻。我的脑海中总是旋转着教授的冷酷目光和他的沉默。就算现在已经研究生毕业，我的心还是停在了那个被我搞砸的面试场里。"然而，与他无助的自我描述不同，他的文字是逻辑井然的。有时，虽然"内在自我"已经得到了治愈，但"社会性自我"却不了解这样的事实，甚至认为自己永远被困在了悲伤的一刻。我给不太清楚自己才能的 K 写了这样一封信。

"在我看来，你认为自己停止成长的想法是错的。如果你真的没有任何成长的话，怎么能写出这么好的文章呢？那些停止成长的人、因巨大压力而遭遇人生瘫痪的人，在写作上也会遇到极大困难。你能写出现在这样的文章，一是经历了艰苦的写作训练，二是原本就有令人惊艳的写作才能。含有退行含义的语句'我仍然被困在面试里'，意味着你将痛苦的自己囚禁起来。而退行的反义词就是成长和治愈。现在是时候走出时间的泥潭了，也是时候大胆地甩开创伤了。你的自性已经成长了许多。这并不是我单方面的安慰。作为一个长期研究文学和心理学的人，我客观分析的结果是，你的自性明明得到了发展，但超我却仍旧用残酷的视线看待自己。希望你能以更从容的目光去爱自己。如果爱自己很难，就先从照顾自己开始。愿你多多照顾自己，多珍惜自己，强烈地与自己共情。这是一项艰巨的任务，但我相信聪明又耀眼的你一定能做到。感谢你挺过了一切，好好地长大了。"

我也想将这封信传递给那些一直追求完美主义、为了变得更好不惜自我囚禁的读者朋友。

211

在孤独中发现自己

虽然经常听到"和孤独成为朋友"之类的建议，但人很难将孤独当作真正的朋友。在将孤独视为疾病的社会里，孤独真的能成为我们的安慰吗？在"独自喝酒"和"独自吃饭"等新造词流行开来的社会里，孤独对我们来说究竟意味着什么呢？诚然，独饮与独食具有极大魅力，但如果演变成终生的习惯，就会产生新的问题。独自做好所有事是一种卓越的能力，但若因"厌恶与人打交道"而逃往一个人的世界，与其说是渴求孤独带来的安慰，不如说是借孤独来逃避世俗。

如何才能不沉溺于孤独，且在独身与群居时都保持完整的自我呢？既懂得如何享受孤独又不过度沉迷于孤独，大概就达成了"中庸之道"。那么，在日常生活中，我们怎样才能坚守孤独的"中庸之道"呢？心理学家安东尼·斯托尔将视线投向了孤独的效用。他认为孤独的作用在于使人探索自己的道路。强调组织必然会破坏个体的创造性。当组织和纪律被视为最高价值，个体的感情会被压抑，就连自我也会遭到破坏。如果个体的自我被集体的自我吸收，个体寻找自我的道路就会消失。因为，在个体的自我尚未发育完全之前，"集体自我 = 个体自我"的公式已经被注入了大脑。

"独处很好。一个人也能很好地生活。"我们还没有充分体会这些道理，就被抛向了社会。"享受孤独"的建议也因此令人困惑，既然孤独如此艰难，到底要如何享受孤独呢？毫不夸张地说，孤独是守卫个体独立性的基本要素，与孤独相处的方式会严重影响我们的人生。除此之外，孤独还能帮人消化和管理情绪。独处时，我们可以在自己的空间里，回味和反思与人共度的某段时光。

据说，就算在极度重视礼仪和体面的维多利亚时代，女性在结束工作后也有安静的独处时光。走下社会生活的舞台之后，人如何补充自己失去的能量、如何享受休息、如何规划下一步行动，都会极大地影响自身的生活。在人格面具背后，每个人都需要安全的藏身之处。

吉尔伽美什，友谊的奇迹

　　阅读人类最早的长篇叙事诗《吉尔伽美什史诗》时，我感到很震惊。这一古老故事的核心竟然不是爱情，而是友情。我以为爱情是人类最初的叙事主题，这说明我的思维方式已经沾染了以浪漫爱情为中心的现代的氛围。实际上，大约在 12 世纪，献出生命的激情之爱才开始出现在西方文学作品中。如此说来，爱情在整个人类历史中占据重要的地位也是最近才有的事情。当我摒弃寻找爱情痕迹的旧习惯，重新唤醒友情的珍贵，曾以为无聊的吉尔伽美什的故事，开始为我带来崭新的感动。

　　在《吉尔伽美什史诗》中，国王吉尔伽美什原本只汲汲于填满自身的欲望。在遇到值得抗衡的敌人恩奇杜之后，友情令他逐渐成长为英雄。以前，吉尔伽美什不仅掠夺百姓的财产，还掳走别人的新娘。束手无策的百姓无法与他抗衡，只能持续地受苦。当强大的恩奇杜现身并阻止他的独裁与专横时，吉尔伽美什感到惊慌失措。起初，两人拼命地与对方对抗，但不知从何时起，他们开始化敌为友。

　　当吉尔伽美什初次遇到能够打败自己的对手，他的恐惧开始生根发芽："如果继续这样战斗下去，迎接我们的只有死亡。"在绝处逢生的瞬间，他意识到化敌为友既是生存的秘诀，也是人生的智慧。友谊能令人明智地生存。在吉尔伽美什恐惧两败俱伤的时刻，他终于感知到了他人的存在。这一刻，化敌为友的益处也变得不言而喻。

　　有时，朋友会成为比家人和爱人更坚实的存在。当我们得不到家人的帮助，无法从恋人那里获得爱意时，朋友能给予我们无条件的联结感。

213

创建独属于我的读书会

每当读者问到"想举办读书聚会，但不知该怎么开始"时，我都会这样建议："只要有一个朋友就够了，现在马上开始吧。"但实际上，我自己也没能举办一场读书研讨会。以没有时间、内功不足等理由持续自我合理化的我，总是对此一拖再拖。直到我的老师兼至亲 H 患病，我才开始正视这个问题。

从很久以前开始，我就茫然地如此幻想着："如果有一天能办一场属于我自己的聚会，一定要请 H 老师做第一个客人。"不过，我总觉得自己的实力还不足以这么做，也就一直推迟着这个想法。直到某天，我突然听到 H 要做一场大手术的消息。悲伤与震惊使我眼前一黑，更令我的心忙碌起来。抱着危机也是机遇的心态，我鼓起了给 H 老师打电话的勇气。

"老师，就像柏拉图的'飨宴'那样，我们能不能也办一场聚会？不看'首尔大学教授推荐的 100 部经典'和'哈佛大学教授推荐的 100 部经典'之类的经典书单，就只讨论我们为彼此推荐的书如何？"说这话时，我捏了一把汗，生怕会遭到拒绝。但他却回答得很爽快："好啊。那就举办只有我们俩的飨宴吧。"就这样，我们朴素又兴致满溢的飨宴开始了。

虽然聚会曾在几个月后因 H 老师的手术而暂时中断，但我们每月都会举办一两次聚会，亲身实践着飨宴的乐趣。老师向我推荐了柏拉图的《飨宴》（或译作《会饮篇》）《苏格拉底的申辩》和《斐多》等，我则向他推荐了《简·爱》《呼啸山庄》和《傲慢与偏见》这类书籍。虽然彼此的喜好天差地别，但这种巨大差异正是我们持续进行飨宴的原动力。对古代哲学缺乏了解的我，也领略到了柏拉图所具有的另类魅力。《飨宴》虽然描绘哲学家的聚会，但叙事与文体却极具文学性。就这样，我们弥补了彼此的不足，持续举办美丽的读书会。

214

THU
人

超越 30 多年的友谊

第一次见到比我年长许多的 H 老师时，我没有勇气克服和他的代沟。然而，没过多久，我们就一起克服了 30 多岁的年龄差距，结下了深厚的友谊。是 H 老师先向我这个迷茫的后辈敞开心扉，不厌其烦地阅读我的文章，给予我恰当的鼓励和指责。通过 H 老师的文章，我逐渐理解了战后一代的创伤；通过我的文章，H 老师则对女性视角和年轻一代的问题意识产生了共鸣。

从很久以前开始，我就想谈谈"友谊"。但对于这种能令人战胜逆境、改变人生的关系，我是缺乏自信的。我似乎缺乏关于友谊的天赋。动辄为别人言语所伤的我，已经与很多朋友失去了联系，也与很多朋友走向了彻底的绝交。我总是狭隘地将友谊的范围框定在同辈人身上，从未想过 H 老师也能成为我的"挚友"与"死党"。

我一直是个孤独的人。过往断绝过无数缘分的我，究竟为何能与 H 老师保持如此长久的友谊呢？一直以来，我们不断地谈论经典著作、音乐、电影、世情、时局、朋友与熟人。虽然我们有着 30 多岁的年龄差，拥有不同的性别与成长环境，怀揣着不同的政见，但却从未侵犯过彼此的立场。我们的朋友关系基于尊重对方的差异和关怀彼此。

即便是很难交到朋友的我，也拥有这样一段不费力就能维持下去的友谊。我想将这种友谊的力量分享给全世界。人既能与人为敌，也能化敌为友。通过这样的过程，人类得以抵御世间的风波，适应扑面而来的各种变化。表面上，敌对与冲突中存在着优势方，但这种优势不足以带领人类迈向胜利，它的力量远不如友谊、对话、协商和民主。人类的胜利不在于敌对与冲突，而在于战胜愤怒和仇恨、化敌为友。通过长久的友谊，希望你能在孤独的人生寒流中获得活下去的勇气。

215

FRI
电影

失去感情的社会能让人幸福吗

在电影《同等族群》描绘的乌托邦社会中，人类已经能够控制自己的情感。但电影的题材到底是乌托邦还是反乌托邦，却令观众混淆不清。在遥远的未来世界，不哭也不笑的人类失去了情感上的起伏。盗窃与杀人等各种犯罪行为已经消失，人们的脸上既没有绝望，也没有希望。

有一天，目睹同事死亡的西拉斯（尼古拉斯·霍尔特饰）在事故现场发现了尼雅（克里斯汀·斯图尔特饰）情感上的细微震颤。原来尼雅的情感复苏了。嘴上说着"寻找劳动力代替自杀者"的她，感受到了手指被刺痛的战栗。随着她每一次的眼皮轻颤和每一次的手指移动，西拉斯也感到一阵阵的情绪波动。在这个像控制病毒一样控制情感的社会里，西拉斯发觉自己永远不会快乐。看着为了假装正常而疯狂控制情感的尼雅，西拉斯第一次感受到了爱。就这样，疯狂心动的两人体验到初恋的甜蜜，享受了与心爱之人拥吻的美妙。西拉斯开始对往常的工作感到乏味，他开始凝望远山。见不到尼雅的时候，他的思念总是奔涌不息。洗澡时，他感受着水落在手掌上的感觉。这就是活着的感觉吗？这种感觉源于爱。为了守护这份爱，他们策划了一场"逃离"计划。

比起控制情感，心理学教我们珍惜感受到的每种情感。通过学习心理学，我学会了处理以往不曾知晓的情感。那些陌生的愤怒、长期积攒的烦躁和无法化解的悲伤，都需要我们一一整理与关照。就像整理旧衣柜一样，我们需要将堆在衣柜里的衣服拿出来，把衣物洗净、熨烫或丢弃。在看这部电影时，我意识到了这一点：如果能从容地照顾自己的心，情感就永远不会成为诅咒和障碍。无论控制情感有多困难，能够感受到情感，本身就是一种伟大的祝福。

给予彼此力量的爱情

　　若有人问我何谓惋惜之情，我想向他展示卡米耶·克洛岱尔的雕塑作品《华尔兹》(1895)。惋惜是一种充满治愈的情感。惋惜是想更爱却无能为力，是想更珍惜却无法落地于现实。《华尔兹》极佳地展现了这种无可奈何的悲伤的预感。我是如此渴望舞上一回，但这好似就是最后一支舞；我多么想全心全意地爱你，但这份爱似乎不得不止步于此。卡米耶·克洛岱尔懂得捕捉浓缩于人的"故事"。每个人的靠近，都承载了一生里所有千变万化的故事，而卡米耶·克洛岱尔则刻下他们深邃丰富的神情，将人的一生凝于一瞬。通过她的作品，我读到了那些历经痛苦才能如花绽放的美好故事。

　　一对倾斜着身体的恋人展露着急促惊险的舞姿。在这支舞结束之后，他们似乎就要分道扬镳。每次看这件作品，我都会感叹其绝妙的姿势和令时间定格的表现力。无论从哪个角度看，两人的表情都算不上细致，但他们以全身来演出那种无法承受的悲伤、无法摆脱的爱情和永无止境的痛苦。女人的裙摆在风中摇曳，显得脆弱又岌岌可危，蕴含着爱情的悲剧属性——不知何时就会走到尽头。她似乎很快就要因爱情的痛苦和离别的预感而晕倒。男性也处于危险之中。支撑着女人身体的他也陷入了悲痛。即便不细看男人亲吻女人纤弱肩膀的神情，也能感受到一股深重的悲伤。他的脸埋在她的肩头，他的身体在倚靠着她。

　　所以，这种倚靠是相互的。如果两人单独站立的话，就无法维持好这个姿势。正因两人靠在一起，才能在"无法停止的华尔兹"中对抗重力，惊险地抓住重心。他们不能停止舞蹈。当这支舞结束，两人就要天各一方，这份爱也要走向尽头。这份爱美得令人心寒。尽管如此，这令人心碎的美最终治愈了我们。

217

我不是别人的替代品

上写作课时，我会和学生分享信件。没法在课堂上进行一对一指导时，我们就会通过邮件交流更深层次的故事。在各种媒介中，信件最能让人安然吐露心声。长期以学生身份生活的 M 向我讲述了他首次挑战教师生活的故事。他说每当自己参加各种面试或进入某个新组织时，都会感到自性被抹去、自我重新苏醒。如果为了就业而向现实妥协，他会担心好不容易找回的自性再次被抹去、在意社会视线的自我再次增强。但他同时也坦诚，每当开启一个不知会如何的新挑战时，用尽全力的感觉使他感到充实。读着他的信，我的心情明媚起来。刚开始上写作课时的 M 很腼腆，现在的他已经能明明白白地表达心声了。

M 第一次没有接受任何人的指导，开始独自面对挑战。他没有在面试开始前寻求我的指导，而是在面试结束后才讲述自己的感受。这既是与他人的真正沟通，也是不依赖他人的"独自书写人生"的过程。M 压制住想要依赖我的渴望，真心把我打造成平等的对话对象，他正在迅速成长。当时的 M 也在厘清与指导教授的依赖关系，因而我的态度更加小心谨慎。在他与指导教授离别的过程中，存在着将我当作替代品的危险。我不是他老师的替代品，我想成为真正能与 M 平等沟通的朋友。迅速看破我心思的 M 为了不给我带来负担，也为了和我更深入地交流，选择了书信这一媒介。

我是这样回复 M 的："你属于那种能在写作中学到很多的类型。很显然，写作和表达有助于你释放压抑的情绪。你正坚定地站在一条美丽的自性化道路上。不要害怕，大胆地向前走。虽然你现在已经做得足够好，但也随时面临着被痛苦情绪吞噬的危险。我会一直支持你，希望你能穿过阴影，绽放更多的光芒。"

218

MON

心理学

正念之路并不遥远

当愤怒和嫉妒等令人疲惫的情绪涌上心头时，如果我们的体内能燃起一盏隐秘的灯或接收到微弱的警报声，那会怎样呢？也许我们会更少发火和闯祸。当愤怒、嫉妒、绝望、怨恨等情绪将我们生擒时，如果能认识到它们的危险性，我们就能更冷静地应对自己的情绪变化。虽然这些磨人的情绪难以阻挡，但如果人能保持对它们的"觉知（awareness）"，就能保护自己免受情绪爆发的影响。"正念（mindfulness）"意味着深入观察自己正在经历的情绪，温柔地觉察内心深处存在的事物。

每当苦恼该如何练习正念时，我都会翻开斯瓦密·维渥堪纳达的著作《心灵瑜伽》。作为印度教著名的精神领袖，维渥堪纳达以向导式的伟大语言启蒙着读者。在写作中与宇宙进行交流的我明明是深情宽厚的，为何到了日常生活中竟然会有这么多失误？为何理想中的我与现实中的我如此不同？过去的我总是因此而批评、责备自己。多亏了维渥堪纳达的教导，我才能轻抚幼稚又难以自控的"真实的我"，向"理想的我"迈出宝贵的第一步。

维渥堪纳达说，怀抱理想的人会失误一千次，但缺乏理想的人会失误五万次。因此，人最好能怀揣理想。理想应当渗入我们的心脏、大脑和血管，刺激我们的每一滴血液，润湿我们的每一个毛孔。理想应当充满我们的心房，直至我们为其发声、将其付诸行动。怀揣理想且时常犯错的人生，远胜于毫无理想又羞于犯错的人生。我们置身于青葱理想中，将失误变成日常的人生，也非常珍贵。正念练习是一种将"真实的我"提升至"理想的我"的斗争。在理想渗入体内、刺激血液、润湿毛孔之前，心灵向理想前进的步伐绝不能停。

218

毫无执念地去爱

在金爱烂的小说《老爸，快跑》中，与父母断绝情感依恋的成熟少女登场了。她的出场不禁令读者思考，究竟什么才是真正的心理独立。某些有钱有势的父母为子女付出一切，试图将子女打造成像自己一样凌厉的标杆人物。他们不仅觉察不到爱与执念间的界限，还试图以爱的名义掩盖一切不公与腐败。与此同时，那些正直朴素地抚养子女的父母，却因手无寸铁而受到伤害。

在这本书中，一位既不执着也不自怜的母亲形象跃然纸上。当我放声朗读这本书时，两位精干的女性形象涌入脑海。一位是即便周围空无一人，也能独自用剪刀剪断脐带生下女儿的母亲；一位是丝毫不为母亲感到难过，堂堂正正地与世间交战的聪慧少女。以开出租车为生的母亲艰难地抚养着女儿，但母女之间弥漫着的，却是隐隐的幽默与无形的关怀。某一天，在自己出生前就临阵脱逃的父亲离世了，这并没有让女儿感到惊慌和愤怒。相反，她幻想了父亲对"父亲身份"的恐慌，试图理解逃往遥远异国他乡的没出息的父亲。

母亲教会了女儿如何不自怜。她没有对失去父亲的女儿感到抱歉，也不觉得女儿令人心疼。我想，这就是母亲送给女儿的伟大礼物。她们之间的关系谈不上完美，也不能彻底地理解对方，但始终对彼此堂堂正正。这大概就是母女之间能够建立的最佳关系吧？

毫无自怜与执念的母亲将女儿养得非常健康。这位美丽的单身母亲将在读者心中久久留存。通过这位看似平凡的母亲，我深深地感受到孕育生命的力量。如果我们深爱某人，就不要替他承受艰辛。爱一个人，不一定就要成为他的盾牌。无论我们爱的人有多么伟大的导师、教父、教母，最后一步也必须由他亲自迈出。

　　美丽庭院是我未曾拥有、难以拥有却渴望拥有的存在。自从成了旅行狂人，我对庭院的迷恋程度加剧了。一座美丽城市里，一定有与之相配的庭院。从莎士比亚的故乡——斯特拉福的众多庭院，到赫尔曼·黑塞的蒙塔诺拉庭院，再到莫奈的吉维尼庭院，美丽的地方总有被人长久铭记的庭院。

　　美国传奇诗人艾米莉·狄金森认为，她的诗歌本身就是盛开于脑海中的花朵。通过园艺之乐，卢梭找到了内心的安息处，并以此保护自己免受各路批评的攻击。患有严重抑郁症的英国女作家弗吉尼亚·伍尔夫在丈夫打理的庭院里散步时，会流露出幸福的神情。患有严重哮喘的法国小说家马塞尔·普鲁斯特独自待在放有盆栽的房间里，以此将浩瀚的森林引入身畔。像这样，无数哲学家、作家和艺术家从庭院中汲取自然的惊奇与神秘，一致将庭院作为无限的灵感源泉。

　　于艾米莉·狄金森而言，花园是避难所，可以用来逃避充满苦难的日常生活。她没有参加父亲的葬礼，只是微开房门倾听葬礼，以此来代替哀悼。让这位隐居型艺术家甘愿将手脚沾上泥土的就是庭院。人们对她的评价是厌恶人群和不适应社会，但她与花草树木之间对话，以无数手写信件代替与人见面，已经足够让她维持人际关系。

　　总有一天要拥有庭院的想法源于我内心深处根深蒂固的占有欲。其实，努力找寻人人都能享受的"市民庭院"，不亚于孤身一人时的庭院之乐。值得反思的是，我的视角中只有享受庭院之乐，并没有打理庭院所需的劳动与责任。我想，不占有任何庭院也无妨。因为我目光所及的一切庭院已经构成了一种梦幻般的拼贴。这使我内心的庭院成形。如果可以的话，我也想邀请厌倦生活的你来我这美丽庭院一观。

221

梭罗，希望的使者

　　在为二十多岁的年轻人举办人文讲座时，我提出了这样的问题："大家想选哪一种人生呢？第一种是充满期待但随时可能失望的人生；第二种是没有任何期待，也就根本无须失望的人生。"听我说完之后，年轻人的神情有些迷惑不解。第一种选择更可能令人失望，但它也能让人充满活力地热情生活；第二种人生不太可能令人失望，但很容易使人变得冷漠无力，也容易带来"就算实现了梦想又怎样"的消极态度。这时，一个年轻人站起来，说："我的头脑选择了第一种人生，但实际上我正在离第二种人生越来越近。对此，我感到有些恐惧。"我听后坦言，自己二十多岁时其实也认为第二种人生更舒服，但最后却因这种愚蠢的想法而痛苦许久。因此，我恳请在座的年轻人永远不要选择第二种人生。我希望他们能过上一种不失希望的生活，随心所欲地品尝绝望与失败。

　　原本充满希望和信念的我们，会因各种失败和他人的看法而降低期待。当我阅读《梭罗野花日记》时，我想向梭罗学习那种"不失信念与期待的态度"。梭罗不仅是美国著名的作家、哲学家，也是在康科德茂密森林中独自探索的植物学家。他像管理银行账簿一样，准确记录了花朵的绽放时间。无论在多么严酷的寒冬，他都热切期待着春花的绽放。

　　梭罗是出身于哈佛的精英，却并未像友人一样奔跑在成功的阳关大道上，而是选择在深林中做一位隐居的贤者。如此行动的他并非怪人，只是很早便意识到了：与自然共存能拯救即将被欲望窒息的贪婪人类。不管黑夜多么漫长可怖，梭罗从未失去对黎明的盼望。他坚信到了来年春天，自己所爱的野花必将再次绽放，并以这种信念挨过了许多孤寂。他能觉察到城里人难以注意的事物，诸如每朵野花的不同形态和树木的色泽变换之类。这种时时惊叹于奇妙自然的盼望之情，便是梭罗无人能夺走的纯真，也是将梭罗塑造为深林贤者的动力。

是什么使她成了怪物

以主角艾米失踪为开端的电影《消失的爱人》令人疑惑：究竟是何种力量使人变成了怪物？艾米在一本精心策划的日记中，将自己描绘为"在怀孕期间被丈夫遗弃和谋杀的可怜女人"。为了营造自己被绑架的假象，她甚至捏造了被丈夫用钝器击中后大量流血的痕迹。到底是什么让她变成了如此残忍的怪物？首先，父母的责任不可不追究。身为儿童心理学家的父母，从小就刻意将自己的独生女艾米培养成出类拔萃的"商品"。在父母笔下的童话书里，艾米总是以"了不起的艾米"形象出场，这如山洪般掩盖了现实生活中平凡的艾米。不管艾米怎么努力，还是对书中的"艾米"望尘莫及。父母通过将女儿商业化，赚取了巨额的利润。每当女儿违背自己的期望时，他们就会让小说中的"艾米"大展宏图，以此享受一种奇特的满足感。

通过引导舆论，艾米先是将自己塑造成被丈夫虐待的悲情女人，又将自己包装成通过"正当防卫"杀死跟踪骚扰者的英雄。如果没有过热的报道竞争和狂热的公众，也就不会有"了不起的艾米"了。由媒体统治的、只要出名就能忍受一切的世界，也是促成艾米反社会人格的重要因素。艾米的丈夫尼克声称自己不能离开妻子，但这并非因为她肚子里怀着孩子，而是因为他无法与一个"普通女人"生活。公众并不了解艾米的反社会人格，艾米越说"更大的谎言"，就越被华丽的口才和绚烂的形象所迷惑。最终，她成了谎言的奴隶，超越了父母创造的艾米形象，成了自己创造的"怪物艾米"。而她的丈夫和子宫里的孩子，也沦为了新闻业的商品。

比失去财富和名誉更糟糕的是，愤怒最终使他们失去了自己最看重的东西。当愤怒摧毁一个人时，它会抹杀原本美好耀眼的事物。愤怒会不断从人身上夺取东西，而让人愤怒就意味着征服对方。同时，无休止的执念也会将人变成怪物。如果只要有"爱"就足够，如果不执着于拥有更多，艾米和尼克就不会变成一对互相控制和监视的可怕夫妻。

梦想自由的战士，阿拉克涅

我最爱的角色都有一个共同点——能在才华与热情中找到自由。希腊神话中的阿拉克涅是我的理想型。她对神的威胁毫无畏惧，坚定地走着自己的路。阿拉克涅的挂毯并非象征女性宿命般的劳作，而是象征了一种伟大的艺术武器，令她向着被禁止的自由行军。拥有非凡编织和刺绣本领的阿拉克涅声称，自己的技艺胜于女神雅典娜[1]。听闻此言的雅典娜变身为一位老妇人，前去窥探阿拉克涅的编织。委拉斯开兹的画作《阿拉克涅的寓言》（1657）描述了变身为老妇的雅典娜对年轻女子阿拉克涅超凡脱俗的技艺发出赞叹的场景。在古罗马诗人奥维德的《变形记》中，雅典娜对无畏挑战众神的阿拉克涅大发雷霆，将她变成了一只蜘蛛，并诅咒道："那你就一直织蛛网吧！"但站在艺术家立场上的画家，却不动声色地拥护着阿拉克涅的反叛。

在委拉斯开兹的画作中，阿拉克涅纺织的挂毯处于画面中央，挂毯内容是宙斯诱拐凡人女孩欧罗巴[2]。阿拉克涅揭露了众神之王宙斯的恶行，这令他的女儿雅典娜感到不快。阿拉克涅大概是首位主张艺术没有禁区，连神也无权干预人类艺术的女性艺术家。

这幅画以画中画的形式构成，因而更加妙趣横生。雅典娜与阿拉克涅史无前例的"神人对决"让画面充满了岌岌可危的氛围，画面上方则隐约呈现着阿拉克涅已完成的杰作。披露宙斯恶行的挂毯威胁了"众神的秩序"，惹得雅典娜怒气冲天。亲眼确认过阿拉克涅的技艺后，雅典娜的愤怒达到了顶点。

虽然阿拉克涅变成了蜘蛛，但画家并没有督促观众从"人类的傲慢"中吸取教训，而是追逐了艺术家该有的大胆自由。借由阿拉克涅的挑战，我们也得以知悉：连神也无法阻止艺术家的创造性热情。

---

[1] 雅典娜：希腊神话中的智慧女神和战争女神，奥林匹斯十二神之一。

[2] 欧罗巴：希腊神话中的腓尼基公主，欧洲大陆以她的名字命名。

SUN
对话

摆脱欲擒故纵和执念的自由

不仅情侣之间，朋友之间也有"欲擒故纵"。上心理学课时，我收到很多有趣的问题。其中一个问题令我很是惊慌失措："人际关系中需要欲擒故纵吗?"回想起来，我既没"欲擒故纵"的天赋，也没什么眼见儿，反而更少受伤。因为我没把精力用在此处，也没为了看人眼色而伤脑筋，所以才能在生活中呈现出真实的面貌。人际关系中最宝贵的武器不是欲擒故纵，而是永远透明的真诚。我们无须推拉或算计，只要有一颗明朗的真心便好。

并不是所有人都喜欢欲擒故纵。相反，对此感到痛苦的人更多。即使不是恋爱关系，工作和家庭关系之间也存在欲擒故纵。"我该怎么做，才能让他那样呢?"如果这只是玩笑，又能使关系变得更愉快，那就没有问题。但这如果演变成一种思考方式，就会让对方陷入考验。

如何在不欲擒故纵的情况下，保持良好的人际关系呢? 也许是别太在意别人对自己的看法，别过分计算或是变得不安吧。没有欲擒故纵也能相爱，我们应该学会用更多的赞美和更深的温暖来拥抱彼此。

不一定要用物质和劳动来表达心意，只要温暖地表达"想要好好相处"的愿望即可。如果用物质和劳动来表达心意，年龄小的一方或社会弱势群体往往会受到伤害。就让我们简单表达一下"想要好好相处"的心愿吧! 先热情地打招呼，自然地微笑，问对方中午吃没吃好吧。哪怕是微小的言行，也能使关系变得柔和。

对任何人都展现出最热烈的诚意是最高的善行。这种善行绝非损失，它能使我们变成更好的人。我唯一的秘密就是没有欲擒故纵和算计，只传递真心。付出真心后无怨无悔地受伤，也胜于伴随着欲擒故纵的复杂痛苦。现在，我梦想的不是给予和接受的算计关系，而是一种越付出越令自己强大深邃的关系。

225

不亏欠任何人的幸福

　　幸福是最好的疗愈剂。如果懂得随时随地感受快乐，疗愈创伤之路离我们就并不遥远。从更快地奔向名为幸福的目标，到缓慢而质朴的北欧式幸福观，我看待幸福的观点发生了巨大变化。我开始认为幸福不是"外部条件"的问题，而是"内部自主性"的问题。例如，谈到从食物中获取快乐，以前的我会渴望著名餐厅的"成品味道"和"最佳服务"，现在的我则更享受在家做饭的乐趣，尽管我对此仍感到有些生疏。真正的幸福并非源于"卓越"和"富裕"，而是源于亲手改变生活的自主性。

　　《北欧万物论：寻找更美好生活》的作者安努·帕塔农出生于芬兰，在与美国人结婚并移居美国后，她曾秉持的理所当然的价值观被打破了。芬兰人从小就明白"人需要为自己的生活承担全部责任"，而美国人则连大学学费、生活费和保险费都要依靠父母。到了中年，美国人还要耗费巨大精力来照顾年迈的父母。这种家庭成员之间的绝对依赖状态，不仅没给人带来稳定与舒适，还给人带来了沉重负担和长期压力。在美式资本主义的影响下，美国的社会安全网处于极其薄弱的状态，可以说，生活质量的好坏取决于个人能力的高低。因此，许多成年人颇为不幸地依赖着其他家庭成员，难以靠自己的力量过好生活。韩式资本主义则造就了更严峻的家庭依赖关系。因为是某人的父母、因为是某人的子女，我们背上了太多责任，也很难向别人坦白这种负担的重量。

　　北欧生活的核心理念是：真正的爱情和友谊只在独立平等的个体之间实现。北欧生活是一种不亏欠任何人的生活，也是一种不将幸福托付给任何服务和企业的生活。能让我们幸福的人只有自己，摆脱对家人的过度依赖是幸福的开端。

他们也像我一样痛苦孤独

"该怎么办呢？我的生活还不稳定。到底什么时候才能成为全职作家呢？"在成为作家的第 15 个年头，这些苦闷还是时常将我裹挟。作家的安全感匮乏不仅涉及经济层面，哪怕在一定程度摆脱了经济困扰，作家这一职业所携带的焦虑也不会消失。这种焦虑不仅由自由职业的属性引发，也源于一种原始性不安：我真的在走自己的路吗？

《作家、金钱和谋生的艺术》一书讲述了众多作家对现实问题的不同立场。即便是著名的畅销书作家，也大多遭受过巨大的经济困难，而且他们中大部分人不是全职作家，而是兼职的广告撰稿人、讲师、书刊编辑、与写作完全无关的木匠。在这本书中，有的作家因没钱去理发店而直接剪掉头发，有的作家因没收到版税而透支信用卡交房租，有的作家甚至成了"幽灵作家"，被迫替人代笔。所有这些充满现场感的真实故事，都证明了在当今的资本主义世界中，以写作谋生是一件多么困难的事。然而，他们异口同声地呐喊着一个火热的真相，那就是在任何危急状况下，都绝不会放弃写作。

这本书不仅涉及作家如何谋生的问题，还讲述了女性作家、同性恋作家和有色人种作家的故事。在这个充斥着歧视与不平等的社会中，许多作家在以白人男性为中心的文坛中受到各种孤立。本书不仅对此进行了真挚反思，还探讨了梦想与生计、创作与出版、艺术性与商业性等问题。归根结底，这一切都是梦想着写作的人必须面对的战斗。我由衷地爱着艰苦的写作过程。我不想成为放弃自己的生活、一心取悦他人的"讨好型人格"。不管别人怎么说，我都想幸福地写作，并以此在可怕的丛林法则中顽强地生存。

227

WED

日常生活

在这里，传授平凡幸福的意义

马罗尼埃公园[①]的首要魅力是"适合等待"。即便终日等待某人，公园周遭的纷繁景致也不会令人厌烦。同时，不冷不热的天气也令长久等待成为可能。在这里，你可以聆听街头歌手的歌声、观赏霹雳舞者的即兴舞蹈、围观集会、看别人打羽毛球。最重要的是，这是一个不用看人眼色的空间。无论在这里做什么，你都不用太在意别人的视线。

马罗尼埃的第二个魅力是"适合初次约会"。当然，这是一个非常主观的（？）经验，但我会将这里推荐给纠结初次约会场所的人。初次见面的话，彼此总是免不了尴尬，此时便要以周遭的景致当作参考。这里有很多演出海报，有很多看点，最重要的是这里有着丰富多彩的人文风景，因此这里可供对话的元素非常丰富。当彼此拘谨到难以忍受，游人的气息就会涌入这种尴尬的生疏。无论是走进帐篷咖啡馆的恋人，还是画肖像画的画家和宣传演出的人，都会抛出可供热议的话题。无数艺术家在马罗尼埃驻扎的激情，也为爱情的开启增添了心动。"他们和我们一样，也在经历人生中最重要的时刻啊。"不断涌现新话题的马罗尼埃公园是开启初次约会的理想场所。

马罗尼埃的第三个魅力是"适合闲逛"。在不约会也不等人的日子里，马罗尼埃公园也是个散步的好地方。如果在德黑兰路或汝矣岛的证券街闲逛一整天的话，很容易被当作"奇怪的人"。然而，如果在马罗尼埃公园附近转上一天，就算反复与陌生人擦肩而过，也丝毫不会有什么尴尬。马罗尼埃的魅力在于，就算在散步时偶遇电视上常见的艺术家，也能像遇到熟人一样自然地同他们打招呼。无须购买任何东西或达成任何目的就能自由享受的免费户外空间，可能是首尔最缺乏的空间。我希望首尔有更多像马罗尼埃这样的"零成本、零负担"空间，供大家漫无目的地闲逛。

---

① 马罗尼埃公园：位于首尔钟路区东崇洞，首尔大学法学院原址。

THU
人

普赛克，超越人类极限

当普赛克爱上丘比特时，她感到自己的存在被撕成了碎片，陷入了痛苦之中。与此同时，她也感受到一种从未体验过的耀眼的喜悦。她似乎能超越自己的极限，成为一个与之前完全不同的存在。这是我想向普赛克学习的爱的能量。她教给我的不是毁灭自己的爱，而是重新创造自己的爱。但问题是，在重新创造自己的过程中，我们不可避免地与摧毁自己的力量搏斗。普赛克不惜冒着死亡的风险投身于危险当中，她的心中一定有这样一个信念："这份爱，绝对值得我去冒险。"

有时，为了让摔倒的孩子独自站立，父母要压制帮助孩子的心，看着孩子自己爬起来。同样，我们偶尔也要放任别人的痛苦。当普赛克失去丘比特并陷入绝望时，她必须经历所有的挑战才能再次找到他。这样的考验是我们必须独自经历的命运转折点。我们就是这样成为"女人"、成为"大人"、成为我们所爱之人的"女神"。普赛克与摆在她面前的命运做斗争，得以成为真正的自己。与自性相遇是比登上神位更重要的使命。

普赛克之所以能从普通女人变为女神，不仅是因为她成功完成了自我实现，还是因为她拥有自我疗愈和疗愈他人的女性能量。而只追求成功的人往往会缺乏这种名为"阿尼玛"的女性能量。

最终，普赛克亲手争取到属于自己的幸福。丘比特是神，普赛克是人。如果普赛克因为人神不能结缘而放弃，在今天，我们就看不到如此动人的神话故事了。当我们敢于冒险，同时准备好守护自己的力量，就能像普赛克一样，成为超越自身的存在。

229

永不知足的悲伤

　　虚荣的代名词——包法利夫人想过上和小说主人公一样的生活，但实际上，她却成了人们绝对不想模仿的小说主人公。"我不是像包法利夫人那样的女人"是女性不会陷入虚荣和廉价浪漫的独立宣言。与包法利夫人相似让人避之唯恐不及，但我们又无法轻易将目光从她身上移开。包法利夫人的魅力并没有随着时间流逝而隐入尘烟。"绝对不想相像却又移不开眼"对读者而言是一种负罪的享受（guilty pleasure）。

　　对包法利夫人最常见的批评是，她以不属于自己的事物塑造自身。换句话说，她参照小说主人公来创造对真实生活的渴望，而不是参照自己的欲望。批评家认为这种妄想损毁了现实，令其只能沉浸于幻想中，余生都无法发现真实的自我。然而，对他人生活的渴望也给了人发掘和实现自己生活的无限可能。人不停滞于眼前的现实，对"他者"怀有想象，这难道不意味着一种无穷的可能吗？对"他者"生活的渴望几乎是人类的本性，也许包法利夫人错在想象得不够多样。

　　围绕包法利夫人的另一丑闻不是不伦或荒淫，而是猖狂凶猛的"购物中毒"。令其吞食砒霜自杀的直接原因，是疯狂购物造成的滚雪球般的债务。如同新欢无法满足无底洞一般的欲望，人对物品的欲望也会疯狂。包法利被称为"现代人的肖像"的原因之一，是因为她那不可阻挡的购买欲和标志性的"无法避免的倦怠"。她总是在等待新事件发生，等待浪漫小说里的情节上演，但现实世界却跟不上她期待的速度。在那个强锁女性欲望之门的时代，包法利夫人显然有过抗争。虽然她的抗争是以悲剧收场，但她留下的问题仍然有效。我们该如何为自己谋求获得幸福的权利，又该如何与阻碍这种权利的社会抗争呢？这是包法利夫人抛给我们的话题。

爱情中各种欲望的隐秘

阿尼奥洛·布伦齐诺的画作《维纳斯和丘比特的寓言》（1545）包含了关于爱的一切解答。从"欲望"的角度看待爱情，是这幅画所蕴含的革命性。布伦齐诺捕捉到了"隐藏在爱中的欲望本质"，于1545年创作出这幅颇具进步性的画作。

这幅画既包含了爱情最丑陋的一面，也包含了爱情最美好的一面。丘比特与维纳斯如同恶作剧一般充满挑逗地接吻，这一场景能瞬间俘获观众的注意力。站在这幅画作面前，人们能感受到被禁止的快乐、邪恶的欲望和不祥的挑逗。这让人不禁思考，为何画作的题目中会有"寓言"二字？维纳斯一手拿着丘比特的箭，一手拿着一个苹果。丘比特之箭显示了神以箭决定爱意的无辜的调皮，而苹果则带有比这更丰富的象征。如果说这是夏娃吃下的"善恶果"，那它便象征了"欲望"与"知识"；如果说这是间接导致特洛伊战争的"金苹果"，那它则象征了"战争"与"不和"。无论是哪种寓意，苹果都是激发冲突的导火索。

据说，手握玫瑰的微笑孩童象征着"嬉戏"与"戏谑"，踩到荆棘却毫无痛苦神情的孩子象征着"愚蠢"，露出灿烂微笑的美丽少女象征着"欺骗"，而痛苦尖叫的人则象征着"嫉妒"。面带微笑的女孩是如此独特。她拥有蛇的尾巴，脚呈狮爪形，一手持心脏，一手持面具。手持心脏的女性懂得千变万化的变装术，将人心玩弄于股掌之间，这体现了爱情的另一本质——欺骗。背着沙漏的克洛诺斯是"时间之父"，他是否象征着爱情在时间面前的无能为力呢？任何花哨的伪装和复杂的心理战，在时间面前都显得不堪一击。这幅画似乎具有一种神奇力量，能让人久久流连，回忆起爱情的无数面貌。

231

减压训练

"您是如何缓解压力的?"这是经常出现在演讲和电子邮件中的问题。似乎很多人都在寻找缓解压力的方法。虽然我的方法过于朴素单纯,但当我给出自己的回答时,读者的反应却出乎意料的温暖。其实,缓解压力的方法离我们并不遥远。

为了缓解压力,我最常用的方法是阅读一本合我心意的书籍。虽然不知道这种小方法是否真的能缓解压力,但对我来说,这是缓解压力的最佳方式。如果我能全心全意地读一本书,无论当下有多么辛苦,我都会有活着的感觉。有那么一刻,读着自己中意的书籍,我会情不自禁地想:"这就是我读这本书的原因啊。"某些原以为隐藏得极好的情绪,会被书中的某句话突然触动。当一本书生猛地触碰我内心隐秘的角落,就会激发酸麻的快感。最重要的是,书籍能让我回归真实的自己。当我整日在外面时,常常会在不知不觉中迎合某种特定的氛围,以精湛的演技被迫进行"情绪劳动"。直到回到家翻开书时,我才能返璞归真。这种感觉真的很珍贵。

第二个缓解压力的秘诀是"追随艺术家的足迹"。最令我难忘的艺术之旅——凡·高之旅,是一趟改变我人生的旅程。在十多年的时间里,我每年都会追随凡·高的足迹开启旅程,而与此相关的一切被出版在一本书中。起初,我只想去堪称凡·高人生重要转折点的几个城市,但后来逐渐去了一些小地方,甚至跑了没什么旅行魅力的小乡村。与此同时,我对艺术的兴趣也增加了。这是一趟使我领略到艺术之美的旅程。

第三个缓解压力的秘诀是"与声音亲近",即演奏、欣赏音乐或大声朗读文章。声音没有形体的束缚,是一种让我们更加自由的刺激。从中学开始,我几乎每天都在大声朗读。如果说最初只是为了驱赶睡意,现在则是为了抚慰疲惫的心灵。每当感到辛苦或想摆脱杂乱的心绪时,我都会大声朗读。对于整日面对手机和电脑屏幕、暴露于各种视觉刺激的现代人来说,闭眼倾听美妙声音充满治愈。

当无意识送来的信息——梦被忽视，我们与无意识之间交感和对话的通路就被阻断了。我并不是在说，要依靠梦来解决一些重大的外部事件，比如通过考试、搬家或中彩票。如果我们能超越吉凶祸福的层面，用梦这一精神地图来观察和领悟自己宏伟的人生蓝图，我们的意识就像得到千军万马一样，拥有无比坚实的后盾。荣格心理学派推荐人们以"积极想象"来找寻与内心真实自我相遇的路径。积极想象就是对内在发出的话语打开意识之门。此时，重要的是：不要试图按照自己平日的喜好与意志来操纵无意识。无论内在发出怎样意料之外的声音，我们都应耐心倾听并与之对话。坦然接纳内在信息的过程很重要。

通过积极想象，我触碰到一种名为"自我厌恶"的无意识。原来我是如此厌恶那个不懂拒绝的自己。在二十多岁时，我做了不少极不想做又难以拒绝的事。现在回想起来，有些事的完成并非出于我的意愿，而是出于不会拒绝和没勇气说"不"。之所以会这样，是因为我害怕被别人当成"坏人"，没能找到合适的言辞来拒绝，或是分不清"喜欢某人"和"接受某人的嘱托"之间的差别。其实，就算是喜欢某个人，也不用非得答应他的请求。如果因为担心关系破裂而强迫自己答应对方，反而会引发自己对对方的反感，最终使关系真的走向破裂。

就算发誓"以后绝不会做自己不想做的事"，我也会因拒绝别人而感到尴尬，甚至懊恼到无法入睡。很长一段时间以来，我甚至不知道自己如此厌恶不会拒绝的自己。通过积极想象，我向自己开启了对话："你连拒绝都不会吗？你能直视因不会拒绝而破碎的生活吗？这样下去，你会迷失在找寻自我的道路上。即便你拒绝了别人，你也依旧是你呀。所以，学会勇敢地拒绝吧！拒绝别人的你也很不错呀。"我拥有拒绝别人的自由和底气。通过适当的拒绝，我能成长为更酷的自己。

隐藏在孩子身上的一切潜力

　　孩子只有在大人的帮助下，才能成长为优秀的人吗？野丫头皮皮能一下子打消这种疑虑。所有渴望不被大人监管，希望没有学校、考试和作业的孩子都可以找皮皮代言。如果说男孩的偶像是彼得·潘，那女孩的偶像就是皮皮。皮皮和猴子尼尔松单独居住的杂乱小屋，似乎比彼得·潘的梦幻岛更现实。就算没有梦幻的岛屿，只要有一间"空屋"，那里就会成为孩子的天堂。

　　杂乱无章的别墅散发着自由奔放的魅力，皮皮无限的"编故事能力"则让所有少女心潮澎湃。皮皮通过编故事来忘记现实的匮乏。她动不动就会编荒诞的故事，她想象力的源头是水手父亲和船员叔叔流传下来的冒险故事。皮皮就像亲自环游过世界一样，用世界各国的名字讲述着"想象中的经历"，这令隔壁的两位朋友很是着迷。

　　皮皮具有卓越的"发现的才能"。她总是不断地活动身体，热衷于发现熟悉物品的新用途。皮皮的冒险故事至今仍受全世界孩子和家长的喜爱。只有怀有巨大潜力的孩子，才能创造出这种想象力的天堂。勇敢又精力充沛的皮皮就算没有大人的帮助，也能一个人过得很好。能单手举起成人的皮皮克服了恐惧，救出了被困在大火中的孩子。直到这时，一直认为皮皮是弃儿和怪胎的人们，才认识了她真正的价值。

　　我想将《长袜子皮皮》推荐给那些以爱之名束缚孩子的父母，我想要偷偷告诉他们：爱不是占有，而是放手。孩子远比我们想象的要独立、勇敢，他们比任何人都渴望自由。

我心中的避风港——书籍

　　小时候去朋友家玩，我最先浏览的就是别人的书架。我总是好奇朋友的书架，疑惑对方有没有我家没有的童话书和伟人传记。我常忘记和朋友约好要玩过家家和橡皮筋的事，只神魂颠倒地看别人家的书。读别人家的书给我一种神秘的感觉，好似走进了某人内心深处的秘密通道。到了该回家的时间，如果书没有读完，我的心就开始怦怦直跳。我总是向朋友投去哀切的眼神，因讲不出一句"书能不能借给我一天"而捶胸顿足。

　　至今留存在我回忆中的老友，都是与我有过借书关系的人。借书和收书就像誊写秘密日记，给人以隐秘的喜悦，同时也能促成宝贵的沟通体验。对我来说，书籍涉及灵魂，比家里的任何东西都更珍贵。但是，书籍的珍贵并非出于我的占有欲，而在于它的可共享性。

　　在文学作品中，书籍也是不凡之物。借书、偷书、买书或是在某人的书房中发现一本独特的书，有时会成为小说的重要伏笔。长篇小说《偷书贼》就以一位偷书少女为主人公。而在陀思妥耶夫斯基的长篇小说《罪与罚》中，书是让索菲雅和拉斯柯尔尼科夫被彼此深深吸引的契机。当拉斯柯尔尼科夫看到索菲雅简陋的房间里放着一本《圣经》时，他向她询问了有关"信仰"的各种问题，两人借此深入到彼此的心灵深处。

　　《傲慢与偏见》中登场的伊丽莎白总是随身携带一本书，这打破了当时人们对"淑女"所持有的普遍观念——温顺被动。在女性社会活动极其有限的时代，伊丽莎白的勇猛举动被视为觊觎男性领域的禁忌行为。看到边走路边阅读的伊丽莎白时，读者会将她的美丽铭记于心。伊丽莎白拥有不顺从于任何人的自由灵魂。她不屈从于人人敬仰的贵族之子达西，也不屈从于反对自己婚姻的贵族老妇人，而书籍则给了她直抒胸臆的能力与勇气。

235

THU

人

独自阅读的美丽女性

据说，在 16 世纪之前的欧洲，个人秘密的泄露是难以想象的。而"阅读"是使个人的隐秘领域开始逐渐形成的决定性契机。16 世纪以后，"独立个体"与"具有独特想象力的个体"开始诞生，描绘女性安静读书的画作大量登场。博尔曼的著作《阅读的女人危险》以充满反讽的题目展现了读书女性独有的神秘美感。借由读书这一美丽的避难所，女性找到了合理的独处的理由。书籍对于女性而言是可以自由进出的空间。通过阅读这一行为，女性构建了自我意识，完成了自出生以后的内在发现过程。她们不再局限于男性眼中的理想女人形象，而是逐渐认知到自己心中的理想形象。

读书女性所感受到的幸福，在很早以前就受到隐秘的礼赞。"天使报喜"几乎是欧洲每个博物馆都有的绘画主题。在天使向圣母马利亚宣布婴儿耶稣诞生的画中，天使带来的信息包含着命令和祝福："万福！充满恩宠者，上主与你同在！在女人中你是蒙祝福的。马利亚，不要害怕，因为你在天主前获得了宠幸。看，你将怀孕生子，并要给他起名叫耶稣。"马利亚被这晴天霹雳般的消息吓了一跳。在许多画作中，她似乎在逃避这种巨大的责任感，并将自己的上身歪向了角落。然而，在她的膝上或桌上，总是放着一本书。天使的意外造访打断了她的阅读。或许她是在通过书籍与世界交流，以保护自己免受世间各种噪声的伤害。书籍对于还是处女的圣母马利亚来说，是连接世界和宝贵灵魂的窗口。

通过阅读，许多女性与原本无法接触的世界展开了恳切的交流，她们得以拥抱不被给予的自由和不曾对自己开放的机会；通过阅读，女性发现了完美的心灵要塞。

FRI
电影

发现无意识的潜力

阿尔弗雷多，阿尔弗雷多！每当电影《天堂电影院》中的托托打电话给放映师阿尔弗雷多，我的心都在狂跳。阿尔弗雷多绝对是托托的英雄，托托通过电影学会了在狭窄的世界里做梦。托托不记得父亲的模样，他的父亲还没有从战场上归来。但是，阿尔弗雷多将托托的父亲描述成了"像克拉克·盖博一样英俊的年轻人"。托托用给母亲跑腿的钱买了电影票，知晓这件事的阿尔弗雷多从自己的口袋里掏出钱，把钱给了被母亲责怪的托托。最重要的是，阿尔弗雷多知道，在这个小镇里，托托的梦想只能止步于"放映师"。看着托托因无法忘记初恋艾莲娜而日渐颓废，阿尔弗雷多鼓励他前往罗马，并对他说："生活不像电影。生活要艰难得多。离开这里，去罗马。你还年轻，世界都是你的。而我老了，我不想再听你说了。我想听到别人谈论你。千万别再回来，千万别回头。"阿尔弗雷多劝托托不要想家，只朝着自己的梦想前进，并告诫他如果因为思乡而归家，自己就绝对不会再见他。抱着这样一颗坚定的心，托托前往罗马并开始制作电影，最终成为一位杰出的电影导演。当托托陷入一去不复返的爱情并因此而苦苦挣扎的时候，阿尔弗雷多要求他飞向自己的"电影梦想"。

托托的人生是挫折的延续。远走战场的父亲再也没有回来，初恋的父亲也始终没能接受贫穷的他。每一次，都是阿尔弗雷多安抚托托受伤的心。阿尔弗雷多给他埋下了名为"电影"的梦想，而当放映机起火，年幼的托托又为了救阿尔弗雷多而冲入火海。对托托来说，阿尔弗雷多比家人还要亲近。但阿尔弗雷多为何执意要托托离开家乡？大概是因为，人永远无法在舒适的家乡和熟悉的场所中追寻新的梦想。当托托离开火车站，阿尔弗雷多下定了与他再也不见的决心："无论你最后做了什么，一定要热爱它。就像你当初摸放映机那样。"阿尔弗雷多是唯一一个发现托托才华的人。耀眼的导师总能发现我们埋藏在无意识里的潜能，并以最深的悲伤放开最爱的我们。

237 | 飞向天空的伊卡洛斯之梦

提及伊卡洛斯①，过去的我会想到"蛮勇、意气、不懂事"这类词语。但现在的我，认为他象征了我内心没能实现的青春梦想。伊卡洛斯之梦，即冒着生命危险发起挑战，代表了我内心仍然无法放弃的可能性。也许正因有伊卡洛斯这样的年轻人，人类才得以发展艺术和科学；正因伊卡洛斯的勇猛，人类才能不顾过往的万千失败，最终发明出无数的文明利器。

老彼得·布吕赫尔的画作《伊卡洛斯倒下的风景》（约1560）看起来太不近人情了。牧童和农夫当真对伊卡洛斯的坠落毫不知晓吗？诙谐是流淌在整幅画作中的微妙情绪。伊卡洛斯的形象并不可怜，乱踢蹬腿的他被置于画面的右侧，仿若一位幽默的临时演员。"这就是那位被诅咒的英雄，他飞得太高，离太阳太近，双翼上的蜡被太阳给融化，跌落水中丧生啦！"如果没人如此解释，就没人知道他是著名的伊卡洛斯。

然而，萦绕着这幅画的奇妙活力与明朗气氛，颇为矛盾地暗示了一种可能：即便伊卡洛斯挑战失败，我们也还有希望。

没人能像失败者那样清晰地记住失败。他者只是在目击者和旁观者的身份之间来回穿梭，真正能经历、承担与负责失败的人，只有当事人自己。尽管我们在意、关心和畏惧失败，但他人并非总是注视着我们。如果没有像伊卡洛斯那样进行荒唐尝试的人，我们永远不会飞上天，永远无法越过广阔的海洋抵达其他大陆，更永远无法进入太空。每个人都对伊卡洛斯感到惋惜，但至少他是第一个赤身裸体飞上蓝天的人。

没人飞得像他一样远，也没人飞得像他一样高。所以，即便伊卡洛斯的冒险遭遇了失败，他也足以象征人类的高尚。伊卡洛斯通过自身的失败，成为人类走向成功的集体性希望的象征。

---

① 伊卡洛斯：希腊神话中代达罗斯的儿子，在逃离克里特岛时，跌落水中丧生。

通过写作找回的珍贵朋友

　　与我失联已久的朋友 Y，通过写作课再次与我结缘。上学时，我们是坐得很近的死党。毕业后，害羞的我未曾主动与她联系。我也是通过传闻，才得知她离婚后去了美国，开始了新生活。通过 SNS 看到她可爱的孩子和再婚丈夫时，我不禁想到："太好了！应该过得很幸福。我的朋友太酷啦。"Y 出国留学、抚养孩子、照顾着一家五口，令我不得不惊叹她那异于常人的热情和毅力。

　　有一天，我发现 Y 正在上我的线上写作课。我的课一共有八次专题讲座，上课期间会布置大量作业，是需要一定毅力才能完成的高强度写作课。四十多岁的 Y 来听上学时死党教的写作课，这份勇气已经让我很感动。Y 以"我心爱的写作老师"为题给我寄信，在不知不觉间大步流星地朝我走来。我带着颤抖的心读了她的信，了解到了以往全然不知的事实。原来带着孩子离婚的她再婚时，背后的嘀咕曾让她那般痛苦。读完之后，我惊觉一种痛苦的遗憾。早知她如此艰难，我为何就不能率先走近她呢？

　　我开始给朋友回信："对不起，是我没能先联系你。早知道那时的你那么孤单，我就该主动接近你，告诉你'你是最好的妈妈和最好的朋友'。读完你的信，我还冒出了一个想法。是否最珍贵的东西都与最痛的创伤有关呢？那些对我来说最珍贵的人，几乎都是伤我最深的。现在，为了守护我自己，也为了守护我的挚爱，我总是想到要与一切障碍勇敢地做斗争。幸运的是，我通过写作一点点地克服了创伤。朋友啊，谢谢你！感谢你再次回到我身边！也感谢你坚强地挺过那些艰难的日子！"

展露自己的勇气

　　有时，感到人生中再也不会有新的事物时，人就会陷入绝望。大概到 40 岁，人就很难创造一种新的生活方式。每个人都有自己的经验模式，到了生命中的某个节点，人就会突然发觉：人生是自己奋斗出的某种固有模式的重复。名人想要更出名，有钱人想要更有钱。多一点，再多一点！人生成了一场虚度。所谓人生，难道就是如此？

　　遭遇中年倦怠与严重抑郁的马克·赖斯·奥克斯利，在著作《柠檬树下》中讲述了自己的故事。作为一名当红媒体人，他拥有幸福的家庭，没人会质疑他的成功。正因如此，马克很难相信自己遭遇了中年危机和抑郁症。他开始依赖于抗焦虑药物，对最爱的书产生阅读障碍，抑郁到难以维持日常生活。患上抑郁的中年男人如此吐露心声："我愿称抑郁症为'无形的侮辱'。某种程度上，抑郁是无法亲眼见证的。它不像摔断腿或头缠绷带那样，能被明显地确认。但当生活到了全面失控的程度，那种什么都做不了的感觉，真的非常痛苦。"

　　作者生动地记录了自己接受心理咨询、重复正念训练并逐渐克服抑郁的过程。正念疗法虽然见效慢，但没有副作用。正念并不强迫人减少贪婪，只是让人品味贪欲的色泽和香气，判断哪种贪欲对自己真正有帮助，引导人以更好的期望置换不良的贪欲。

　　作者如此评价正念疗法的效果："我曾因为着急，遗失了许多岁月。心存正念的我，终于不再急于投入下一个瞬间，而是能够停在当下的幸福里。"正念为加速流逝的时间踩了刹车，将人从抑郁的泥潭中缓慢解救。正念让人感叹"至今为止的健康是巨大的幸运"，而不是抱怨"我现在为什么不健康"。想从抑郁中解脱，就要意识到自己已经保有许多的健康、幸运和缘分。

　　《简·爱》教会了我：勇气的秘诀是"拥有被爱的记忆"。饥寒交迫的孤儿简·爱经常受到孤独和恐惧的折磨。缺乏温暖拥抱的简·爱度过了一段极度孤独的时光，在那个时候，她只能将旧玩偶当作朋友。后来，好友海伦·彭斯温暖的怀抱和老师谭波尔灿烂的笑容令她得以忍受寄宿学校的恶劣条件。

　　当简因不小心打碎石板而受到严厉的体罚，在全班同学面前缩成一团时，海伦给了她无言的微笑，仿佛在诉说着："没关系。虽然现在很艰辛，但总有一天你会没事的。"看着一言不发的海伦，简清晰地感觉到，这笑容就是非凡智慧和真正勇气的体现。死于肺结核的海伦拥有瘦削的脸庞和凹陷的双眼，但在简的眼里，海伦那"天使般的笑容"，仿佛为她苍白的脸庞染上了璀璨的光芒。谭波尔老师为海伦诊过脉，她知晓海伦的病情并为海伦感到心痛。简看到谭波尔老师带着善意的微笑默默地为海伦哭泣，意识到这就是她向往的爱的模样。

　　在被人孤立时，是海伦伸出手勇敢地靠近简；在海伦生病时，是谭波尔老师为海伦短暂的生命而无声哭泣。正是这两个举动，教会了简"共聚之美"和"独立之重"。谭波尔像照顾女儿一样照顾着海伦，这让简第一次体验到爱的本质。

　　"如果我也有这样的朋友和老师，我的童年是否会更快乐一点呢？"这个念头让我心头一热。在艰难的人生旅程里，我们寻找着能默默为自己哭泣的人、能一言不发地拥抱自己的人。简在获得过好友和老师的深厚情谊后，梦想着自己也能创造出这种美好缘分。被爱的记忆总是能疗愈人心。

只要活出自己，就算是怪胎也无妨

　　有时，朋友会看穿我不自知的一面。学生时代，我把一个朋友带回家里看电影，看的是史蒂文·索德伯格导演的《卡夫卡》。对于 17 岁的我来说，这是一部需要凝神静气才能看得下去的艰深的电影。20 年后，朋友又提起了那天的事。他说当时很想和我闲聊，又不忍心打扰聚精会神的我。他说："高中时的你总是那么沉迷于幻想，每次都显得很酷。"我被朋友的描述逗笑了，嘴上说着"这有什么酷的"，心里却莫名感动。那时，老师曾尖锐地指责我爱盯着远山出神，但朋友却认为我正在沉浸于退思。正因朋友将我的不着边际和特立独行都视为才能和优点，我才能鼓起勇气写作、讲课、当作家。

　　拥有独特人生的主人公大多有着某种怪癖，比如奇特的习惯、不寻常的品位和不着边际的行为。虽然这些古怪会令人八卦，但对当事人来说，这也是真正守护自己的方式。我没法适应以应试为目标的教育，很难融入别人的正常生活，喜欢逃往自己独特的思维海洋。一个不批评我荒谬举动的朋友是耀眼的礼物，让我不至于失去真实的自我。

　　梭罗也有一个这样的朋友。梭罗过着与其他哈佛同学截然不同的生活，这令很多人无法理解。哈佛出身的天才独自走进深林，令人陷入了五花八门的主观臆断：也许是因为赚不到钱？他一定是个怪人吧？他一定是疯了吧？但这些流言蜚语没有对梭罗造成任何伤害。为了试验自己的热情与意志，梭罗在瓦尔登湖畔的一间小屋里开启了富有创造性的生活。我决心像梭罗一样，不管别人怎么说，都要勇敢地走自己的路。我自言自语着："做个怪胎也没关系，只要不迷失自我就好。"哪怕感到孤独寂寞，我也有足够的勇气走好自己的路。

教会我勇敢的少女

在英国逗留期间，我待在爱丁堡，沉浸在苏格兰文化的魅力中。然而，又冷又刮大风的天气阻碍了我的四处闲逛。在某个异常寒冷的日子里，快要被劳累拖垮的我取消了一个行程，走进一家咖啡馆，点了一杯热茶。透过窗，我突然看到一个不同寻常的身影。一位只有十五六岁的盲人女孩，带着一只导盲犬在红绿灯前颤抖地等待。一开始，我还以为她是在等红绿灯。但红绿灯已经变过几次，她还是站在那里。难道她像我一样，是在等待什么人吗？我一脸担忧地望向窗外。

过了片刻，我收到了下单的饮料，隔壁桌的客人也吃完了意大利面和比萨饼，但少女等的人还是没来。我又开始感到担心。让少女等待已久的人，在我心中变得愈加冷酷无情。就连忠心的导盲犬也因寒冷无聊而低垂下脑袋，无力地瘫坐在人行道上。起初的确是导盲犬在保护少女，现在反倒成了少女在守护导盲犬了。

我是不是应该拿出围巾，围在她冰冷的肩膀上呢？就在忍不住要动身的时候，我突然意识到盲目行动的后果。如果一个陌生的外国人走近她的话，比起高兴，她更容易被吓到吧。就这样，五分钟过去了，十分钟过去了，她还是站在那里，面颊因寒冷而涨得通红。在我终于忍不住要冲出去的瞬间，她等的人来了。

我松了一口气。还好那人给了她一个温暖的拥抱。仅凭嘴型，就能看到她身边的男人在念叨着"对不起"。我多么希望自己也能走近她，为她围上围巾，询问她在等待谁。在为她忧心的分秒里，我忘了自己是谁，忘了自己为何在异国他乡徘徊，也忘了一切有关自身的沉重问题。原想帮助她的我，却意外地被她所帮助。

243 展现自己的勇气

有时我会生出这种惋惜之情：在那个人被卷入世俗的风波之前，他的人生该有多么闪耀呢？如果他没有放弃成为诗人的梦想，如果他发现了隐藏在自己身上的艺术才华，如果他没有因为养家糊口而放弃梦想，他的人生又会怎样呢？早早死心断念的人太多了，他们总是说："找回失落的梦想已经为时太晚。"但才华的种子真的早已干枯，梦想的翅膀真的再也无法展开了吗？被压抑的梦想早晚会卷土重来。在生命走到尽头之前，年轻时的理想生活图景永远不会放过我们。趁现在还来得及，在体力和精力衰退之前，我们必须从今天开始发出诗人的声音、运用画家的笔触、释放音乐家的才华。

看着电影《幼儿园教师》，我再次领悟到唤醒自己体内的诗人之声是多么珍贵。幼儿园老师丽莎发现她教的五岁男孩吉米很有天赋。每当吉米作诗时，丽莎就会把诗抄下来。她希望有一天能出版一本吉米的诗集。丽莎没有像吉米那样耀眼的天赋，她因此而感到绝望。但一有空的时候，她就会去参加写作课，不断试图接近诗人的生活。然而，没人承认丽莎的梦想，就连家人也认为她是在做梦，时常熄灭她的希望。而且，吉米的父亲也无意培养儿子在诗歌方面的才能。他唯一关心的就是钱，比起一位贫穷的诗人，他更希望吉米成为一位有能力的上班族。

丽莎想借吉米来实现自己的心愿，影片以悲伤的视角描摹了这一逐渐扭曲的欲望。如果有一个人能认可丽莎的才华，她也许就不会陷入这种绝望的深渊。但没人认可她的才华。虽然丽莎缺乏作诗的天赋，但她却有发现诗人的天赋。当丽莎不能和吉米在一起时，她终于尖叫起来："世界会抹杀你的！这个世界不会尊重你！这个世界上也不会有你的位置！"在我们每个人的内心深处，都存在着需要被呵护的闪耀天赋。培养还是扼杀这种热情，取决于我们的选择。向世界展现才能的力量也存在于我们自身。

SAT
艺术

历经悲伤才能治愈苦痛

一想到希腊神话中的不幸女人安提戈涅，我心中的某个角落就会被触动。在俄狄浦斯刺瞎自己的眼睛后，照顾他的是女儿安提戈涅和伊斯墨涅。当俄狄浦斯去世，安提戈涅回到故乡底比斯时，她发现自己的两个哥哥成了王位争夺战的牺牲品，已经互相残杀而死。安提戈涅的一位哥哥——波吕尼刻甚至无法举行葬礼，因为他背叛了成为国王的舅父克瑞翁。不仅如此，克瑞翁还下令处死埋葬波吕尼刻的人。

在尼古拉斯·莱特阿斯的画作《安提戈涅身前的波吕尼刻》（1865）中，预感死期将近的安提戈涅走到哥哥的尸体旁，试图将其埋葬。被黑暗遮蔽的主人公安提戈涅显得隐隐约约，而波吕尼刻年轻秀美的躯体则果敢地压倒在画面前侧。

笼罩着安提戈涅的黑暗很浓，她所要承受的痛苦也极深。但对她来说，比起克瑞翁的命令，亲人的死亡是更崇高的事实；比起独自苟活，为易被野兽吞食的哥哥举办葬礼更重要。最终，安提戈涅在与命运的抗争中遗憾落败，但她的死亡也证实了抗争之美。

安提戈涅没能留下重大的政治成就，但作为抗争独裁的象征，她一直是许多哲学家和艺术家的灵感源泉。她的失败并不是一场徒劳。当艰巨的挑战摆在面前，她义无反顾地选择证实"连失败都美丽的挑战的意义"。她不顾严格的国法和国王的命令，捍卫了自己最宝贵的东西——为所爱之人哀悼的权利。

在一片漆黑中，安提戈涅用柔弱的双手挖地，埋葬了哥哥的尸体。我偶尔会想象这个场景。她该有多么害怕？这又是多么悲惨！但她的死并没有白费。跨越了几千年的岁月，她依旧是人们勇气和希望的源泉。她为了哀悼亲人而进行的斗争，提醒了底比斯人民：人的感情贵于国法。

245

热爱我人生的勇气

比起燃起创作的勇气，向别人展示自己的文章更难。写作并非易事，但确认别人对自己文字的反应往往要痛苦得多。有些人明明写得很好，却很难向我展示他们的作品。曾有深受写作折磨的学生，向我坦诚过关于写作的羞耻心："我也想写得更好，但将自己全然暴露于世，真的又难又累。""老师，我很想写好文章，但又怕自己才能上的不足被暴露，也就不敢给人看了。尤其是不敢给老师看。"

我能充分理解这种心情，我也曾无数次被这种恐惧冲刷。当我将自己的文章展示给在意的人，以及希望得到他们的称赞时，也会担心得到不好的反响。但是，每当我与这种恐惧做斗争时，又会学到一些东西。如果此刻的我不去创作，未来的我也不会创作。事实上，我始终认为：当下的朴素文字要比未来的未知作品更重要。即便未来的我写出了再伟大的作品，它也始于当下的朴素文字。

比起因渴求称赞而心生畏缩，更重要的是意识到：如果现在不写作，就会永远失去表达此刻心情的机会。今天的感受显然与明天、一年后、十年后的感受不同。写作就是勇敢写下此刻脑海中一闪而过的念头，记下此刻内心上演的思想之舞。所以，即便不会使用华丽的修辞，从未获得过任何奖励或赞美，我们也不用在写作上畏缩。畏缩不仅是写作的敌人，也是推进一切重要事情的敌人。

如果你也恐惧于向别人展示才华，我想对你说："生活中有许多困扰我们的事，也有许多伤害我们的话语。与其向这些残酷的不幸展开精彩的报复，不如将自己的人生过成美丽的艺术品。这听起来像在说梦话，但我认为这是可能的。人应该爱这种充满缺憾的人生，并每日努力成为更好的自己。这就是'活得更好的勇气'。"我们最终需要的勇气不是"被讨厌的勇气"，而是"以真实面貌接纳爱的勇气"。

学习心理学之后,我的自怜变成了自爱。从"为什么只能做到这个程度"到"走到这个地步已经很不错了",我的自我憎恶变成了自我共情。尽管依旧对自己感到好奇和陌生,但我正在更好地接纳自己。

我们正在厌倦"自尊"这一概念。比起所谓的"增强自尊",脱离这个词反而才是好事。因为这个词本身就是自我憎恶的触发因素,强化了过度的自我意识。

随着"自尊"成为现代心理学中的新关键词之一,自我评价正成为影响人们生活满意度的重要因素。每次去上人文课,都会有越来越多的人发问:"我的自尊水平很低,请问如何才能提高自尊呢?"然而,拥有高自尊不一定就是好事。与其过分在意自尊,不如从容接受自己有时得不到认可的现实,学会多角度地看待自己。

为了摆脱自尊的束缚,我们应该多为自己营造欢乐时光。如果每天都能重新审视自己,就不会自我催促或自我怨恨,反而能迎接"日日新"的自己。自尊一词带有沉重的疲劳感和过度的压迫感。把自己看得太高或太低也是问题,太频繁地注意自己也会增强以自我为中心的世界观。

为了明朗地爱自己,我们还要恢复一些幽默感。我会对家人开这样的玩笑:"就算这样,我难道不是超级酷吗?"虽然家人会感到有些荒谬,但还是对我的灿烂笑容报以微笑。所谓的自爱,就是从对自己的严厉评判中解脱出来,恢复对自己微笑的幽默。

重新定义"真正属于我的东西"

竟有如此痛快的人？一读《崔孤云传》（赵相宇著，金浩朗绘），我的心情便突然高涨。上小学时，我以为"国家"的概念是理所当然的。随着年岁渐长，我才了解到交织于"国家"这一概念的复杂利害关系。可以说，《崔孤云传》融合了崔致远的真实面貌和民众对他的想象。

中国皇帝听说新罗有位天才文人，就使出各种妙招来考验他。皇帝派遣优秀学者到新罗去测试崔致远的文章，还令其猜盒子里的物品，并吓唬他猜错的话，便要攻击新罗。崔致远数次拯救被压制的祖国，甚至独自觐见皇帝。无法忍受无理要求的崔致远试图离开中国，却遭受了皇帝的恐吓："你出生在新罗又如何，新罗也是朕的土地。你们的王也不过是朕的臣子罢了。你怎敢对朕如此？"随后，崔致远在空中写下了"一"字，然后一跃而起，骑坐在"一"字上。"那这儿也是陛下的土地吗？"他问道。

我们的文学中竟有这样痛快的场景。我们竟有在皇帝面前毫不畏缩、应说尽说、誓死不屈的知识分子。崔致远突然写下"一"并一跃而上的场景是小说的点睛之笔。这种毫无遮拦的想象力属于我们。在那个"普天之下莫非王土"的时代，作者究竟是有多么苦闷，才能编织出这种情节？当我们因无家可归而垂头丧气，敢于挑衅皇帝的崔致远会成为我们的安慰。

读了《崔孤云传》之后，我重新定义了"属于我的东西"。想要真正拥有属于自己的东西，不能苦心钻营于法律和经济层面的所有物，而是要像崔致远一样，敢于在虚空中写下连皇帝都摸不得的"一"字。没什么复杂的。只要敢在虚空中挥笔，胜利终将属于我们。

从植物身上学习真正的坚韧

　　"那个人像植物一样"和"他像食草动物一样"之类的话，语感中就含有被动性与软弱性。这种话是在贬低植物，或者说嘲讽植物比会移动的动物低劣。但是，长期观察和研究植物的人都一致认为植物并不软弱。植物也是有欲望的生命体，会动态地响应周围环境，甚至能改变整个生态系统的流向。树木要比一般的动物坚韧，它既能忍受炎炎烈日，也能熬过数九寒天。树木无须背负背包或水桶，只以简朴的身躯就能经受四季轮回，挺过百年岁月。无论是在寿命方面，还是就复原力而言，地球上很少有生物能比树木更坚韧、更能适应环境。

　　《小王子》一书中描绘的猴面包树繁殖力惊人，如果任其生长就会吞噬整个星球表面。即便如此，植物的攻击性依然比不上动物。人类只能通过吃动植物来维持生命，而树木却能以空气、水和阳光完成光合作用。能量消耗更低的植物令我们回顾自身的贪婪：为何人类的衣食住行需要消耗这么多东西？人只需要一个躺下的空间，为何会梦想那么华丽的房子？人只需要简单的食物来填饱肚子，为何会对美食那么贪婪？人只需要几件衣物来蔽体，为何追逐那么眼花缭乱的时尚潮流？我为自己的贪欲感到遗憾和羞愧，拥有太多的我依旧不满足。与植物相比，被我吞食、消耗与挥霍的东西未免太多。

　　植物能在任何恶劣环境中找到出路。看着植物勇敢的进化历程，我决心在这个瞬息万变的世界中，像它们一样坚韧灵活。充满韧性的植物能比人类生存得更久。

　　写作时，我最常播放的曲目是拉赫玛尼诺夫的第一、第二、第三钢琴协奏曲。在听过的几个版本中，丹尼尔·特里福诺夫那自信满满的神情尤为突出。他轻松自如地演奏着钢琴协奏曲，仿佛自带天赋。据说，音乐家用缩写"R2"和"R3"来代指拉赫玛尼诺夫的第二、第三钢琴协奏曲。"R"既是拉赫玛尼诺夫的英文名 Rachmaninoff 中 Rach 的缩略语，也含有表达岩石含义的"rock"的感觉。既然是如岩石般沉重的钢琴曲，演奏它的阻碍自然难以逾越。然而，丹尼尔·特里福诺夫却将曲子弹奏得行云流水，仿佛这只是基本中的基本。他完全将钢琴曲占为己有，甚至令听众产生一种毫不费力的错觉。在他演奏时，好似有一根丝线轻轻掠过钢琴。他轻巧的演奏让人完全感受不到手指的重量，令听众不由自主地陷入忘我的欣赏。

　　撼动人心的演奏家会将自己完全投入作品。在演奏的瞬间，他们在意周遭视线的"自我"会消失，只留下与音乐融为一体的"自性"。他们的骨骼、肌肉和细胞都以应有的姿态出色地进行着演奏。这时，钢琴家变成了指挥自己身体各个部位的指挥家。钢琴家以全部的身心为曲子完美地编程，他们的热情无法被任何人阻挡。

　　他们不会让音乐迎合自己，只是让自己迎合音乐；他们并不在意自己的模样，只专注于音乐。沉浸在美妙演奏中的钢琴家甚至会以为自己就是乐器，领悟到天生的职责所在。当钢琴家的躯体变成钢琴，就不是人在演奏，而是钢琴在自由起舞。这种"忘我"的时刻是很有必要的。这是不被自尊和自我厌恶穿透，充满疗愈效果的正念时刻。

250 食物，人类的原始乐趣

    某年冬天，在从英国旅行回来的飞机上，我与拉斯·霍尔斯道姆导演的电影《米其林情缘》不期而遇。哈桑出生于印度孟买，儿时通过母亲的烹饪领略了食物的价值和烹饪中蕴含的创意性。妈妈是他最好的料理老师，却死于一场意外的大火。带着无法磨灭的创伤，哈桑一家为了开启新生活而移居欧洲。哈桑的父亲正在考虑开一家印度餐厅，他最终选择定居在法国南部的一个小村庄里。在这里，名厨马洛里夫人经营着一家米其林一星餐厅，就连总统也是这家餐厅的常客。名声在外的法国餐厅近在眼前，哈桑的父亲竟想开一家当地人闻所未闻的印度餐厅。每个人都对此表示劝阻，只有哈桑支持父亲的决定。

    比起不懂印度菜魅力的居民，更令人伤心的是马洛里夫人的各种妨碍。担心被抢走常客的马洛里从传统市场买走了哈桑所需的一切食材，她的餐厅主厨又在哈桑的家中放火，导致哈桑的手受伤。在这个过程中，马洛里发现没有任何料理资格证的哈桑有着"绝对味觉"和料理天赋。她担心自己的嫉妒会演变成"种族偏见"，就给了哈桑一个机会。她雇用青涩的哈桑做自己餐厅的厨师。

    终于，哈桑耀眼的厨艺大放异彩。在为餐厅摘获又一颗米其林星后，哈桑终于拿到了一张前往世界美食中心——巴黎的门票。然而，置身于巴黎的哈桑意识到，自己只是在满足消费者挑剔的口味罢了。更想满足家人和爱人口味的他，最终选择回到马洛里的餐厅，并在这里开启第二段人生。

    看着哈桑的耀眼成长，我意识到人类最原始的快乐——料理和谈论吃食能冲刷种族偏见和文化冲突，净化旅行者的疲惫灵魂。

没有自尊的爱情悲剧

原以为奥林匹斯十二主神都拥有最高的才能和自豪感，但出人意料的是，神也会有情结。火与工匠之神赫淮斯托斯①（武尔坎②）是十二主神中最微不足道的一位神。他虽然爱着美丽的妻子阿佛洛狄忒③（维纳斯④），却无法用爱意俘获她。疑心病重的他不想给妻子爱，只是想监视她。赫淮斯托斯毫无自尊的爱情引发了一场关于执念的丢人插曲。无法如实表达爱意的他令爱情化为执念、暴力和最糟糕的跟踪骚扰。

阿佛洛狄忒并不爱监视自己的丈夫。他们的婚姻并非出于爱情，而是在宙斯的强迫下勉强结成。对此感到不满的阿佛洛狄忒与战争之神阿瑞斯（玛尔斯）坠入了爱河。丁托列托的画作《爱神、火神和战神》（1551）就展现了三位神之间的三角关系。为了现场抓住妻子出轨，火神制造了肉眼看不见的神秘网，突袭妻子与战神的幽会场所。深受折磨的火神对不理睬自己的妻子感到憎恶和愤怒，对独占妻子的战神则感到嫉妒。

像这样，爱情会孕育嫉妒、贪欲、疯狂和愤怒。火神显然爱着令自己痛苦不堪的妻子。那么，干脆堂堂正正地说出爱意又如何？"我深深地爱着你，请不要再和别的男人交往。我会一直等到你能爱我为止。"如果能这样讲的话，爱神是否会为爱上自己的丈夫而付出一些努力呢？

火神的举动体现了没有自尊的爱。只有监视和控制的憋屈爱情，与其说是爱情，不如说是占有欲。如果因爱人看向别人而感到痛苦，我们内心的火神就在蠢蠢欲动。只有放弃嫉妒、勇敢坦荡地表达爱情，爱意才会蔓延开来，没有自尊的爱情悲剧才能结束。

---

① 赫淮斯托斯：希腊神话中的火神和匠神。

② 武尔坎：罗马神话中的火神。

③ 阿佛洛狄忒：希腊神话中代表爱情、美丽与性爱的女神。

④ 维纳斯：罗马神话中的爱神、美神。

摆脱对老师的埋怨

　　良师也会给弟子带来痛苦吗？当然会。因为有弟子过度依赖老师的危险。仅凭"是某人的弟子"就感到自豪的人容易滥用老师的名声。虽然弟子也有意识地想从老师那里独立出来，但独立后的自己能否独自闯荡世界还是未知数。有时，真正从良师那里独立出来比寻觅良师更难。之所以困难，是因为弟子将自己的价值与老师的价值视为一体，很难想象自己没有老师后的生活。即便已经从老师那里学到了充分的知识，到了独立开创美好未来的时候，有些弟子还是不自觉地依靠老师的名声，坚信自己的一切长处都源于老师。

　　向我诉说苦恼的 K 也在努力摆脱这种依赖。极其喜欢老师的 K，为了得到老师的认可而拼命努力。学习本就是为了自己，如果为了得到老师的称赞而学习，就会在学习这件事上掺杂私心。更大的问题是，K 严重缺乏自尊。他无比渴望参加老师举办的某个研讨会，却遭到了拒绝。这件事给他留下了不可磨灭的伤痕，令他逐渐陷入了自我憎恶的深渊。事实上，K 根本不需要参加那场研讨会。他原本就有卓越的写作天赋，现在该做的只是努力写作罢了。才华横溢的 K 已不需要任何人的指导了。

　　我给 K 写了一封信："你拥有三种能力。首先，你能准确而有说服力地描述事物，这体现了你的写作才能；其次，你能倾听别人的苦闷并真诚地共情；再次，你热爱自己正在做的事，并在这方面有专长。想要三者兼得，其实并不容易。可惜的是，你好像没有意识到这一点。我认为，对老师的愤怒和埋怨阻碍了你个人才能的发挥。比起关注'人'，不如通过'做事'来获得真正的满足感吧。请减少对'人'的执着，增强对'事'的热爱。"

　　收到信后，K 断绝了对老师的执念，堂堂正正地走着自己的路。

增强我复原力的东西

　　复原力既是我内在的疗愈力量，也是无法被夺走的净化力量。能洗去悲伤、减轻痛苦的光辉能量就是复原力。依靠复原力，我无须医生或药物的帮助，就能完成自我疗愈。对我来说，增强复原力的三个秘诀是心理学、文学和音乐。文学是能带我们前往任何地方的时光宝盒。通过文学，我可以去那些我从未去过的地方旅行。借由莎士比亚的《罗密欧与朱丽叶》，我能穿越到中世纪意大利的美丽城市——维罗纳^①的每个角落；借由《伊利亚特》和《奥德赛》，我能走进古希腊时代波澜起伏的冒险世界。就算许多世界锁上门，文学也会为我们打开故事之窗。

　　另外，音乐能完全超越时空的限制，传递给我完整的喜悦。某天，在欧洲的一趟夜行列车上，我听到了披头士乐队的 *Oh My Love*。那一刻，我仿若第一次开始爱情，并感到那种爱的感觉会永远持续。我从未真正见过披头士乐队，但在那趟嘎嘎作响的夜行列车上，他们的音乐给了我一种幸福的错觉，仿佛我正在宇宙中与他们相遇。音乐使我们尽情发挥想象力，更生动地感受生命的璀璨祝福。

　　最后，心理学是一把黄金钥匙，能令我进入鲜为人知的内心世界。我们心中既存在难以消除的创伤，也存在未曾使用的无限潜力。心理学告诉我，比起意识层面了解的我（社会性自我），无意识了解的我（自性）更加深邃。我们比自己知道的还要坚强聪慧。为了更幸福，与其照顾追求成功与竞争的社会性自我，不如关怀梦想着内在成长的自性。

　　你内心的复原力是由什么构成的？让我们找寻内在复原力的根源吧！

---

① 维罗纳：位于意大利北部威尼托阿迪杰河畔的一座历史悠久的城市。

254 我想成为无害之人

崔恩荣的小说《对我无害之人》并没有描绘无条件的温暖，而是刻画了一群深思熟虑、敏感睿智的人。读着这本小说，我们会沉迷于小说人物的朴素温暖。即使是描绘痛苦，她笔下的人物也会亲切地唤起我们对过往的怀念。读者会突然醒悟，原来这就是自己找寻已久的小说。

很多读者痴迷于刺激的场景和强烈的故事情节。而阅读崔恩荣的小说，就相当于在一片清除刺激的区域漫步。她的小说就像无须任何室内装饰的漂亮房子，就像没有任何调味料的美味圣餐，以朴实无华的力量敲打着读者的心。

小说里，有些人凝视着分手之人的空座位，咀嚼着遗留在空座位中的空虚。他们只是四处张望着缓慢游荡，无法直奔更有效率的生活；无法遗忘分手的同性恋者并没有咀嚼别人留下的伤痛，而是在咀嚼为别人带去的伤痛；当叔叔去世后，儿时守护"我"的叔母成了毫不相干的人，但她依然重要且值得怀念。这些奏响生活乐章的人，都是我们睁大双眼、侧耳倾听才能注意到的不那么显眼的人。

崔恩荣的小说关注了纤细易伤又不失坚韧意志的孤独女性。在她们坚守的温暖中，包含了勇气、希望、忍耐和智慧。她们未必能在这个世界占据一席之地，但却明白如何让生活变得愈加芬芳璀璨。她们散发出的光芒绝无黯然神伤。小说中，挺过痛苦的人们酿出了希望的香气。读完之后，我也想在不知不觉中敲开别人关闭的心门，成为对某人来说无害的存在。你会接受我的意外来访吗？

初次出书是激动人心的事。将书作为礼物送给教授时，我鼓起了很大的勇气。对我来说，敲开研究室的门都是个不小的挑战。我从未从教授那里听到过称赞，料想这次也收不到什么好反应。本着出书应当知会教授的规矩，我还是鼓起勇气去找了他。然而，教授的反应比我预想的还要冷淡，他甚至都没有装模作样地翻翻书页。更让人难以忍受的是，他在课堂上点名道姓地对我说："勉强硕士毕业的人，竟然还敢出书？你能知道点儿什么？真是令人悲叹。"那时候的我终于意识到，语言能成为比刀枪更可怕的武器。手无寸铁的我在人群里毫无防备地遭受侮辱，这种创伤也就更刻骨铭心了。

作为武器的语言能在人心中留下永远无法抹去的残酷疤痕，而作为礼物的语言哪怕极其简单，也能瞬间提高心灵的温度。譬如，在我打招呼之前，亲切的学生总是先说"您好"；妹妹有要紧事要拜托我的时候，总会撒娇说"姐姐呀"；一些人不对我用"老师""作家"之类的正式称呼，总是温暖地喊着"丽蔚呀"。这种语言没有华丽的修辞，却能让生活变得有价值。"无论你做什么，无论你在哪里，妈妈都会一直在你身边"，这种告白能给子女战胜世间一切逆境的勇气。

克服伤痛的智慧既能通过实战培养，也能通过目睹他人战胜伤痛来培养。遇到困难时，我会想起那些比我更艰难的人。据说，已故作家张英姬的母亲一直背着身体虚弱的女儿去上学，并且从未抱怨过。当残疾的女儿一扇扇地敲着世间紧锁的门扉，母亲的心又会崩溃到什么地步呢？尽管如此，每当孩子或孙子受伤时，这位母亲总会这样说："人有骨就能活。"这句话在我心中铺了很久的路。我日日收拾心灵的骨骼，因此得以存活。作为一名战士，我每天都在重新战胜伤人的话语。

只是看着他，心灵就愈加洁净

艺术家姜尧培的画作让人不禁联想到"风景背后的另一番风景"。我们所看到的风景只是外壳，而艺术家的天赋便在于引出风景中蕴含的故事。看着姜尧培的画作，人们会好奇隐藏于云端的故事、埋藏于海底的故事、隐匿于花鸟树木里的肺腑之言。姜尧培认为，画家的创作并非纯靠灵感，创作的过程就是在各种不同体验带来的紧张和冲突中，找寻自己都不了解的自己。比起已成型的思维，姜尧培的画作展现了当下仍在不断形成的思维。

读过姜尧培的文章后，我发现绘画与写作非常相似。作家和画家都要像牛一样反刍，首先让描绘的对象进入体内，历经五年或十年的成熟期。直至描绘的对象不断饱满，在脑海中膨松成巨大生动的风景，画家就开始绘画，作家也开始下笔。在描绘的对象吐露真言之前，在如阴霾一般蠕动的故事成为自己的故事之前，不断等待与探索的创作者甘愿承受一切失败。另外，艺术家会一边欣赏自然风光，一边聆听风景对话的声音。望着风中摇曳的古树，姜尧培试着聆听古树和风的对话。

姜尧培的画作与文章无比协调。在他的画中，风和树依靠着彼此彰显自己的存在，它们之间那无休止的对话，被画家传达得淋漓尽致。姜尧培的画作是包治百病的手，抚摸着每一位看客的心。如果能同时欣赏他的画作与文章，我们就仿佛置身于狂风席卷后的岛屿中央、站在纯白的汉拿山上。画作与文章就像钢琴与大提琴的和声，在捕捉历史事件上展现出优秀的团队合作，从人们的内在世界里牵引出新的旋律。

春秋积序，姜尧培变得愈加单纯朴素。他越来越像孩子一样天真无邪。上山容易下山难。岁月流转，抹去心灵瑕疵的人搁置贪欲并亲近自然，更顺畅地走在正念之路上。

257

最终成为礼物的语言

　　观看丹尼斯·维伦纽瓦导演的电影《降临》时，我明白了"作为武器的语言"和"作为礼物的语言"之间的关键区别。与人类完全语言不通的外星人，乘坐着十二架不明飞行物同时出现在十二个国家的上空，这令全世界都为之震惊。世界人民不约而同地认为这是一场"外星人入侵"。染上被害妄想症的地球人很难将外星人的来访看作访问或旅行，只能将其解读为侵略。语言学家路易斯在没有翻译和字典的情况下向外星人教授地球人的语言，同时不忘学习对方的语言。她的首要目标是判断外星人来访的目的。当外星人回答说"运送武器"时，整个世界陷入了混乱。果不其然，"武器"这个词本身就能引起恐惧。

　　路易斯考虑到语言所具有的复杂性，认为"武器"的含义是多元的，不应因此而激怒外星人。但全世界的领导者却将外星人看作"陌生的敌对势力"，认为这是一举将其歼灭的机会。梦到外星人语言的路易斯，在地球人不知何时就会杀死外星人的绝境中，意识到外星人所说的"武器"并非杀人的凶器，而是指"语言"。原来外星人是要将难以理解的复杂语言作为礼物送给地球人。当外星人在遥远的未来遭遇危机时，他们希望能通过这种语言与地球人进行真正的交流。

　　语言学家爱德华·萨丕尔与本杰明·李·沃夫认为，人类所说的语言不仅会改变人们的思维方式，还会改变人们看待事物的视角。这不仅是"以哪种语言为母语"的问题，而是让人思考该如何创造和保持真正适合自己的语言习惯。恶评正如毛细血管般在互联网中伸展开来，如果只觉得"轮不到我头上就好"，继续在充满恶评的文化密林中游荡，那么我们的语言也会沦为凶器。"作为武器的语言"能让没有敌意的好心人成为被铲除的对象，而"作为礼物的语言"则让不同群体在危急情况下找到真诚的沟通之路。

爱情的微笑，最佳疗愈之方

微笑是最佳的疲劳恢复剂。只要看着爱人的灿烂笑容，受伤的心就会得到安慰；只要凝视着酣睡恋人的脸庞，生命就得到了恢复。在桑德罗·波堤切利的画作《维纳斯和战神》（1483）中，维纳斯的神情从容凄婉。她望向所爱之人的眼神，体现了爱所具有的温暖神情。

战神玛尔斯从来都不是一位受欢迎的神。战争女神密涅瓦被视为智慧的象征，备受人们的喜爱。而玛尔斯则始终被视为破坏和仇恨的化身，常被人排斥。他明明是神，却不为众神所爱。然而，爱他的女神恰巧是爱的化身——维纳斯。

令众人惊叹的爱神与集恨意于一身的战神坠入了爱河，这在奥林匹斯诸神之间成了巨大的丑闻。充满破坏、仇恨与愤怒的战神只有睡在爱神身边，才能忘记一切冲突与痛苦。在战神的脸上，再也找不到任何战争的痕迹和仇恨的火焰。在甜蜜爱情中酣睡的战神不再是愤怒的象征，而是爱与安息的象征。在这幅爱意肆意流淌的画作中，人们看不到苦闷和冲突，只能感受到热恋中甜蜜的喘息、激情过后的余韵和栩栩如生的狂喜。爱让无处可去的灵魂得到片刻的安息。在战神头顶盘旋的黄蜂，象征甜蜜爱情背后潜伏着的痛苦与不安。爱神与战神之间的火热是禁忌的。维纳斯的丈夫——火神对妻子充满了憎恶与愤怒，对战神的嫉妒则使他遭受了更痛苦的煎熬。一个人的爱无意间也会导致另一个人的嫉妒、贪婪、疯狂和愤怒。

我喜欢在战神身畔的维纳斯，在爱情中找到慰藉的爱神是分外娇媚的。因为爱，两人的灵魂得到了短暂安息。最佳复原力正源于被爱的记忆。

比起被称赞，更习惯被指责的你

上写作课时，虽然有很多学生渴望被称赞，但也有想被训斥的学生。极擅长以文字描绘悲伤的 H 在收到我的赞美后，如此回复道："老师夸我夸得太多了，我都已经准备好被鞭策了。我是真的很想写一本书。所以请严厉指责我吧。"读了这封信，我的心都碎了。这种想法的前提是什么呢？大概是"指责比赞美更有教育意义"和"挺过指责才能成为更好的人"。H 坚信严厉的指责能逼出更好的作品。对此，我沉思良久。我应该严厉谴责 H 吗？为了让 H 写出更好的文章，我是否必须严肃地令其改这改那？

但这么做并非出于真心。我不想指责任何人。如果我责备了某人，那只有在状况非常严重的时候。我不想把关系推至如此严重的境地。为什么 H 认为批评能使我成为更好的写作老师呢？我不想担当严厉教导学生的角色。一切曾对我发挥力量的教诲，都是唤醒我内在潜能的温暖称赞。就算给予我力量的是批评，那些批评也不是冷酷的揭短，而是"你只需要完善这部分就可以了"之类的谨慎的教诲。正是这些不够严厉的话，给了我真正的疗愈和鼓励。此外，H 真的很有写作天赋。必要时，我当然可以给他提供更详细的建议，但我完全没有指责他的必要和资格。

于是，我这样给他回信："你不需要任何人的指责，只须像现在一样继续前进就好。你的描写能力非常出色，请每天用文字来表达你之前没能表达的东西。你可以给自己制订一个计划，然后不偷懒地持续精进，直到完成一本完整的书。只需要把精力集中在写作上，努力写完一本书就行了。你不必遭受任何鞭策和指责。不仅如此，我还希望你能多照顾自己，练习站在自己这一边。"

如果能摆脱不擅长写作的想法，如果能丢弃自己不够优秀的想法，H 就能飞得更高。

全然接纳的美妙

　　世界著名冥想专家塔拉·布莱克提醒我们：与痛苦建立联系的方式比痛苦本身更重要。她强调说，尽管人的恐惧无比巨大，但人与人之间相连的事实要宏大得多。在这个世界上，并非只有我感到痛苦和恐惧。意识到某些创伤并非自己独有，是创伤疗愈过程中的重要认知转折点；意识到创伤是生命中不可分割的一部分，是行至漫长的自我观察之旅的尽头才能产生的耀眼体验。

　　不久前，我发觉创伤的阴暗面也与优势紧密相连。我有一个久治不愈的心病，那就是偏爱远方。一切令我过度痴迷的人与场所，都具有离我很远的特征。比起活生生的事物，我偏爱那些已经逝去的事物，渴望那些绝对无法碰触的对象。譬如童年时收获的爱意，就同代名词一般，在我心间铭刻下某种不可实现性。我口中所谓的爱，也许就是对遥远事物的毫无办法、无可奈何、毫无目标的思念。我总是执着于思念远方的事物，尤其是对那些我越靠近、它就越飘远的事物。也许这是一种合理化拖延行为的托词，也许我只是不想做当下该做的事。嘴上念叨着"偏爱远方"的我，是否在推迟自己当下的需求呢？是否在拒绝付出切合实际的努力呢？我习惯于赞美遥不可及的爱情，是否也只是因为我此刻并无果断追爱的勇气？细心照顾周遭事物的美感，我好像已经领略得太晚。

　　然而，这样的阴暗面也是我不断探索、向往与书写遥远事物的动力。虽然我痴迷于那些已经消失在历史中的事物，但这种倾向也激发了我的创作灵感。例如，我跟随赫尔曼·黑塞与凡·高的足迹旅行，就是把自身阴影（对远方的爱）转化为光（写作）的过程。现在，我决心爱我的阴影，因为阴影就是光的一部分。这就是全然接纳（radical acceptance）的美妙之处。

Fernweh，对远方的思念

　　热爱遥远事物的性格，或许起源于我儿时读过的田惠麟的随笔。我张开双臂礼赞远方之美，很大程度就是因为在青春期读了她的随笔。从那时起，我开始浇灌那棵对于远方的向往之树，对慕尼黑产生了一种不为人知的向往。据说，去国外留学的时候，田惠麟是唯一一位来自亚洲的留学生。在那样严峻的时节，她在寒冬中连取暖的钱都没有。疯狂学习文学的她，在我眼里并不悲伤可怜，而是令人心旌摇荡、耀眼夺目。尽管她的成绩足以进入首尔大学法学院，但她还是选择了德国文学。这位无论多么困难都勇敢地按照自身意愿前进的女性，令我敢于过上不同于别人的生活。

　　田惠麟的所有作品都很有趣，在她的随笔集《那时无言》中，"对远方的思念（Fernweh）"这一篇在我的心灵深处筑了巢。这是一篇关于人类心灵的文章，诉说了人类那明知徒劳还无法放弃的憧憬与期待。田惠麟教给我的，是即便相遇的期望破灭，也依旧不灭的思念。每当新年临近，年轻的田惠麟就会开始祈祷。她梦想的是巨大可怖足以压倒自身的事，她祈求的是非凡的奇迹。她明知冒险的尽头是空虚与疲倦，但这渴望冒险的心情，没有任何人能阻挡。

　　如同奥地利诗人英格褒·巴赫曼诗中所描绘的一幕：在拂过餐桌后起身，发丝轻扬着向往远方。如果一个人对远方怀有思念之情，他就会渴望独自混迹于陌生的面孔、心灵和语言之间，渴望以一种放空的状态，踱步在潮湿的石路上。直到现在，我依然爱着田惠麟的文章，它们为我种下了对远方的渴望。在我痛苦阴影的起点，有着田惠麟美丽的文字。

这个季节，学习“感恩”的耀眼含义

一到秋天，天空就变得湛蓝透亮，柿子树的果实熟成了朱红色，世间万物散发出更清晰的光芒。几天前还在喃喃着“哇，好热”的人，也开始窃窃私语：“一到晚上就凉飕飕了。”此时，我的脑海中总会浮现出巴瑞·曼尼洛的歌曲 *when October goes*。哀婉忧伤的钢琴旋律与歌手甘甜的嗓音相得益彰，时光流逝的孤寂之声浸湿了听者的心扉。此外，我还忆起了诗人张锡柱的《一颗枣》。诗人感叹着“枣无法自己变红 / 它分明含了几场台风 / 几阵雷鸣 / 几道电闪”。这不仅表达了他对自然的无限感激之情，还彰显了他辨认奇迹的能力。

秋日充满丰饶浪漫的气息，自然会激发人的游兴。说到秋天，我最先想到的胜地是顺天湾① 湿地。面积达 528 万平方米的广阔芦苇地，呈现了无边的秋日盛景。宽广的水道呈 S 形延伸，犹如人生的曲折旅程。在顺天湾湿地里漫步时，沉寂许久的我被大自然庄严壮阔的画卷夺去了心神。看着一望无际的芦苇丛，我感到“人类”这一存在正变得无限渺小。但是这种感觉是绝妙的。芦苇因聚集而成为无限广阔的存在，我们人类也该如此共情与团结吧？芦苇既不似大波斯菊那样清丽，也不似玫瑰那样华丽，却有着自己独特的光环。比起争奇斗艳的花朵，我更喜欢朴实随和的芦苇丛。这份朴实随和掀起了滔天巨浪，最终形成了庄严的群落。如今，顺天湾湿地已成为韩国代表性的秋季景观。

在稻穗成熟的秋天，各种果树结出最芬芳的果实。与秋天最为相配的情感不是凄凉，而是对生命的感恩之情。我们应该感激大自然给予的馈赠，感激即便经历了曲折酷夏，也依旧迎来秋天的自己。秋天对我来说，就是这样一个以耀眼姿态迎面而来的季节。

---

① 顺天湾：韩国的沿岸湿地，位于全罗南道顺天市。

觉得人心可怖的人们

　　如果整理一切不必要的人际关系，我们会变得幸福吗？如果整理所有让人感到疲惫的人际关系，我们的压力会完全消除吗？在社会生活中，抱怨人际关系困难的人越来越多，但整理人际关系并不像听起来的那么容易。回首往事，让我痛苦的人教会了我很多，有些人甚至成了我宝贵的导师。社会关系的用处并不像人们常想的那么简单。有很多学生认为，教学课程都在教材里，学校生活根本没有必要。但实际上，看似令人厌烦的人际关系能教给人很多东西。

　　不久前，一名德国高中生发表的破格宣言引起了巨大争议："在学校学到的知识是不必要的。我可以非常熟练地分析所有抒情诗，还能运用四种语言来分析。但我对生活所需的知识一无所知。没人教给我关于房地产、房租、股票、税收之类的知识。现在我马上就要独立了，我到底该去哪里学习这些知识呢？"

　　他的主张是"学生在学校学到的东西在现实生活里毫无用处"。这样的主张令人震惊，但又不失其道理。显然，学习微积分、小说、诗歌分析、地球科学和物理学知识，对成为"有能力的上班族"没有多大帮助。但这并不意味着在学校学习的知识完全没用。时至今日，我还是会翻阅初高中时所学的诗歌和小说，并从中找到慰藉；我还是会在仰望夜空繁星时，回忆在地球科学课上学过的星体运行原理。它们或许并不实用，但对治愈人的痛苦有很大帮助。至于那些有关房地产、房租、股票和税收的实用知识，我们也可以在"人际关系"中自然而然地学到。我们可以通过家人、朋友、前辈、老板和各种专家进行学习，即便是成年后再学也为时不晚。

　　每当我感到生活被彻底动摇时，就迫切地渴望学习。在这样的人生危机中，我需要的仅是一句诗、一首儿时音乐课上的童谣、一份与昔日好友递字条的纯真回忆。因此，学生对现在所学知识的真正需求，并非体现在"现在"，而是体现在"未来"。很多现实生活中必备的知识，适合在"人际关系"中习得。

为何我们如此难以爱上充满缺点的自己？电影《快乐之后》的主角维丽特从小就对黑人特有的浓密鬈发怀有深重的情结。鬈发在我眼里很漂亮，但在主角眼里却是一种羞耻。她因自己没有白人的金色直发而感到难为情，总是拿着白人芭比娃娃玩耍，渴望拥有娃娃的那种外貌。母亲没有修正维丽特的想法，只是用热铁板将她的鬈发拉直。每早都要忍受这一过程的维丽特，强化了理想的自我形象："我的头发只有拉直才漂亮。"要像白人孩子一样端庄，这种想法总是困扰着她。在泳池里，白人孩子并不在意自己的头发是否蓬乱、是否光着脚玩耍、是否有食物沾到脸上，但维丽特连尽情游泳都不能。当所有孩子都在泳池里快乐玩耍，维丽特正在忧心忡忡：一旦被水浸湿，头发就会变得一团糟吧？对天生鬈发的黑人女性来说，直发也象征了地位上升的梦想。为了在男权社会被男人选择，维丽特一次都不曾展示过自己的鬈发。

也许，我们在镜子前自苦了太久。每当镜中出现一张令人不满的脸，我们就会与自己的外貌情结狭路相逢。我也从来没有摆脱过外貌情结。看着这部电影，女性对完美外貌的痴迷以一种极其痛苦的方式向我袭来。为了拉直独特的鬈发，黑人女性所花费的金钱和时间超乎想象。凝视着无法向男友展示自然鬈发的女主，我不禁想到，"发型"竟会如此困扰女性。找到一个不在意自己发型的爱人，真的有这么难吗？

为了打造美丽的外貌，维丽特花费了太多时间和金钱。对自己失望透顶的维丽特，最终在几经波折后剃了光头。剃完头发后，她看起来更开心了："因为不再想头发的事，我有了更多时间。"是时候想想自己真正想要的生活了。她不再腾出过多时间来打扮自己，只是让生活更符合自己的期待，这是多么明智的"自我关怀"啊。

SAT
艺术

不拥有爱情的勇气

在约翰·威廉姆·沃特豪斯的画作《阿波罗与达芙妮》（1908）中，铭刻着一男一女错开的眼神。阿波罗以无尽渴望的眼神看着达芙妮，而达芙妮则以恐惧和拒绝的眼神看向他。如果你阅读希腊神话的话，就会发现众神并不知晓"人类和自己一样重要"。不仅风流的宙斯如此，就连浪漫主义者阿波罗也是如此。如果阿波罗像珍惜自己一样珍惜达芙妮，达芙妮变成月桂树的悲剧就绝不会发生。为何有这么多男性不相信女性说的"我真的很讨厌你"？男性不把女性的"NO"当作真正的拒绝，这种暴力在希腊神话里也一样存在。

对阿波罗的傲慢感到失望的丘比特，想出了一个令其吃苦的妙计。丘比特向阿波罗射出了奥林匹斯诸神都无法躲过的爱欲之箭，又向达芙妮射出了令人对爱情毫无关心的铅箭。达芙妮因受够了阿波罗的盲目追求而拼命逃跑。充满自信的阿波罗第一次感到绝望。作为医术之神，他治不了自己的心病，更挡不住汹涌爱意。

阿波罗的错误在于只尽力表现自己的爱意和伟大，却没有好奇达芙妮给出拒绝的理由。他仅仅执着于自己的爱情，对爱情的对象没有真正的兴趣。很多时候，我们只是爱着爱情的概念，而非爱情的对象。在这一刻，被摧毁的不仅是爱情，还有所爱之人的心灵。在理解阿波罗绝望的同时，为何他的愚蠢更引人注目？也许是因为我们决心不再犯这样的错误。所爱之人未必怀有与我们相同的爱，这种可能性不应该被遗忘。这不是恐惧而是关怀。就算所爱之人不爱我，我也能接受不拥有对方的爱。这是爱情所需的首要勇气。

266 | SUN 对话 | 致一直在我身边的人

以前的我总是荒唐地憧憬着远方，为远方存在的爱挥洒热情。现在的我开始将自己的热诚倾注于脚下的土地和我身边的人。这是我迈向现实的征兆。我的人生年轮已然成长，使我再也无法滞留于青春期的激情。盲目投掷热情是美丽又虚妄的。最重要的是，这种爱无法不以自我为中心。这种爱不会令人真正关心他人，只会投射出一种乌托邦式的浪漫热情。我们所沉迷的对象，并不等同于我们幻想中的模样。如果硬要追究错误，被爱的对象又有什么过失呢？是我们错将自己的理想型转嫁到了对方身上。

但如今，比起脱下幻想的面纱，我会将每个角落想象成陌生的地方。我将自己盲目的爱转变为勤恳地打理周遭的空间。我的幻想对象不再是伸展羽翼的女神，而是煮大酱汤、清洁下水道口的人。比起"这只是我短暂停留的地方，我不会一直待在这里"，我更愿意相信"就算我将来可能会离开，这里对我来说也是乌托邦"。

在深秋的夜里，突然想对一直在我身边的人嘟囔几句："我喧闹的爱如麻雀一般叽叽喳喳，感谢你能接受这份爱。现在，就算看到你，我也不会像以前一样心跳加速或嘴唇干涩了。你脸上的小黑点，偶尔看着比西瓜籽还大呢。现在，我不再刻意无视你的缺点，拿你跟我童年时的理想型比了。这并非因为你有所匮乏，而是因为你的面貌层出不穷，不被我的幻想束缚。明天的时候，要不要一起去附近的后山逛逛？就是那座我们总是观望却又懒得去的山。与其向往难以攀登的珠穆朗玛峰，不如一起感受后山的隐藏之美吧？感谢你一如既往地珍惜我，哪怕我有万千缺点。"

自我关怀是对自己的亲切

很多人因随时打电话倾吐烦恼的朋友而受折磨。这类人无法说出自己的烦恼，却不断倾听朋友的苦闷。每当我听到这类故事，都会对他们这样说："请将自己的人生放在优先位置。"也有很多人会先挂念朋友的安危，忧心朋友闹别扭的问题。这时我又想说："为什么不先站在自己这边呢？你应该先站在自己这边。"

令人惊讶的是，很多人不擅长站在自己这边。他们既善良又爱内省，忙着倾听别人的故事，却无处诉说自己的烦恼。问题是，这类人也更容易陷入抑郁症。如果无法自我关怀（self-compassion），即无法对自己保持友善与怜悯，精神健康就会亮起红灯。为了自我关怀，我们要有将手机设置为"静音"的勇气。想要专注于自身的生活时，果断地关掉手机吧。

为自己创建心愿清单这件事，并非仅适用于生命所剩无几的人。现在就为自己制定一份日常心愿清单是一件很有益处的事。人不应受限于临终的急迫感，慌张地拟定遗愿清单，而应该以一颗从容的心，在健康时就照顾好自己。例如，对于没法好好休息的人来说，他们的心愿清单里就应该包括"毫无遗憾地充分休息"。

达成心理健康的最佳方法之一就是聆听自己的心愿，即实践自己的心愿清单。虽然心愿清单不可避免地具有浓厚的商业性，但它还是充满了不可抗拒的魅力。它能促使我们向自己抛出一些疑问："我有没有计划过死前必须做的事？"时常念及死亡的人生该有多么紧迫。在不知何时就会结束的人生中，如果今日就要迎接死亡，一个怎样的心愿清单才能让我们少一点遗憾呢？其实，常将死亡置于心中是对自己保持真实。就算死亡日渐临近，我也想尽量减少对自己人生的遗憾。人需要创建心愿清单的原因是：让自己幸福是实现正念的切实方法。从今天开始就去实践能够关怀心灵的心愿清单吧！这是真正的自我关怀的开始。

摆脱心理创伤的意志

有些创伤能出乎意料地化为成长的契机，有些创伤则会演变成吞噬生活的永久性伤疤。在金锦姬的小说《敬爱的心意》中，主人公被困在可怕的创伤中，变得心如铁石。小说抛出了这样的沉重话题：人类能否摆脱创伤？克服创伤的力量从何而来？高中时期，敬爱因为一场意外火灾失去了珍贵的朋友，作为唯一的幸存者，她一直背负着负罪感。在火灾事件中同样失去朋友的尚秀，在那场火灾之后也从未被人真心理解过。他们的故事看似毫无关联，其实证明了紧密相连的缘分。被缘分紧锁在一起的他们互相交谈，展现了沟通的治愈之美。

小说中难以亲近的两人有不少共同点。他们在同一个公司工作，饱受各种情绪劳动。"谁都无法理解我"，他们一个拥抱着这种彻骨的疏离感；"再也无法好好爱一个人"，一个拥抱着这种根深蒂固的恐惧。尚秀不再与世上任何人建立真正的伙伴关系，装作一脸冷酷的敬爱则努力隐藏自身的潜力。敬爱对韩珠的爱差点就融化了冰冷的心，但韩珠的背叛又使她经历了更可怕的等待和孤独。

敬爱以最冷漠的目光看向尚秀，但她的希望却投向了尚秀的另一个身份——"姐姐"。白天，尚秀是被步步紧逼的无能职员，但到了晚上，他会在网络世界中扮演"姐姐"的角色，以智者身份抚慰敬爱的创伤，回应她的失恋之痛。对此毫不知情的敬爱，对白天的尚秀感到失望至极。然而，知晓一切的读者却心潮澎湃，仿佛打开了潘多拉的魔盒。尚秀的共情能力是拯救一切的关键。比起现实生活中的男人组长，网络里的"姐姐"身份更让尚秀展现自我。我们暗自窥探着敬爱的心，以喜悦之心再次领悟：在不经意间的擦身而过里，或许藏着拯救我们的机会。

细小却耀眼的心愿清单

诸如"死前必去的 100 处名胜""死前必听的 1000 首音乐""死前必看的 1000 部电影"之类的庞大清单很难付诸实践。它们不仅过于宏伟，还容易变成压力的来源。看着世上五花八门的心愿清单，我也开始思考自己的心愿是什么。回想起来，我人生的决定性转折并非由伟大的计划引发，而是源于一些出人意料的偶然。人生的偶然使我获得微小的经验，而这些经验令我的人生温度骤变。因此，我不用耗费很多钱和时间，只要思考能在日常生活中实现的细小心愿就好。问题是，足以为生活增添色彩与香气的心愿清单究竟长什么样呢？

我初次实践的心愿是响应陌生人的邀请。在长途旅行中，我总是遗憾于在当地没有认识的朋友。在陌生地方体验陌生文化总是令人兴奋，但无论我多么努力地了解当地文化、鉴赏当地艺术作品，都摆脱不了"异乡人"的感觉。为了缓解这种令人窒息的距离感，我总渴望能有一位温柔的向导。在赫尔曼·黑塞的家乡卡尔夫，我幻想能有一位熟悉黑塞的当地人为我讲述黑塞的童年故事；在雅典的时候，我希望身边能有一位希腊老人为我有趣地讲述希腊神话。认识熟知当地的向导，是旅行者难以摆脱的幻想。

在国内旅行时，我也曾有过这种遗憾。从几年前开始就深陷济州岛魅力的我，每次去济州岛时，都希望在当地能有个认识的朋友。不久，我意外收到了一个帮我实现凤愿的邀请。一位阅读我专栏的读者写信邀请我前往他在济州岛的家。济州岛对我来说一直是美丽迷人的旅行地，但我从未应陌生人的邀请去到那里。三年前，我欣然接受了那位读者的邀请，借着去济州岛办事的机会，顺道拜访了他的家。对于恐惧被陌生人邀请的我来说，这是一次大胆的尝试。他信中流露出的热情款待的心意，以及对他人品的信任打动了我。无条件的好客之心，才是敞开心扉的万能钥匙。

270 在陌生的地方遇见新的自己

　　跟团游的遗憾在于只强调目的地的重要性，却对游览的行为缺乏内省。就像前往巴黎的游客，只要去埃菲尔铁塔和卢浮宫博物馆就万事大吉了一样，"打卡拍照"偷走了旅行真正的乐趣，妨碍了游客体验当地生活。虽然认证照并不是坏事，前往不同国家旅行也很不错，但如果我们能以更缓慢的步伐、更深切地感受目的地，那就再好不过了。在众多旅行地中，柏林是第一个教会我"慢旅行"的城市。在那里，我没有走马观花式地匆匆而过，而是像当地人一样感受生活的乐趣。在柏林度过的 6 周时间里，我意识到曾经的自己是多么执着于旅行的速度、目的地与效率。

　　一位留学生在假期期间返回了韩国，我住进了她的空房间。这是一间温馨的寄宿公寓，家具和陈设一应俱全。这里不仅庭院宽敞，还有从韩国移民过来的房东阿姨帮忙清洗衣物。住进去之后，我开始在柏林四处游荡。我有时会坐地铁、公交，有时又会漫无目的地闲逛，饿了就去跃入眼中的餐厅吃饭，渴了就去露天咖啡厅慢悠悠地喝咖啡。在这趟旅行里，我随心所欲地雕琢着自己的每一天。

　　柏林爱乐乐团来韩国演出的时候，我曾因门票昂贵而纠结许久，现在终于能毫无负担地看演出了。我还买了一个月的博物馆通票，勤快地往返于柏林各个博物馆和美术馆。以前觉得没时间去的地方，现在也可以无止境地游览。打听过贝尔托·布莱希特之墓后，我与坟墓里的他窃窃私语了半天。偶然得知他墓地旁边还有黑格尔之墓的时候，我不禁惊叫出声。在希特勒的会议场所——万赛（Wannsee）散步时，我茫然地望着纳粹主义留下的痕迹。悲剧，不能重演。在佩加蒙博物馆里，宙斯祭坛引我跃入一场穿梭千年的时空旅行。仿若灵魂出窍的我，在这里呆坐了好几个小时。比起短暂的旅行，为期一月的旅行使我更长久深入地感受了陌生的快乐。这是在跟团游中从未体验过的、缓慢而悠闲的留白之乐。

灵魂的武器，歌颂着希望与自由

　　电影《饥饿游戏》中的弓箭少女凯妮丝展现了箭在未来社会的重要性。她在父亲去世后负责母亲和兄弟的生计，狩猎是她养活家人的方式。她射箭能力出众，能准确地瞄准动物的眼睛。一天，靠售卖动物糊口的凯妮丝遭遇了巨大的不幸。她的妹妹不幸地被选入了"饥饿游戏"。饥饿游戏的最终目标只有生存，为此一切杀戮都可以被容忍。在未来社会，各地区被选中的少男少女聚集在巨大的竞技场里，举国上下都可通过媒体观看他们的杀戮游戏。这是叛乱的代价。这个国家曾残酷地镇压造反的人民。为了提前斩断造反的萌芽，残酷的杀戮表演正在肆意上演。

　　凯妮丝没有屈服于不幸，她选择代替妹妹参加残酷的饥饿游戏。与其他从小就被彻底培养成战士的参赛者不同，她唯一的武器就是以狩猎实力铸成的箭。她以比利箭更锐利的眼神识破了当权者的伪善。哪怕以饥饿游戏式的恐怖政治控制了人民，当权者仍因叛乱的回忆而痛苦不已。他们试图靠残酷的竞争来达成有效的统治，但注视着饥饿游戏的人民并未因此而畏惧权力。凯妮丝代替恐惧得瑟瑟发抖的妹妹参赛，她的存在早已成为受苦人民的希望。

　　凯妮丝没有遵循游戏规则，她一箭刺穿了敌人的心脏，找到了一条"人人共存的希望之路"。箭没有枪那么复杂，也没有剑那么直接。它是一种任何人都能学习和轻松获得的原始武器。然而，箭具有从远处穿透敌人心脏的惊人破坏力，有时又能成为歌颂希望与自由的灵魂武器。箭头当然锋利，但弓箭手的眼神应当更加犀利。

　　每日所见的美丽风景就像空气和水一样，是人类复原力的一部分。生活在美景当中，我感到很安心。就算这风景不是什么惊人绝景，只是家附近的朴素美景，譬如温暖舒适的长凳、深情的合抱之木，也都能守护我们。惠斯勒的画作体现了城市夜景奇迹般的美。居然有人能将夜空与城市风景描绘得如此和谐。他的作品分明有着二维的静止画面，却像立体的动态影像和近在眼前的烟花秀一般，栩栩如生地还原了城市夜景。

　　如果说维米尔的风景画以缓慢而细腻的观察美学见长，那惠斯勒的风景画则以捕捉刹那的速度美学著称。体现这一点的代表作品是他的《泰晤士河上散落的烟火：黑和金的小夜曲》（1875）。这幅画描绘了瞬息万变的城市风景。在肖像画中推崇静态和细腻表现的惠斯勒，在风景画中却更加关注光线、温度和风的变化，偏爱转瞬即逝的风景。这或许是因为人类能靠意志进行自我控制，而自然却不能吧。惠斯勒要求模特穿着自己挑选的衣服长时间保持静止姿势，却对瞬息万变的自然风光束手无策。

　　在描述城市、自然和身处其中的人类时，惠斯勒活用了"变化"的属性。他在城市夜景中勾勒出飞快模糊的人影，同时捕捉了"出现"和"消失"。人影如幻象般稍纵即逝。画中人没有以强烈的视线朝观众猛盯，只是若隐若现地摇曳着，像影子一样飘荡而过。在这幅画中，我们分不清实体与阴影。实体与阴影看起来毫无二致，人物的存在与消失仿若电光石火。就这样，仿若即刻便要消失的刹那之美与无法捕捉的旺盛生命力跃然纸上。

一位读者给我寄来这样一封信:"参加电视节目时,我出场的部分被恶意剪辑了。正因为与事实不符的部分内容,之前与我关系不错的朋友和我绝交了。录制节目的时候,工作人员只是假装对我好,实际上在我和别人之间挑拨离间。所以,现在的我已经没法像以前那样单纯地看待别人了。我该怎么做才能在人际关系中找回昔日的纯真呢?"这种事并非只发生在电视节目的录制中,每个人都至少有过一次或两次这样的痛苦经历。

我如此回复这位读者:"我以前也遇到过这种情况。因为这种经历太过痛苦,我花了将近 10 年的时间才得以摆脱创伤。即便到了现在,偶尔回想起那个时候,我还是感到心里的某个角落沦为了废墟,凄凉得连种子都无法生长。然而,克服创伤的过程似乎决定了我是谁,以及我未来应该如何生活。通过那次经历,我意识到痛苦的创伤也可能是伟大救赎的开始。

"每当发生艰难的事,就会有人离开我。虽然这令人心痛,但我也无法与那些人再续前缘了。当撼动人生的大事向我袭来,有人会离开我,也有人会留在我身边。很长一段时间后,我也会自我反省。'难道我就没有做错什么吗?虽然并非出于本意,我会不会在不知不觉中引发了什么误会?'这是过了 10 年之后,我才能够想到的问题。我会自问,是否与那个人断绝关系也无妨,是否即便没有那个人的帮助,我也能做好该做的事。进一步来说,如果所有的朋友都背弃了我,我还能活下去吗?通过一一回答这些问题,我逐渐描绘出自己是怎样的人、我的人生蓝图是什么。我希望你不要忘记,最痛苦的创伤也是最大的成长机会。"

人格面具，隐藏真实自己的假面

"那个人跟表面上看起来的不太一样，实际上非常聪明有趣。""知人知面不知心。""看着那么善良的人竟然会做出这种事？"这些话展现了人的表里不一。从心理学的角度来看，这个与"里"完全不同的"表"就是人格面具。人们看他人的时候，主要关注外貌、语气、谈吐和印象等要素。因此，如果将自己装点得很完美，就能变得不为人知。正因人格面具的存在，人能将自己塑造成理想形象，或是与内心截然不同的形象。那么，在华丽面具的紧压之下，我们真正的模样又如何呢？大概就是心理学强调的"阴影[①]"。人不想向别人展示的部分、崎岖不平但接近真实自我的部分就是阴影。

人格面具与阴影之间的距离越远，我们的心灵就越陷入困境。也就是说，人的演技会压制真心。渴望展示某种理想面貌的同时，人疏远了自己真正的感受。一定要展示理想形象的老师可能会戴上非常模范严格的人格面具。即便看似明朗快乐的老师，也常被不为人知的压力侵扰。在日益复杂困难的教育环境中，老师会因"人格面具"和"阴影"的逐渐疏远而感到痛苦。但有阴影并不是坏事。为了保持人格面具的理想化，我们忽略了真心聚集的地方——充满阴影的无意识。阴影是无意识的巨大仓库，盛着情结、创伤、被压抑的记忆与情感。照顾阴影就是明智地抚慰自己的伤痛，培养在痛苦中找寻内心真相的慧眼。哪怕这么做是痛苦麻烦的，我们也应诚实地面对不完美的自己。不急于以完美人设来掩饰伤口，而是真正亲近自己的阴影，我们就能变得心胸宽广，并对别人的阴影给予尊重。

---

① 阴影：荣格四大原型之一，指人的无意识中不愿意承认的部分，包括创伤、情结等。

寻找我内心的"美好年代"

　　艺术之美能打开紧闭的心扉。当抑郁和不安袭来，我就会沉溺于美好事物。当人沉浸在美好事物中，抑郁和不安就会溜走。因此，读到玛丽·麦考利夫的《美好年代：莫奈和马奈、左拉、埃菲尔、德彪西和朋友们》的主标题和副标题时，我已经被这本书迷住了。"美好年代"一词令人想到了"美好事物的鼎盛时期"。另外，这本书的副标题——"莫奈和马奈、左拉、埃菲尔、德彪西和朋友们"让我心动不已。读着副标题，我仿佛看见世间一切美好事物齐聚一堂，仿若有人在满月下欢快地跳着"强羌水越来①"。只要想到美好的事物，我的灵魂就得到了振奋，忧郁也像洗净了一样。这种感觉很好。

　　此外，这本书展现了我非常推崇的一种写作态度。本书作者没有致力于感受和鉴赏材料，而只是沉浸于材料本身。探索一切与历史、人物、时空相关的材料，表达探索过程中所产生的丰富思想，是我梦寐以求的写作方式，而这本书的作者正是如此。"读者能否理解我的心呢？会不会喜欢我的文章呢？"我不想被这些想法左右。我理想中的写作就是充满激情地探索长久以来的挚爱。这本书撕掉我的假面，让我敢于不看别人的眼色，尽情地在写作上燃烧自己。

　　叱咤风云的艺术家塑造了"美好年代"，但这一过程并不容易。他们走在痛苦美丽的荆棘路上，不断与贫困和偏见做斗争。通过这本书，我与这群艺术家相遇了。即便屡次失败，马奈还是勇敢地在沙龙展出画作；直到三十五岁，罗丹的作品才被选入沙龙展。他们总是摘下人格面具，露出自己的真实面目。失败贯穿人生始终，我总是反复品尝失败的苦涩。但在一次次的失败中，我遇见了艺术家更深层次的美。他们以激情和真诚为武器，永远不放弃追寻真实自我。

---

① 强羌水越来：韩国全罗南道的一种民俗歌舞，韩国第 8 号重要文化遗产。

人格面具下的我，也会被人爱

哪种老师更好呢？为了成为标准生活的模范而完全隐藏阴影的老师更好，还是时不时坦率地展现阴影、追求人性化沟通的老师更好？我认为不隐藏阴影的老师在精神层面更健康。因为压抑和隐藏阴影不仅不会令人健康，还会加重人的压力和情结。

"你们说出这种令人心痛的话，老师也会感到受伤的。""老师也是人，也会有心碎和抑郁的时候。"这么说不仅不会毁损作为老师的威信，还能创造出与孩子更加亲近的契机。面对调皮捣蛋的孩子，与其摆出理想的人格面具，不如坦承"老师以前也有过你这种想法"。比起像紧身校服一样沉闷的教育方法，让孩子感到"可以在老师面前坦率地讲任何事"是一种更杰出的教育方式。

如果说人格面具是与"社会化"相关的部分，那阴影则是与"自性化"相关的部分。韩国社会过分强调"社会化"，忽视活出真实自己的"自性化"。对于人类来说，社会化和自性化之间的平衡很重要。与社会的联系固然重要，但阴影所代表的"真实的内在自我"也不可忽视。

人格面具是思考"别人会怎么看待我"而发展出的人格的假面，阴影则由我们压抑和疏远的一些情感和记忆组成。在《化身博士》中，杰基尔博士代表了人格面具，海德代表了阴影。如果为了打造完美的人格面具而压制阴暗面，就会产生海德这样的可怕人格。能细心照顾阴影并试图与其"交谈"的人，比只重视人格面具的人更能成熟地发展个性。那么，什么样的人能成为我们真正的朋友和老师呢？我想是那些能让我们倾诉痛苦的人，让我们无须戴上复杂假面的人，不讨厌也不无视我们阴影的人。

有些快乐，只有艺术家才能给予。有些力量，并非源于科学发现，也带不来任何经济效益，却能让生活变得美好芬芳。重看电影《午夜巴黎》后，我发觉创造巴黎之美的一等功臣是艺术家。比起巴黎的珍宝，艺术家更爱的是"巴黎人"。

1900 年以后的巴黎，迎来了文化发展和艺术交流的全盛期。也正是在这一时期，蒙马特①山丘成了艺术家的根据地。艾莎道拉·邓肯、伊戈尔·斯特拉文斯基、马克·夏卡尔、让·科克托等许多艺术家齐聚在蒙马特区的廉价木制公寓楼——"洗濯船"，在此畅谈艺术与爱情、友谊与革命。巴勃罗·毕加索、马克斯·雅各布、莫里斯·德·弗拉芒克、基斯·梵·邓肯、阿梅代奥·莫迪利亚尼等众多艺术家不屈服于贫困，点燃起对艺术的热情，让巴黎成为一座更美的光明之城。

艾莎道拉·邓肯一边为审美一流的观众演出，一边教巴黎的少女跳舞。想跟她学跳舞的人不计其数，舞蹈班也被分成了三个。这么多课显然会消耗她的体力，但唯有如此，她才能付得起房租。贫穷又才华横溢的舞蹈家艾莎道拉·邓肯将自己的热情挥洒于探求舞蹈的基本原理。

艾莎道拉如此说道："如果艺术是花，那么生活就是根。"艺术家的自豪在于从生活的根部孕育出艺术。1900 年，19 岁的巴勃罗·毕加索在著名的巴黎万国博览会上发现了自己的画作。那时，他已经跻身于世界著名画家的行列。痴迷艺术的巴黎人将艺术家奉为王，在这样的世界里，毕加索的年龄显得无关紧要。毕加索在自传中自豪地写道"我，国王"，而这种自恋不被憎恨的缘由，正是巴黎人对艺术的珍视和应援。每当疲惫时，我就会坐上时光机器——《午夜巴黎》。这部电影不仅讲述了伟大艺术家的故事，还令观众与珍视艺术的巴黎人邂逅。

---

① 蒙马特：位于法国巴黎市十八区的一座 130 米高的山丘，在塞纳河的右岸。

致终将实现梦想的你

看电影《一天》时，有个场景让我很惊讶。在艾玛（安妮·海瑟薇饰）尚未实现作家梦的时候，德克斯特（吉姆·斯特吉斯饰）对她说："有能者为之，不能者为师。（Those who can, do. And those who can't, teach.）"

面对对才华还没有把握的朋友，面对正在努力教学生、慢慢为未来做准备的朋友，怎么能说出这么可怕的话呢？再说，这句话也不对。这句话是在说"才能出众的人都在干大事，没能力的人才去教书"。但人生没有这么简单。有才的人在专注事业的同时也会教人，教人的老师某天也会成为伟大的艺术家。在电影中，历经千辛万苦的艾玛就自豪地成了作家。

艾玛在教书育人的过程中从不疏忽，也没有懈怠写作。正是这种热情，使她成了杰出的作家。教书的价值绝不亚于干大事，教学是试验才能、培养热情的宝贵机会。

教授写作就要与自己的心理障碍做斗争："这真的可能吗？"写作是需要独自努力的事，但教写作必须与学生达成交感。每个人都喜欢"做（doing）"，但并非人人都能承受"教（teaching）"所蕴含的紧张感。如果我们没有刻意去"教"，却又在无意中教到了某人，这种以"做"带"教"该有多美妙？

如同钢琴家西摩·伯恩斯坦所谓的"为了演奏出更美丽的人生（Play life more beautifully），为了使生活更加耀眼"，今天的我也要边做边教。我想成为既有勇气教书又有能力实践的作家。

把清爽的唱功描绘成画

提及德加的画作与雕塑，人们主要会想到舞女的优雅身姿。德加的卓越才能体现在捕捉女性的隐藏之美和意外之美上。在他的画作中，有暗自在心中描绘舞蹈动作并不断调整姿势的女性，有穿上或脱下漂亮舞台装的女性，也有在洗澡和梳妆打扮的女性。德加描绘过女性残留的背影，也捕捉过远处跳群舞的芭蕾舞演员的身影。他笔下的许多女性都没有露脸，只留下一个个"剪影"。然而，画作《戴手套的女歌手》（1878）中展现的女性形象却一反常态，这幅画给了人物一个超近距离的"特写"。这种令人感到惊慌的近距离，反而引发了美妙的结果。

这幅画将女歌手发出的优美旋律以鲜明的光线对比描绘出来，让人不禁惊叹："如果用光来描绘声音的话，应该就是这样吧！"德加将目光投向了这美妙嗓音的根源——女人的喉咙深处。她的声音仿佛始于远处，又在靠近听众后逐渐远去。这幅充满活力的画作以光的恶作剧来表现声音，展现了德加的另一重境界。在璀璨的舞台灯光下，女歌手高高举起戴着黑手套的手，指向声音所向往的遥远高度。她的眼角像熊猫的黑眼圈一样阴沉，声音好似源于深山中的洞穴，又逐渐消失在远方。这种声音的生老病死引人想象。女歌手的脸庞压倒了整个画面，像引出雄壮回响的扩音器一样，将声音形象化。这些没能出现在历史书或伟人传里的人，因被纳入画家的画中而成为特别的存在。这些画作似乎在温暖地提醒现代人，不被记载的平凡生活也很可贵。

致被传闻伤害的你

"真讨厌别人的风言风语。想躲在没人认识我的地方。""为什么人们要把我没做过的事捏造成传闻呢?"一些为此流下痛苦泪水的读者如此吐露心声。

我向他寄了这样的回信:"有时,我们明明没有错,却委屈地成了传闻的对象。在这种情况下,错的确实是他人。但即便我们没错,只抓着自己没错这一点不放也无益于解决问题。相反,当我们开始反思自己的过失,事情便有了转机。回想起来,我也从未与那些误解我、恨我的人开诚布公地交流过。现在的我,会先选择反省自身。'我的行为真的有得罪人的地方吗?'如果能理直气壮地回答'没有',那就大胆地与传闻诀别吧。有时,不读恶评或无视谣言反而是好事,因为我们的最佳守护神其实是自己。如果本人堂堂正正,那就千万不要屈服于传闻。永远不要屈服于风言风语的淫威。"

当人属于某个群体时,个体的自主性和真实意愿就很容易被扭曲。例如,在参加选秀节目的瞬间,选手的人生就会被"人气"等标准裁决。当我们开始一件事时,不仅要有开始行动的强烈意愿,还要有承受风险的强韧心灵。开启职场生活和组织生活时,人的纯真意图和诸多努力有了被歪曲的风险。只有接受这一点,我们才能继续进行社交生活。然而,这并不意味着"无条件地服从组织或多数人的荒唐决定"。我们必须不断找寻自尊,以对抗大多数人做出的荒谬决断。

修建自尊的堡垒是一种"内在工作"。我们应全神贯注于自己最爱的事,同时去做理性层面的"正确"的事。人需要修建宝贵的内心堡垒,以免自己被别人的评判撼动。我不断如此告知和抚慰自己:"我是保护自己的最佳战士。我有勇气与所有让我受苦的障碍做斗争。不管是今天的我还是未来的我,都会继续前进。"

空巢综合征，丧失的创伤

　　每个人都不可避免地经历丧失之痛。从出生的那一刻起，我们就要离开母体这一天堂。后来，我们边断奶边练习着离开母亲的怀抱，边交朋友边预备着可能会失去朋友的未来。然而，比这些更深重的痛苦是不得不失去所爱之人。当心爱的子女终于迎来独立，空巢综合征（Empty Nest Syndrome）彰显了"丧失"这一原始体验所携带的内在创伤。

　　患有空巢综合征的人正在增加。随着人类寿命和夫妻共同生活时长的增加，从前大多由母亲经历的空巢综合征也开始侵扰父亲了。当长大后的孩子离开怀抱，父母被迫荒凉地面对"我到底是谁"的疑问，经历独守空巢的空虚与绝望。这是大多数母亲的必经之路。世上的许多母亲都像神话中的得墨忒耳①一样，承受着被女婿夺走女儿的痛苦。在孩子因结婚、工作、留学等原因离开自己时，家长都会经历微妙的嫉妒和空虚。

　　得墨忒耳经历了空巢综合征所带来的痛苦。在冥王哈得斯②劫走女儿珀耳塞福涅③之后，得墨忒耳以坚定的决心加入了罢工斗争。她发誓，除非女儿回来，否则地球上的任何生物都将无法正常生存。得墨忒耳是一位了不起的母亲，但失去女儿时，她弃职责如敝屣。这并不是她的错。纵使她是一位身肩重任的伟大女神，别的主神也都没有对她施以援手。唯一对得墨忒耳的痛苦深表同情并真心帮她找到女儿的是暗月女神赫卡忒④。也许所有的母亲都需要赫卡忒这样的帮手。家人、朋友、同事和身边的每个人都应帮助母亲分担"沉重的母性"。不管是母亲、女儿还是恋人，大家都应将自己从执念中解放出来，然后开启新的爱。

---

① 得墨忒耳：希腊神话中司掌农业、谷物和母性之爱的地母神，奥林匹斯十二主神之一。

② 哈得斯：希腊神话中统治冥界的神。

③ 珀耳塞福涅：希腊神话中冥界的王后，得墨忒耳的女儿。

④ 赫卡忒：希腊神话中前奥林匹亚的一个重要的泰坦女神，象征着暗月之夜。

失去后才能看清的东西

　　奇怪的是，悲伤能被另一种悲伤驯服。当我意识到自己不是在独自承受痛苦，并且深切地感受到别人的痛苦时，我的悲伤就变成了"我们"的悲伤。读到奥利维亚·德·朗贝特里的著作《致弟弟亚历克斯》时，我正处于悲伤之中。那种悲伤既不能向别人吐露，也无法被我顺利地消化。在这样的情况下，我开始阅读这本书。奇怪的是，作家的悲伤竟然开始治愈我的悲伤。当别人的悲伤触动我的悲伤，"只有我如此痛苦"的孤独就会消失。作者难以抚平失去弟弟的悲伤，便将弟弟让自己写书的建议当作救赎之道，踏上了写作的道路。

　　"对于怀疑一切的我来说，你留下的最宝贵的遗产，就是让我敢于尝试。"读到这一段的我哽咽了。弟弟意识到即将到来的死亡，向心爱的姐姐传递了自己的建议和爱意。在同情他人痛苦的过程中，我得以触摸自身痛苦的根基。这种触摸唤起的觉醒使我感到某种喜悦。

　　饱受痛苦的人不应被关在"自己的房间"里。让我们穿上鞋子，走出门去，跃入生活的战场。陷入悲伤的人必须找到富有创造性的事情并借此挥洒热情。通过这本书，我获得了在悲伤中继续爱的勇气，也获得了在忧郁中持续尝试的勇气。如果你也在悲伤中不可自拔，这本书能让你有勇气继续爱，有勇气做自己。

　　创造伟大作品的艺术家克服并净化创伤，将自己的阴影升华为成熟的内在能量。卡夫卡的情结是与父亲不和。在专制的父亲面前，不受待见的卡夫卡总是显得软弱无能。在如此恶劣的条件下，他通过《变形记》和《致父亲》等文学作品克服了这种严重的不和。倘若他只是回避阴影，就不会写出这样的作品。通过不断与痛苦的阴影协商，艺术家最终以伟大作品疗愈了自身的缺失感。

离别训练，让彼此自由的机会

在得墨忒耳看来，劫走自己女儿的哈得斯是最差劲的女婿。然而，如果将这一切视为母性的根本困境，我们对这个神话的解读是否会有所不同？毕竟，不管世上有何种"别人家的孩子"，母亲最心疼的还是自己的女儿；不管女婿再怎么厉害，在母亲眼里都如同哈得斯一般招人厌。虽然得墨忒耳的母性万分殷切，但为了女儿抛弃整个地球的行为也反映了母性的阴影。当母爱成了生活的中心，任何人际关系和义务都会被置于脑后。不管别人是饿死还是受伤，母亲都只想着自己的孩子。

得墨忒耳和珀耳塞福涅有着丝毫不亚于恋人的母女关系，为这份永无止境的关系染上瑕疵的哈得斯是世间所有女婿的隐喻。在这个神话中，珀耳塞福涅的创伤几乎没有被刻画。然而，如果我们能从珀耳塞福涅的角度重构这一神话，就会发觉一点：也许珀耳塞福涅同样渴望独立于太爱自己的母亲。在与哈得斯会面之前，珀尔塞福涅在母亲的保护下过着平静的生活，没有什么能阻碍这种完美的母女关系。但她的余生能这样过吗？或许，如果没被冥王绑架的话，她一生都会在母亲的阴影下安稳生活，认为自己所经历的就是世界的全部。无法突破保护网的珀耳塞福涅象征着"过度保护"下的牺牲品。

对于像得墨忒耳和珀耳塞福涅一样相依为命的人来说，独立之路愈加渺茫。得墨忒耳在与宙斯纠缠后对恋爱筑起高墙，珀耳塞福涅则因母亲的过度保护而对男人一无所知。珀耳塞福涅最初将哈得斯视为恐惧的对象，但也逐渐开始关注母亲之外的新世界。母亲与女儿之间的爱固然可贵，但给彼此一个获得自由的机会，才是应对不可避免的丧失之痛的"离别训练"。

令人遗憾的是，在得墨忒耳和珀耳塞福涅的故事中，女儿珀耳塞福涅的声音太微弱了。母亲得墨忒耳和冥王哈得斯都想将她留在自己的身边。哈得斯劫走别人女儿的不耻行为，无论如何都无法被正当化。然而，抛开丈夫的妻子和母亲的女儿这两个身份，也许珀耳塞福涅还需要别的身份。她尚未完成的有关独立的故事，现在是否应该由我们来开启呢？

如果母亲对女儿过度控制，女儿就无法培养独立解决问题的能力，只能依靠强者间接满足自己的欲望。珀耳塞福涅型女儿需要很久才能领悟欲望的本质，更容易被囚禁在别人创造的境况里，难以摆脱抑郁。珀耳塞福涅就像瞒着母亲与男友度过初夜的脸红少女一般，开始对自己的母亲撒谎。如果珀耳塞福涅也写日记，她的日记里或许会有这句话："虽然被劫是不可抗力，但吃石榴籽是我自愿的选择。"带着冥王甜美诱惑的石榴籽是母亲从未允许过的快乐。

当珀耳塞福涅再次见到自己的母亲，母亲抛出了第一个疑问："你在地下有吃过什么吗？"珀耳塞福涅谎称自己被冥王强迫吃了几粒石榴籽。她试图给母亲留下一种无权为自己命运负责的印象，但实际上，是她决定了自己的命运。通过吞下石榴籽，她得以在一定时间内与冥王共度。

得墨忒耳、珀耳塞福涅和哈得斯之间似乎是永无止境的三角关系。得墨忒耳永远无法放弃对女儿的爱，哈得斯永远无法放弃对劫来的妻子的执念。我想，珀耳塞福涅应当真正独立的时刻已经到来。

●据说，珀耳塞福涅因为吃了哈得斯给的石榴，一年中有四个月在冥界停留。在这段时间，掌管农业和谷物的女神得墨忒耳因为心碎而令冬天降临。

285

FRI
电影

守护心爱之人的死亡

在爱情电影《爱》中，有一位自尊心极强的妻子和一位深爱着她的男人。妻子至死也要保持骄傲，丈夫则始终守护着至死不渝的爱。如果能与爱人一起观看这部有关死亡和爱的电影，我们就会轻抚对方的后背，品尝还能继续相爱的珍贵。

即便电影的开头是"每个人都梦寐以求的晚年"，结局是"谁都不愿接受的残酷死亡"，但我依旧相信这部电影是美丽的爱情故事。电影中的夫妻之所以成为令人钦羡的主人公，不是因为他们享受了永恒的爱，而是因为他们年轻时很幸福。夫妻二人是深受学生与后辈尊重的音乐老师。当妻子瘫痪时，他们的生活质量开始迅速下降。看着妻子声称再也不去医院，负责照顾她的丈夫更是陷入了绝望。一向骄傲坦荡的妻子无法向任何人展现失去自尊的样子。看到失去记忆、意识和自我的妻子，丈夫开始思索该如何为爱情抉择。

曾经有很长一段时间，我模糊地想象着，自己会极其平静沉着地死亡。看完这部电影后，我改变了主意。我决定不了自己的死法。因为无法自发选择以何种面貌与方式死去，与其苦恼如何离世，不如在活着的时候探索不失去自尊感的方法。

通过这部电影，我意识到盼望平静优雅地死去也是一种自负。我们真正的不治之症，就是相信自己能直接选择生死的蔷薇色幻想。尽管如此，我还是想斗争。当死亡悄然来临，就连最后的一呼一吸，也蕴含着我们一生所有的爱和友谊。在死之前，我想过炽热滚烫的人生。

珍贵之人的临终面容

一提起克劳德·莫奈，我会先想到灿烂丰富的色彩。正因如此，这幅画给我造成了冲击。据我所知，这幅画里的颜色似乎不属于莫奈的颜色。莫奈总是汲取自然光线的璀璨，那种华丽柔和的色彩在这幅画中却无处可寻。直到看到画作《临终的卡米尔》（1879），我才明白这是莫奈的绝望之色。他在画中描绘了妻子卡米尔的临终面容，这是多么令人绝望？莫奈守着病逝妻子的床，又该有多么痛苦？

对于定居在吉维尼之后专心绘画的莫奈来说，妻子的离世如同时间定格一般。当人失去珍贵的爱人，一切感官的时钟都会停止。季节似乎停止了，时间似乎停止了，一切感受喜怒哀乐的情感的时钟似乎都停摆了。莫奈以极度简练的笔触无情地描绘了这种丧失的痛苦阴影。

看到这幅画后，我一时无言，呆坐了半天。我能感受到莫奈画中的绝望阴影，也能感受到他丧失感的根源。以活跃的艺术活动迎来人生最佳全盛期的莫奈，他的时间停止在这一刻。这不可避免的停摆缘于妻子离世的冲击。

家人就是这样的存在。当他们病入膏肓或濒临死亡，我们都得放下手头的所有工作。莫奈乐于描绘自然的色泽，但在这幅画中，他似乎第一次画出了心灵的色泽。这幅画虽然描绘了妻子卡米尔的床，但实际上，莫奈的绝望和丧失感才是真正的主角。

287

欢喜胜过不安和忧伤

　　为了更清楚地审视自己，我们必须坚定地站在自己这一边。总爱自责的人没法与自己成为一伙。这样的人不仅不爱自己，还身中自我憎恶的剧毒。以更好的方式安慰和鼓励自己，成为自己更强有力的伙伴，是自我关怀的艺术。

　　我们痴迷于外表，以至于经常不能妥善地照顾内在自我。不管是将一切都归咎于环境，还是归咎于自己，都是不合适的。我们要有一双慧眼，来洞察内心最耀眼的光芒，我们还要珍惜已经存在的爱和友谊。认清自己既包括了解自己的潜力，也包括重拾没能挑战的梦想。

　　真正属于我们的不是财产、名誉和人气，而是热情、勇气和才华；真正改变我们的不是为他人的评判而动摇的价值观，而是能自我鼓励、自我安慰的心。确定人生的控制点是在内部还是外部，是非常重要的事。

　　今天的我也在自我鼓励："希望我能不被悲伤的事动摇，希望我能不被痛苦的事束缚，希望我能不被抑郁和不安侵扰。"我用文学和艺术的力量为心灵打造着盾牌。

　　如果因为过分忧虑、过分小心而放弃挑战，人生会有多少遗憾？一位想要独自进行背包旅行的读者坦言，自己没有出发的勇气。为了回应她的嘱托，我写下了这样一句话："甚觉欢喜更胜。"欢喜胜过不安和忧伤。如果能有勇气改变自己，幸福会超过担忧和痛苦；如果能有勇气拥抱自己的缺点，欢喜自然胜于悲伤。

对爱情的傲慢与偏见

　　虽然不能说《傲慢与偏见》中的女性比我们这个时代的女性更幸福，但看到姐妹们像珍惜生命一样珍惜友情，看到父亲像爱自己一样爱二女儿伊丽莎白，看到因爱上一个女人而动摇特权、习惯和价值观的达西时，我仿佛重新找回了遗失的纯真时代。直到现在，我才看清伊丽莎白那不屈的勇气。在那个视男女有别为理所当然的时代，伊丽莎白并不想通过与富家公子结婚来提升身份。她努力超越阶级壁垒和性别歧视，创造了一种平等又充满活力的人际关系。对社会地位颇高的贵族成员，她顺畅自如地开着玩笑。即便走在泥泞的路上，她也丝毫不在意裙子是否被弄脏，但却不愿将目光从书本上移开一毫。这样的她真是非常可爱。

　　小时候看这本书时，我没觉得有多么感动。如今深感温暖的理由，大概是意识到幸福并非唾手可得，而是一种经过终生奋斗才能获得的祝福。我曾以为家人之间的和睦、与心爱之人共度的幸福时光、一份足以维护尊严的稳定工作以及顺畅的社交生活是长大之后自然而然就能获得的。我错以为只要自己很有能力，这个社会就必将对我极度友好。我现在才明白这是一种无意识的傲慢。小时候，读着这本书的我，坚信自己绝不会落入傲慢与偏见。现在，我却为那时的自满感到羞愧。我眼中理所当然的幸福并非天赐。为了获得关于幸福的小小祝福，今天的我也赌上了自己全部的自尊心，顽强地战斗着。这种朴素的领悟，让我今天也敢于承受无数个残酷的瞬间。

　　伊丽莎白的财产是她的自尊。在今天，她以自尊来抗争的社会偏见成了横亘在我们面前的坚固壁垒。我既能通过文学看清从前一无所知的世界，也能通过文学打破彻头彻尾的自以为是。文学让我意识到自己曾经的盲目，让我反思令自己感到痛苦的缺陷，也让我敢于向世界迈进。

痛苦和疗愈共存的空间

　　人们不断物色周末露营地，浏览有关寺院寄宿和圣地巡礼的网站，情侣则想拥有一处无人知晓的"秘密基地"。渴望摆脱车轮式生活的人类对异地充满热望，这被米歇尔·福柯浓缩于"异托邦"一词。如果说乌托邦强调了理想乡的光明面、反乌托邦强调了理想乡的黑暗面，那么异托邦则是光明与黑暗共存、包含一切复杂和玄妙的融合性空间。从词源来看，乌托邦是"不存在于地上的地方"，异托邦则是承载人类梦想的实存性空间。实际存在于人间却有着天堂般美景的耀眼庭院，为了逃避母亲的惩罚而躲进的狭窄阁楼，乡村里笼罩着丰盛树荫的美丽空地，都可以成为异托邦。

　　乌托邦作为"不存在的理想乡"而美丽，异托邦则因承揽人生的暗面、容纳人生的意外和偶然、积极走向人生而美丽。在雅典，我对异托邦这个词有了很深的感触。8 月末，在连日超过 35 ℃的酷暑下，帕特农神庙、狄俄尼索斯剧场和雅典卫城给我留下的感动，甚至比我在许多欧洲博物馆收获的感动还要深。爬上帕特农神庙的过程中，阳光火热得如同锥子一般，刺痛了我的头顶。此时，我忘记了一路的所有曲折和痛苦，消除了心中的一切忧虑。我不是拖着疲惫的身躯在爬山，而是正在被一种无法解释的坚实力量托举。

　　此前，我心爱的笔记本电脑和钱包在威尼斯被盗贼洗劫一空。冒着酷热和干渴爬上去的帕特农神庙，让我感到一种无法用逻辑解释的神圣的抚慰。这不是"我理解你一切痛苦"之类的共鸣型安慰，而是只有拥抱人生最可怕的部分，才能走上更深层求道之路的觉悟。满怀失落走进雅典的我，在那里遇见了自己的宝贵命运。我遇到了连盗贼都无法偷走的异托邦和连任何痛苦都无法摧毁的宝贵命运。

作为同一国家的国民生活

作为同一国家的国民，生活在同一片国土上，到底意味着什么？在欲求与观点千差万别的国家里，国民们一同左摇右摆地生活究竟意味着什么？假如要从极其日常的含义谈起：

首先，一个国家的国民就像天气共同体。无论彼此之间多不亲近，只要开始谈论天气，人们的共鸣就开始萌芽了。

其次，同一国家的国民不得不生活在充满忧虑和愤怒的共同体中。我们永远无法假装对每天都在发生的各种暴力犯罪一无所知。即使人与人之间的观点和立场不同，哪怕人与人之间互为仇敌，到了某一刻，同一国家的国民也要一同体验各种情感。

再次，同一国家的国民要一起体验"母语共同体"。就算人们因不同的意见和利害关系发生冲突，这一过程也要借助母语来实现。这不是在谈论民族主义或爱国主义，而是在谈论同为一国国民生活的意义。纵使讨厌韩国到想要离开的地步，这种意愿也要经由韩语来表达。唯有如此，才会有人真心认同和理解。与一个国家的国民生活在同一片土地上，意味着共享母语的人建立了根深蒂固的交流社区。无论是攻击还是防御、抵抗还是批判，我们都只能用母语来表达；无论是刺痛人心的话语，还是无可比拟的美言，最终都要落实于母语。

我们共同生活的这个国家，不应是为自己的荣耀而战的冷漠土地，而应是能无限共情的共同体。任何人都可以将他们叹为观止的故事置于母语的怀抱，绽放出触动人心的可能。国家应成为能让人心领神会、能深深抚慰彼此痛苦的母语共同体。

292

FRI

电影

和人一起进餐这回事

最初是漫画作品的《深夜食堂》，后来被拍成了电视剧和电影。当精疲力竭、饥肠辘辘的我们无心下厨，就连冰箱里也空无一物时，如果能有一家温馨的深夜食堂，那该有多好呀。作品中的主人公都有着辛酸的生活经历，但在深夜食堂里，没有人觉得孤单。看似冷若冰霜的老板，随时会为客人制作温暖的美食。深夜食堂的关键调料是能让人坦白自身经历的奇妙氛围。食物与美酒的组合，营造了一吐为快才能畅快的气氛。和人一起吃吃喝喝才能制造出的温暖，是独自吃饭永远无法享受的幸福。

小时候，起床后睡眼惺忪的我总会听到母亲说："快去洗脸刷牙，然后过来吃饭！"就连父亲也吓唬我，说："不吃早饭就不送你去上学了！"前夜晚睡的我本就没有胃口，但迫于父母的催促，我只得勉强地吃上一口。直到此时，我沉重的眼皮才分开些许。问过朋友才知道，竟然有不少家庭将"与家人共进早餐"视为严格的家庭习惯。

如今想来，一天的事情从和家人一起用餐开始，也是一种仪式（ritual）。这是一种耀眼的确认行为，确认我们和家人在一起的事实。这大概就是一起吃早餐的隐藏含义。忙碌的现代人常常不吃早餐，或是以"早午餐（brunch: breakfast lunch）"为借口，在既非中午也非晚上吃一些既非零食也非正餐的含糊食物。人会变得孤独虚弱，难道不是因为远离了一起吃早餐的家人？

我愈加渴望如海市蜃楼般的深夜食堂。我想去的并非电影布景中的食堂，而是存在于人们心中的地方。假装冷漠的温暖老板暗自揣摩客人的心思，只要有食材在，他就能做出菜单上没有的食物。深夜食堂没有花哨的装修，也不是电视上大肆宣传的美食店，但当我们因为各种辛劳而感到饥饿，就能随时跑去吃饭。这种存在于奇思妙想中的深夜食堂，不就是能治愈受伤心灵的心理咨询所吗？

在任何状况中都要敢于守护自己

佩涅洛佩[①] 告诉求婚者，做完公公的寿衣后就会结婚。白天的她努力制作寿衣，晚上又将布料解开，无止境地等待着丈夫奥德修斯[②]。如果没有佩涅洛佩始终如一的等待，回到家的奥德修斯还能成为破碎家庭的真正主人吗？如果佩涅洛佩嫁给了众多求婚者中的一个，或是迷恋众多追求者中的任意一个，那么奥德修斯的回归对她来说便不意味着喜悦，而是痛苦。佩涅洛佩在白天努力织布，在晚上把布料解开，哪怕回忆中的丈夫早已面目模糊，她也没有放弃等待。

约瑟夫·赖特的画作《拆开织物的佩涅洛佩》（1783—1784）刻画了充满疑虑的佩涅洛佩。一到晚上，沉浸于悔恨之中的佩涅洛佩就在熟睡的儿子的枕畔偷偷思念奥德修斯。哪怕丈夫久久不在身边，也没人能填补她心中的空位。这不就是家人的真正意义？悲伤孤独的佩涅洛佩代表了一切代替父亲空位的母亲。她不断地纺布制衣，忍受着痛苦岁月。

在神话中，为求婚者所苦的佩涅洛佩想出了一方妙计："等做完公公的寿衣，我就答应你们的要求，和你们当中的一人结婚。"然后，她白天织布晚上拆布，进行着西西弗斯[③]式的劳动。为了等待奥德修斯，为了不与他人再婚，她重复着无望的劳动。丈夫的雕像如同灯塔一般，照亮了她的孤独夜晚。当月光照在熟睡的儿子的脸上，佩涅洛佩已然沉浸于无尽的思念。现在，她的身后空无一人。而陷入困境的佩涅洛佩则恰好展现了我们对"完整家庭"的热切渴望与执念。

---

① 佩涅洛佩：古希腊神话女性人物之一，英雄奥德修斯之妻。

② 奥德修斯：传说中希腊西部伊塔卡之王，曾参加特洛伊战争并凭借木马计攻克城池。

③ 西西弗斯：希腊神话中被惩罚的人，因触犯诸神而被罚不断将巨石推向山顶。

这是心理学讲座中最常收到的问题之一："该如何处理家人造成的创伤呢?"因家人而受伤和绝望的人不计其数。如果本该带来温暖的家人伤害了我们，那么与家人保持一定距离就很重要。但是，如果还没决定与家人断绝关系的话，就应该勾勒出一幅崭新的家庭蓝图。

被认为已经去世的主角又再次归来，是电影和电视剧中频繁出现的情节。这种情节总能引发戏剧性的紧张感。此时，引起感动的媒介是家人的殷切等待。尽管旁人都叫自己放弃等待，但主角的家人始终没有放弃希望。电影和电视剧中的儿子总在怀疑"父亲是否还活着"，甚至认为比起回不来的伟大父亲，不起眼的平凡父亲更好。但他们还是一直等待着父亲，直至与父亲迎来重逢。

对于父亲是水手的许多希腊人而言，奥德修斯代表了父亲终将归来的辉煌信仰。很多人都在谈论家庭的解体，但人们心中仍然留存着对温馨餐桌的原始思念。哪怕一家之主并不完美，哪怕母亲并不慈爱成熟，哪怕孩子总是调皮捣蛋也是好的。那些没有孩子，一辈子像过家家一样和和美美的老夫妻也很不错。即便没有血缘关系，只要家人之间能彼此关心，那就足够了。只要在同一个屋檐下有同一张餐桌，我们就无须羡慕他人。

无论再怎么努力，人都难以消除对共同体的渴望。即使共同体中没有婚姻或血缘关系，只要人与人之间能互相理解和共情，就永远不会分离。

或许我们真正怀念的是亲情而非家庭。很多人都有家庭，但亲情是专属于斗争者的特殊祝福。家是一切快乐开始的地方，也是一切悲伤开始的地方。因为亲近，我们与家人相爱；因为相爱，我们被家人所伤。在家庭的罗网里，我们不断跌倒，又不断爬起来。

别只顾前后衡量，走到尽头吧

　　既想做这又想做那的我，经常害怕失败。出于这种心情，我很喜欢同时处理多个任务。现在想来，多任务处理也是一种防御机制。孤注一掷的时候，我总是莫名地感到早晚会后悔。将一件事坚持到最后，不知为何会感到吃亏，所以我便将心思分散在许多事上。

　　多任务处理最初是指计算机同时执行多项任务，但现在已经成为人们的日常用语。诸如"那个人具有出色的多任务处理能力"之类的话，是在称赞某人具有多元思考能力，能够一次执行多项任务。坦言"我不能同时处理多项任务"的人总是看起来闷闷不乐，但人类的大脑其实并不擅长多任务处理。如果人类真的能同时处理多项任务，开车时因使用手机而引发的无数车祸就不会发生，交谈时因对方偷瞥手机而受到的伤害也将不复存在。戴维·A.克伦肖在著作《多任务处理的神话》中提到：我们没有进行真正的"多任务处理"，只是在"切换任务"。也就是说，我们的大脑只是在不同任务之间"轮转"，极快的运转速度让人无法注意到这种转换。

　　如果能一心多用的话，我们的大脑会发生什么呢？人类只会误以为自己能进行多任务处理，实则无法完全集中于任何一个任务。因为做一件事时总想着另一件事，所以对哪件事都无法全心全意。如此一来，自然很难产生"一路到底"的感觉。当我全心全意地付出时，才能将一件事坚持到最后。一切令我坚持到底的人、事、物，都能让我无怨无悔地去爱，让我燃尽心中最后一点燃料。有时，我也想试试同时处理多项任务，就用了电脑的分屏功能。没想到的是，我因为无法集中于任何一个任务而花费了更多时间。事尚且如此，那人、心与世界又如何呢？偶尔试试一整天只想一件事吧！和某人在一起时，试着全心全意地对他吧！请毫无保留地燃烧，毫无遗憾地相爱。

在以前的时代，人们对"享受闲暇时光"这个概念还很陌生。如今，现代人显然更用心地享受假期、四处周游、游历美食店。然而，现代人所感受到的压力也与日俱增。小时候，我从未想过抑郁症、创伤后应激障碍、分离性身份识别障碍、注意力缺陷多动障碍等精神疾病会成为公众关注的话题。坚信自己已经患有或即将确诊为严重病症的疑病症也将触角伸向了人类的精神健康。人们开始时不时地担心自己的精神健康状态："我是不是患上抑郁症了？我的孩子是不是 ADHD①？"这些问题不再只由电影或小说中的特殊主人公抛出，而是成了普通人的日常问题。

各式各样的图像和刺激困扰着人类。随着影像媒体的飞速发展，我们仿佛目睹远方发生的事。然而，这也改变了体验本身的维度。如果说阅读书籍会令人间接地产生情感认同，那么通过互联网观看视频则让人产生更强的身体认同。这威胁到了"经历"一词本身的定义。在模拟时代（analogue era）不是亲身经历就不能称为真正经历。但现在，比起亲身经历某个事件的人数，看完视频后发表评论的人数更为庞大。这种间接体验正在毁掉我们。人只有亲自感受、活动和生活，才能发挥出更强大的自我疗愈力量。

假如精神方面的困扰没有严重到去医院的地步，患者可以通过"恢复感受力的训练"来改善症状。在清晨开始的瞬间，请不要查看智能手机。试着冲泡一杯香茶，然后慢慢品味吧。感受到舌头、鼻子和嘴唇的活跃了吗？感知到握着温暖茶杯的手了吗？通过品味每一口茶，人类能找到心灵的居所。另外，别再透过窗户看天空了，直接走到室外吧。请好好感受灿烂阳光与肌肤相触时的甜蜜。找回失去的感受力是在日常生活中增强复原力的最佳方法，充满生机的身体是自我疗愈的最佳工具。恢复感受力是任何人都可以挑战的疗愈之方。

---

① ADHD：注意力缺陷多动障碍，是神经发展障碍的精神疾患。

因为没人告诉过它水有多深
白色的蝴蝶毫不畏惧大海。

以为是青萝卜田而飞入
纤弱的翅被海浪浸湿
如公主般疲倦归返。

三月的海不开花，好不怅惘
蝴蝶的腰上冻着一弯深蓝月牙。

——金起林[①]，《大海和蝴蝶》

任大海再宽，蝴蝶也不曾放弃。哪怕被波涛浸湿翅膀，哪怕全身都要撕裂，蝴蝶也不想错过蓝色大海的无限可能。错将大海当作青萝卜田的蝴蝶，直到飞落的那一刻，才发现自己置身于完全不同的世界。勇敢尝试新的体验时，我们都像蝴蝶一样，在这片实则为"海"的青田中流连，不断找寻着芬芳的花朵。就算找不到鲜花，我们也不会失望；就算花儿不会在海中绽放，蝴蝶也无法停止对未知世界的憧憬。正是这对未知世界的憧憬，令我们鼓起真正的勇气。

每当看到广阔的大海，我都感到自己化成了诗中的蝴蝶。没人告诉我水有多深、海有多宽，我对此也并不感到惊讶，只想一头扎进无法理解的广阔世界里。

每当读到这首诗，我都如同蝴蝶一般飞向辽阔大海。我因无畏而自由。当你遇到困难时，请大声朗读这首美丽的诗。如此一来，在蔚蓝大海上轻轻拍打翅膀的蝴蝶，就会轻拍你疲惫的肩膀。

---

① 金起林：金起林（韩语：김기림，1907—?），诗人、评论家。号片石村。出生于咸镜北道城津。

如果你长期进行自助游，就会成为等待的高手。火车、飞机延误是常有的事，在各种售票处前排队之类的事更是不计其数。擅长等待的秘诀之一是读书。但有一次，在威尼斯站专心看书时，我的背包被偷了。遭受过这次火辣的刺激后，我不再用阅读代替等待，而是尝试完全专注于等待本身。直到这时，因苦思写作计划而腾不出闲暇的我，终于能注意到眼前徐徐展开的风景了：一位母亲在哄慰哭泣的婴儿。独自将年幼的儿子送上火车后，一位母亲流下了泪水。一对恋人仿佛世界将会终结一般恳切地相拥，不愿分离。

真正的等待是充分地活在当下。能够改变生活的等待，必须是一种积极的创造。诗人李陆史①的《青葡萄》是把等待的痛苦升华成艺术的佳例。"故乡的七月 / 是青葡萄成熟的时节。"听到第一节的瞬间，我就被这首诗的清新回声给迷住了。"架上挂满了村庄的颗颗传说 / 藤上坠满了天空的颗颗梦境。"此时，我心中对青葡萄的定义彻底改变了。在诗人的故乡，逐渐成熟的一颗颗青葡萄，镶嵌着有关天空的梦。我还从未吃过如此美丽又充满故事的青葡萄。

"天空下，蔚蓝大海敞开心扉 / 送来一艘白帆 / 我等的人拖着疲惫身躯 / 身着青袍归来 / 我迎着他摘葡萄吃 / 双手浸湿也无妨。"这位客人到底有多珍贵，才能让诗人奉上青葡萄呢？在大型超市轻易就能买到青葡萄的我们，是否了解这种充满殷切的味道呢？为了青葡萄熟透而等上一整年，又放在银盘上惶恐不安地招待贵客，这种心情是否已经被我们丢弃？一定要和那个人在那个季节品尝的青葡萄，究竟需要多少等待？回想起来，我的等待一直都出于某种目的。一见结果不妙，我就立刻撤回等待。现在，我只想毫无目的地等待点什么。我想拥有欢聚一堂的时刻，也想望着蔚蓝大海做一次深呼吸。

---

① 李陆史：李陆史（韩语：이육사，1904—1944），韩国抗日诗人、活动家。

消除生活疲劳的故事

为了生存，我们不得不忍受某些劳动，但生活不应被这些劳动填满。有时，我们需要构筑内心的要塞，来抵挡白白流逝的生活。平时，文学是竹马之友般令人舒心的存在，但在危急时刻，它就会成为独一无二的救星。临近三十岁的时候，我还在揉着困倦的眼睛，为高中生解答语言方面的问题。我辅导的女高中生小时候长期住在美国，对韩语一直没有自信，对文学更不感兴趣。一到补课时间，她就会露出烦闷的表情，无力地瘫坐在座位上。一次，一道题的引言部分出现了小说《纳尔齐斯与歌尔德蒙》，我的双眼忽然放光了。小说中，两个性格截然相反的人结下了最佳友谊。回想起初读时收获的感动，我开始充满激情地谈论小说里的感人场面。

我忘了应该将时间分给课外辅导。我因表达对文学的热情而忘了工作的疲惫，女高中生则盯着我闪烁的双眼，听着我讲的故事，忘记了学习的无聊。我不知自己为何如此。想来，我是想告诉她文学的珍贵。哪怕这个世界看起来完全不需要文学，哪怕她对文学毫无关心，都不折损文学的宝贵。即便她走上与文学毫不相干的道路，当她到了中年，感到活着毫无意义的时候，我希望她能记得此情此景，我希望她不要忘记有这样一个人，曾给过她长篇大论和恳切的目光。

现在，我已经记不清女高中生的名字，但我记得她听到未知故事时那骤然点亮的双眼和充满好奇的神情。文学令我们睁开双眼，看向与自己毫不相干的世界。文学是一种"世俗的启示"。或许这种启示无关宗教与信仰，但它能使生活变得可以忍受。文学提醒我们，人的一生中必须有一些超越生存的东西。否则，无论我们享受多么灿烂的文明，都会沦为"神圣的人"（赤裸的人类）。

《不设限通缉》是我的人生电影。看电影时，有些场景总让我热泪盈眶。在影片中，丹尼一家为了躲避美国联邦调查局的追捕而东躲西藏。越南战争期间，亚瑟与安妮为阻拦美军使用凝固汽油弹对付平民，炸毁了武器研究中心。在这之后，夫妻俩过上了流离失所的生活。而与此事无关的儿子丹尼和哈利也被迫一起逃亡。

当安妮发现丹尼偷偷参加茱莉亚学院的入学考试时，她决心让儿子独立。安妮想起了自己的父亲。父亲因二十多年未见自己而心碎。对于父亲来说，漂亮聪明的女儿成了反对越战的激进分子，就连孙子也成了逃亡的离散家属，这一切该有多么痛苦。安妮很清楚，如果将儿子托付给父亲，自己将数十年见不到儿子。但一旦丹尼成了茱莉亚学院的学生，他们的藏身之处就会暴露，联邦调查局会一直跟踪丹尼。

其实，丹尼的钢琴天赋正源于母亲安妮。多亏了安妮，从未被任何钢琴家教过的丹尼才能拥有如此出色的能力。尽管安妮将踏上精英之路的父亲称为"心满意足的帝国主义者"，但父亲依旧思念着投身于反战运动的女儿。安妮将古典音乐界视为资产阶级追逐奢侈特权的角斗场，但讽刺的是，儿子竟要进入她试图逃离的世界。

最终，安妮泪流满面地向父亲坦白：自己也曾大声喊着"爸妈"哭泣，自己也担心将丹尼托付给父亲之后，他会因此而面临危险或受到监视。在女儿深情告白之后，父亲意识到：尽管几十年未见，他对女儿的爱从未停止过。尽管爷孙从未相见，父亲还是对目光恳切的女儿说："把丹尼托付给我就好。"我们曾得到过无条件的爱，这是疗愈我们一生痛苦的最佳力量。

SAT 艺术

Siesta①，午睡的疗愈力量

我始终在寻找能令人安然休息的乌托邦。每次看到凡·高的画作《午睡》（1890），我都能感受到疗愈的可能性。劳动是一种疗愈行动，艰辛的劳动能孕育甜蜜的歇息。即便不描绘人物的神情和作物的丰盛，也能将秋天的富饶和悠然展现得淋漓尽致，像这样的画作还有几幅呢？

秋天是收获的季节，而收获是一项伟大的劳动。无论秋天有多么丰盛，如果没有采集果实和粮食的人，又会怎么样呢？凡·高发现了隐藏在秋天背后的意外的神情。他并没有将劳作当作一种风景，而是试图在平凡的劳动中发现人的神圣和伟大。画中的农夫正享受着刹那的祝福，短暂的午睡就像在天堂里休息一般。如果不是在这样忙碌的季节，平凡的休息也不会如此耀眼。在凡·高的画作中，我们能感受到惋惜又恳切的祝福。

这幅画其实是在冬天画的。某年冬天，当色彩探险家凡·高停留在圣雷米普罗旺斯小镇，他已经厌倦了与其他季节相比颇为单调的冬季景观。1889年至1890年，凡·高一边模仿其他艺术家的作品，一边对色彩感进行了深入的研究。他并非单纯地抄袭名作，而是将自己的情感和色彩风格融入其中。在他找寻自己的世界观、笔触和色彩时，这幅画应运而生。

凡·高在创作这幅画时，是否也品尝到了 Siesta 的甜蜜呢？农夫齐整地摆好鞋子，精心铺放了农具，又拼命拿毛巾遮脸，似乎下定决心："我将为此刻做个不露脸的人。"这一切都加深了休憩的香甜氛围。在这期间，凡·高的作品也最受弟弟特奥喜欢。哥哥凡·高是激情与疯狂的代名词，一向冷静友善的弟弟特奥则渴望温暖的色彩与平和的气氛。这幅画中蕴含着凡·高苦苦寻觅的甜蜜的休憩、短暂的祝福和生命的耀眼奇迹。这大概就是我们在秋天本能般感到的感激之情吧？！

---

① Siesta：西班牙语，指午睡。

301 有时要无条件相信

我偶尔会因为青蛙般的性格，也就是"偏要跟别人对着干的气质"蒙受巨大的损失。我一般情况下会听别人的话，但偶尔也会因为对危险的恐惧而无法相信别人。这也是心理防御机制的一种——害怕因陌生人的话而遭遇危险。我总是试图否认我当下的处境，固守早已熟悉的做事方式。这也算是我心中的一道防线吧。有一个插曲刚好能将我的性格暴露无遗。10多年前，那时的我还是去欧洲旅行的新手，在从汉堡到哥本哈根的火车上，我遇到了一个意想不到的场景。想着这趟火车要走很久才能到，我在读了一会儿书之后陷入了沉睡。突然，嘈杂的广播声响起，乘客纷纷下车。这阵仗如晴天霹雳一般，我也不管三七二十一，急忙哼哧哼哧地提着行李箱下了车。起初，我以为是发生了什么重大事故，不得不换辆火车坐。不知怎的，只有我双手提着沉重的行李箱，站在那儿满头大汗。直到后来，我才得知汉堡和哥本哈根之间有一片汪洋大海。为了跨越大海，有着10多节车厢的火车需要驶入庞大的渡轮中。令人惊讶的是，渡轮内居然还铺好了火车铁轨。睡着时，我没能听到的广播内容正是"请勿担心，全体放下行李下车"。

人们看着我哧哧地笑，只有我似乎成了傻瓜。火车驶入比它更大的渡轮，这一场面如《圣经》中的约拿落入鲸鱼腹中一般庄严。望向渡轮外的我，从未想到能在此刻目睹如此宽广的大海。因为无知，我羞愧得脸都红了，但很快，这种羞耻便化为炽热的感动。在出乎意料的地方发现大海，这样的瞬间本就充满意外之喜。此时，双彩虹梦幻般地出现在海面上。瑰丽的双彩虹华丽壮观，像直插云霄的天然彩旗一般耀眼夺目。

正如法比安·塞克斯·科纳在著作《时空旅人》中所说的："人会出生两次。一次是在母亲的子宫里，一次在旅行的路上。如果你至今为止一次都没有去旅行，那么你还有一次重生的机会。"在这一刻，我仿佛重生在眼前的大海上。直到此时，我才终于明白，人有时需要无条件地相信别人的话。有些美丽，只有卸下心防才能看见。

与受伤的内在小孩告别

　　流行语"直升机妈妈"是指执着于成年子女的妈妈，而"袋鼠族"则指即便成年也无法独立的子女。然而，这不仅仅涉及经济层面的独立。无法独立解决问题的人总是频繁地求神问卜，或是任由身边的人多管闲事。他们软弱到难以抵御孤独，终生都无法实现精神独立。那么，人如何才能实现精神独立和情感独立呢？

　　第一次找到属于自己的房间并独立于父母的那一天，我在感到解放的同时，开始忧虑以后该如何生活。那天，不仅是我的房间，整栋楼、整条街道都像约好了一样集体停电。我没有蜡烛，也没有灯笼。考虑无人事先发布停电通知，这大概就是一场意外停电。我顶着恐惧一步一步地往外走。整条街漆黑一片，时间似乎在这一刻静止。

　　我远远地望向马路对面，所幸目之所及，有点点灯光。我穿过马路，走进第一家亮着灯的便利店，买了一支蜡烛。这不仅是一支蜡烛，更是照亮黑暗的一点希望。弗吉尼亚·伍尔夫说，女性为了获得真正的独立，需要有一间自己的房间。在获得属于自己的房间之后，我最需要的不是任何花哨的室内装饰品，而是一支简单的蜡烛。坐在点着蜡烛的房间里，我似乎能忍受很久的寂寞。这是我的第一个"独乐堂"，我能在此处自得其乐。每个人都需要这样一个地方，来让内心深处的孤独安息；每个人都需要寂静的内心堡垒，来抵御孤独并创造属于自己的小世界。

　　总让别人替自己做事的人看似有很大权势，实则只是无法独立解决事情的傀儡罢了。我想给予这种人可以孤独的自由，让他们能借由这种孤独成长为大人。虽说找到属于自己的房间会感到幸福，但事实上，真正独自一人的时候，最先涌来的情绪是无力。当我们终于独立的时候，恐惧会占据上风。然而，这一刻既是危机也是机遇。现在，是时候与我们心中从未长大的内在小孩说再见了。

向比我更痛苦的人学习

在这个时代，想成为坚毅的人绝非易事。连日来，令人震惊的新闻让我的心久久无法平静。世界如此嘈杂，恐怕我们每个人都很难拥有一颗平静的心。像这样缺乏安慰的时候，我会阅读一些盛满痛苦的著作。例如，当我读到与肠癌做斗争的已故诗人尹诚根的诗歌时，我感到自己所受的冲击和悲伤变小了。

尹诚根借由诗歌《苦痛大师》向我们发问："你知道该如何成为苦痛大师吗？"我的心猛然沉了下去。无论经历多少苦痛，我们似乎都无法精通苦痛。诗人讲述了许多故事。在他的故事里，讲述了送走孩子的痛苦，描绘了肌肉萎缩的瘸腿妹妹之子；在他的故事里，一位母亲一边打着不想靠助行器走路的孩子，一边落下泪水。他意识到，无论人经历多少苦难，都不会习惯苦难。在他的讲述里，还有一位父亲望着病床上的儿子。无法拯救也无法杀死儿子的父亲，只能紧盯着鼻子里插着呼吸机的儿子。看着这些病人，诗人说，他们既是苦痛大师，也是克服痛苦的天才。如果这些人没有生病，大概也有辉煌的梦想吧？正因为没有痊愈的希望，他们才成了忍受苦难的大师。

在诗歌《我一个人的战争》中，诠释了这样一种极致的孤独：无论获得过别人怎样的帮助，有些事，到头来还是"一个人的战争"。《熄灭的火》这首诗更美。在这首诗中，诗人想对死亡开个玩笑、想毅然决然地守护自己的人格、想管控苦痛、想超脱、想退却、想客观地看待一切，但却无能为力。诗人说，自己也想做个值得称赞的病人、也不想问尴尬的问题、也不想抱怨迟来的会诊，但总会变得焦躁不安。为什么人一生了病，就很难冷静下来呢？每当身体不舒服的时候，我就会闹情绪，想听到病情好转之类的话。我恨自己既不够酷又开不起玩笑，但以坦率的语言表白一切的诗人却怀着一颗明亮的心。这个世界不乏"鳄鱼的眼泪"，不疼却装疼的人何其多？对比之下，那些明明生病却假装若无其事的人是多么的美好。我想变得坚毅。我不愿因疼痛而畏缩不前，也不愿屈服于苦难。愿我们这个时代的种种痛苦能够散去。在漫长而崎岖的道路上，拜托了，愿我们都再坚毅一点，再稳重一点。

上山容易下山难。很少有人能明智地度过人生的"全盛期"和"衰退期"。从顶峰跌落的瞬间，生活的真面目才暴露无遗。巅峰期的耀眼再自然不过，但下山时依旧辉煌的人，才是真正拥有内在光芒的人。

如果我们等到外部环境生变才撤退，等到退休或垂垂老矣才下台，那就为时已晚。从年轻的时候起，我们就必须思考该如何度过人生的黄昏。不害怕放低自己，随时准备退场的人才是正念高手。既能自下而上思考又能自上而下思考的人，无论上山还是下山都能始终如一地守住本分。就像李炯基①的诗《落花》中所说的那样，将诀别都当作祝愿的人，知道何时该离开的人，是多么美丽；面对即将到来的秋实累累，感叹青春正如春花般慢慢逝去的人，又是多么美丽！

我们都只盯着人生的正面，似乎无暇顾及人生的背影。如果说人生的正面是自己在外人眼里的形象，那么人生的背影就是夜半无人时面对自己的瞬间。人生的正面往往奔向"竞争"和"成功"，而人生的背影则萦绕着"孤独"和"不安"。人生的正面和背影类似于心理学中的人格面具和阴影。正面是暴露给别人的形象，背影是有关创伤和阴影的形象。正面华丽的人很多，背影美的人却很少。正面能被镜子映照，背影只能通过别人的话语来反映。

如果想成为连背影都很美的人，就要在每个瞬间竭尽全力。美味佳肴即便冷却也不会失去香味，过着美好生活的人即便从巅峰跌落也会留下醇厚的香气。"知道何时该离开的 / 那人的背影 / 是如此的美丽"，这句诗无论何时都能锋利地划破我的心脏。这份祝愿只有真心接纳爱与诀别的人才能享受，这种坠落之美是坚韧的人才能拥有的特权。如绯红的晚霞一般庄严地消散，拥有这种勇气的人才是帅气的人生主角。

---

① 李炯基：李炯基（韩语：이형기，1933—2005），诗人、评论家。庆尚南道晋州人。曾获韩国文学作家奖、尹东柱文学奖等。

305

THU

人

就算不特别，就算不起眼

不知从何时起，由 celebrity 音译而成的外来语活跃于媒体，威胁了"名人"一词的原有地位。这两个词意思相似，语感却不同。不知为何，外来语听起来更华丽，也更引人注目。人们并不在意这两个词的区别，若无其事地将它们混用。名人无关痛痒的私生活、机场造型和发型出现在每日实时热搜榜上，变得像"今日要闻"一样重要。进入名人时代后，名人的一举一动都成了"潮流"。但我们是否因此而失去什么呢？

我们是否被视觉形象所迷惑，早已看不到那些分明耀眼却不够显眼的东西呢？读着诗人朴劳解的《像蒲公英一样》，这种想法席卷了我的心："是啊，我们已经失去了这种感性。"据说，当诗人朴劳解在狱中进行绝食斗争、忍受拷问时，有人将一朵蒲公英送给他。当他身着蓝色囚衣、脚穿黑色胶鞋被拖走时，有人手执一朵黄色蒲公英，鼓励他奋战到底。诗人被绳缚住的手握紧了那黄色的蒲公英。在终生劳役的残酷刑罚面前，蒲公英照亮了诗人饱受痛苦的心。被囚禁在昏暗牢房中的诗人曾将蒲公英贴在脸颊和鼻子上，沉醉于花朵的生命气息，他喃喃自语着："活着果然是美好的事。"

在如此绝境中，诗人凭借一朵黄色蒲公英的力量，重新获得了"从美丽中感受美丽的权利"。他反复揣摩送花之人的心意，最终得出了自己要像蒲公英一样活着的结论。自己要像不起眼的蒲公英一样，与平常又广阔的野草交相辉映；自己要像在田埂和柏油路上都能存活的蒲公英一样，自顾自地盛放。蒲公英的坚韧不拔在于没有华丽装饰的正直和不分尊卑贵贱的坦荡。那么，现在也是时候思考我们失去的内在之光了吧？我想效仿那些窝在监狱角落也绽放出灿烂春日的蒲公英。哪怕它既不特别，也不显眼。我将怀着有且只有一次的机会，以我拥有的全部力量，去点燃属于自己的光辉希望。

"纯爷们"这一扭曲幻想

最近，大众媒体盲目使用"纯爷们（男人中的男人）"和"傲娇男（态度生硬但内心温暖的男人）"等词语。这真是令人担忧的现象。如果说"花美男"的前提是商品化男性的外貌，那么"纯爷们"就强化了社会对男子汉气概的偏见。另外，发源于日本的"傲娇"一词更是令人费解。蕴含于"傲娇男"的典型故事陈述是表面很"坏"实则拥有温柔感性的帅气男人会收获女性的狂热追逐。这些词真的如实描写了现实中的男性吗？这难道不是媒体为了驯服、制度化、商品化女性气质和男性气质的策略吗？

想到这些，我不禁疑惑对"男子汉气概"的错误偏见从何而来。我首先想到的是根据李文烈原著改编的电影《小校风云》。阿模是个偏激好斗、占有欲极强的男孩，他一刻也无法忍受不能称霸的生活。用现在的话来说，他很像反社会人格者。来自首尔的转学生朴正时试图对阿模进行强力反抗，但以惨败告终。然而，当朴正时隔多年再次见到阿模时，他正被刑警用手铐带走。恶行难改的阿模最终被关进了监狱。

在《小校风云》中，阿模是扭曲的男子汉气概的化身。他没有以善行吸引人，而是以恶行使人畏惧自己，从而获得权力。这种强大却缺乏爱心和关怀的男人，绝对无法成为理想男性的代言人。每个人都害怕他，但没人真心爱他。

我希望未来时代的男性形象能超越"坏男人"和"强者"，变成"更能与他人共情"的形象。实现目标固然重要，但我希望未来的男性领袖是更重视"如何"实现目标的人。我们已经厌倦了只有称霸、支配和控制的男子气概，也厌倦了那些错误展现自身力量的男人。我衷心盼望未来社会的理想男性形象是能倾听他人痛苦的男人、能为他人的悲伤流泪的男人、能温暖拥抱他人苦痛的男人。

307 | SAT 艺术 | **敢于热爱远离自己的存在**

这就是升入"神域"的耶稣与人类马利亚之间的距离吗？爱的本质在于，我们依旧爱着试图逃离自己的存在。在乔托·迪·邦多纳的画作《不要碰我》（1304—1306）中，被钉死在十字架上的耶稣复活的第一天，认出耶稣的马利亚将他欣喜地抓住。然而，耶稣的回答是："不要碰我。"《约翰福音》中的这一幕深受无数画家喜爱。看到这句话，我们不可避免地发现神与人之间不可逆转的差异，以及耶稣与马利亚之间无法克服的距离感。

亲切的耶稣为何拒绝马利亚极具人性化的喜悦表达呢？法国哲学家让－吕克·南希在著作《不要碰我》一书中主张这是爱的本质。如果真的爱一个人，我们必须学会放手，而不是紧抓对方。让－吕克·南希说："我们无法抓住任何人。爱上逃离自己的人，我们就能开辟更庞大深邃的爱的道路。"

以人类的立场来看，这是令人伤心的场面；但以升入神域的耶稣的立场来看，这种"保持距离"的姿态似乎也无可厚非。但是，马利亚并没有因此而放弃对耶稣的爱。在放开耶稣的同时，她理解了耶稣不再是与人相同的存在，从而开启了更广博深厚的爱。我们有时也会从心爱之人那里听到如此冰冷的话："不要靠近我。不要管我了。我想一个人待着。不要叫我的名字。"这些冰冷的言语有时会终结爱，有时也会开启更成熟的爱。爱一个人要懂得保持距离，这是关怀心灵的技巧。

SUN

对话

在心中建造属于自己的瓦尔登湖

越来越多的读者在问："我是个工作狂。怎样才能摆脱这种没法休息的病呢？"工作倦怠和工作狂就像硬币的两面。我将这封信寄给读者："如果你很难让自己休息，那就在工作以外的事物中找寻乐趣吧。尝试一下幻想已久的爱好也不错，比如学乐器、种花、烹饪或画画。当你专注于工作以外的事，生活会变得更丰富，压力也会跟着减轻。另外，参加人文讲座和读者见面会也很棒。你还可以将电脑的开机画面和屏保设置成与以往截然不同的内容。将电脑的开机画面改成网上书店的主页后，我一开机就能看到关于书籍的信息了。仅此一项，就有助于将我的注意力转移到工作以外的事上。"

我们无法如梭罗那般在森林里建造小屋，但我们可以在心中建造属于自己的瓦尔登湖。在内心的房屋中，我存放了最爱的书籍、音乐、电影、旅游目的地，以及死前至少要挑战一次的心愿清单。如果能以喜爱的事物填满内心的小屋，你对工作的痴迷、渴望得到认可的心和不能犯错的强迫观念就会减少。你能在工作时间以外还担心工作，说明你在目前的工作中一定做得很不错。所以，你应该更热烈地赞美自己，更多地为自己着想。通过描绘十年后自己的模样，你会找到人生的使命。比起满足只在意工作的自我，不如照料能让你幸福生活的自性。通过建筑内心的小屋，通过在小屋里一点点填满自己真正喜欢的东西，我们能迎来更加幸福富饶的生活。

练习倾听自性的声音

　　自我总要求人更快地拥有更多，它总是对我们说："这种程度还不够。你必须挣得更多，更努力地工作，得到更多认可。"自我追求看得见的成果和数量上的成功。然而，比起数量，自性始终追求意义与深度。当我们无法满足于某件事，哪怕别人认为我们很成功，哪怕自我取得了胜利，我们的自性也处于萎缩状态。当自我欢呼雀跃着"我果然很了不起"时，自性会问我们："这真的是你想要的成功吗？"有时，自性提出的问题因太过尖锐而令人心惊胆战。

　　在学习心理学的过程中，我最大的变化就是学会了倾听自己的声音。我不再被诸如"听说最近的流行趋势是这样"之类的话所左右。我开始控制试图追随潮流的自我，下定决心不再随波逐流。其实，人只要听从自己内心深处的声音就好，根本不用在意潮流或传闻。潮流早晚会消退，而与自性之间的交流却永远不会令人厌倦。自性的声音总是很温暖，它时而催人泪下，最终又总会告诉我们一条最为自己着想的道路。当我在自我的引导下，想穿高跟鞋来显得更高时，自性就会对我说："你的优势不在于身高，穿运动鞋的时候，你的心不是最自由的吗？"当自我促使我挑选华丽的畅销书时，自性又会对我说："你当下所需的安慰应当来自于深沉温暖的古典文学。你不是有十年来一直放在书架上的旧书嘛。现在开始读那本书吧！书里会有你正在寻找的答案。"当自我为了得到更多认可而承担过多任务时，自性的反应是这样的："你现在已经很累了。你需的不是别人的认可，而是深度的休息。多看看蓝天怎么样？然后啜饮香茶、写写日记吧！你给自己留的休息时间太少了。"

　　自我试图让人成为强有力的竞争者，自性则坚守着我们真正渴望的东西。只有倾听自性的声音，我们才能站在自己这一边，成为幸福生活的主人公。

挣脱自尊心的锁链，
走向更宽广的自由

　　读到诗人文太俊的《我喜欢自己》时，我不再严厉地凝视自身的缺点了。只是读着这首诗，心灵的创伤就开始愈合。诗人坦言自己因小时候伤到了眼睛，眼球上留下了稻谷般的伤痕。母亲总为儿子的伤痕而难过，诗人却从容地吐露了心声："我喜欢这样的我。我喜欢我带有稻谷痕迹的眼睛。稻谷痕迹令悲伤在我眼中发芽。"诗人的眼就像插秧的湿润土地，能孕育出美丽的泪水。

　　现代人将自尊心当作武器来培养，而诗人的耳语则让现代人的疲惫心灵得以安息。诗人不是因为帅气的外表或巨大的优点而自爱，而是因为自己的伤疤而自爱。哪怕母亲仍然向他投去怜悯的目光，他依旧爱着自己的创伤。

　　诗人的耳语"你到底怎么了，有发生什么吗"令我深受鼓舞。我想对急于前进的自己说："我不想成为帅气的他者，我只想成为自己。因为我是我，哪怕伤痕满身，哪怕痛苦不已，我还是喜欢我自己。"

311

WED

日常生活

表里不一的生活

随着转基因食品登上餐桌，食客感到越发不安。就算包装袋上写着"可带皮食用"，在第一口咬下苹果的瞬间，我们也无法消除某种不安。难道只有苹果如此？话语也会成为淬毒的箭。看到开朗的人，我们不免怀疑对方是否如表面一般明朗；看到坦言自己诚实的人，我们又会质疑对方话语的目的，怀疑对方是否在说自己不够坦诚。疑心病也源于过度敏感的自我。我们的疑心重到连坦白明朗的言语都无法相信，我们的疑心简直比农药还要可怕。不知何时，我们已经形成了一种二分法的世界观，自然而然地认为"真心"是单独存在的，而"表达"则是礼节性的矫饰。无论听到再好的话，我们也无法原原本本地接受。听到称赞的话，我们就会怀疑对方另有所图；听到道歉的话，我们也会认为对方并非出于真心。

"表里不一"这个词似乎只理解了人类一半的真心。难道只要剥掉外壳，一点点地咀嚼内里的果肉，我们的不安就会得到治愈吗？就像皮和肉本就相连一样，我们本就不是表里不一的存在，只是丧失了应该内外一致的生活方式罢了。我们之所以会丢失自我，是因为只关注外表，却不关注逐渐溃烂的内在。

哲学家克尔恺郭尔说，世间最危险的事莫过于丧失自我。丢失物品或记忆是一种"可知的丧失"，而丧失自我则发生得较为隐秘。丧失自我是渐进式的，几乎是无意识中发生的事。我们一不小心就会沉迷于"外表"，以至于忘记了自己真正渴望和梦想的一切。人越是疲于怀疑与不安，就越应该试着相信自己、相信他人，并提醒自己善意和正义的重要性。就连明确标明"可带皮食用"的苹果，我们都硬要削皮吃，这种不安和疑心会令我们变得更不幸。有时，我真想让自己卸下心防。最近，我格外怀念解除内心武装的岁月，也格外渴望放下对他人的疑心。

312

致无法享受休息的你

工作固然重要，但在构成"我"的多种要素中，有很多不能归入"工作"这一范畴。比如，包括友情、爱情在内的人际关系，包括爱好在内的文化要素，以及看电影、听音乐、阅读和写作的时间，所有这些都是构成"我"的宝贵要素。"我"既包括社会性自我，也包括内在的自性。然而，比起照料内在的自性，现代人总是花更多时间向他人展示社会性自我。独自安享时光这件事，经常被我们忽视。

工作是社会性自我最重要的构成要素。即便如此，如果只专注于工作，我们就会产生严重的工作倦怠和压力。如果你对工作的挂心程度已经到了令别人疲惫的地步，就先找一找自己的问题吧！为避免将工作负担传递给他人，我们需要先改变自己的想法。哪怕我们想到有关工作的事，也应该练习着不去表达，以免影响他人。下班后，试着不去联系任何与工作相关的人。区分"工作时间"和"休息时间"非常困难，但这是一座必须跨越的高山，只有跨过去，我们才能让身心得到真正的放松。

在工作结束的瞬间，切断与工作有关的联系是很重要的。象征性仪式会对此起到帮助。例如，在工作结束时，我们可以立马戴上耳机，听一两首自己最喜欢的音乐。我经常在忙碌的工作之余听古典文学有声书。"完成这件事后，我又能听最喜欢的有声书了"，这既是一种极大的安慰，也是我的动力源泉。

在工作结束时，我们最好能火速收拾行装，完全脱离工作空间。转换场所对改变情绪起决定性作用。如果能在下班后的同一时间，每天给自己提供娱乐奖赏，我们的大脑就会逐渐适应并摆脱沉迷工作的习惯。

313

面向死亡的残酷练习

电影《慢性》的主人公大卫是一名专门照顾重症病人的临终关怀护士。承担重任的大卫总是默默地专注于工作，同时尽可能地排除个人情感。某天，癌症晚期患者玛尔塔想让他在无人知晓的情况下帮自己结束痛苦的生命。起初，大卫坚决地拒绝了她，但又无法装作听不到她的呼喊："请结束我的痛苦。"最后，看到两人擅自执行了悲惨的"死亡仪式"，我无法判断大卫是否有错，但我想把手伸进屏幕，抓住他拿着注射器的手，呐喊一句"请说点什么"。但他们谁也没有说什么。大卫仿佛传送带上的机械装置，一脸冷漠地将"药"一个接一个地吸入注射器。在通往死亡的道路上，他不是将死者安然引向死亡的亲切向导。他颇为冷酷地守护着死亡之路，就像守护冥界入口的三头犬刻耳柏洛斯一样。

这部电影痛苦地证明了一个残酷的事实：没有人可以"选择"自己的死法、死期和死状。电影将"如何死去"的话题引向更精微的问题：我们真的能选择人生最后的模样吗？我曾茫然地认定自己的死将会极其平静从容，但看了这部电影后，我改变了主意。连曾经那种迷茫的决心都不是我能够选择的。人无法像设计"DIY家具"那样自愿选择死亡方式。与其担心"我们将如何死亡"，不如这样考虑：无论最后会以何种方式死亡，在还活着的时候，要不失尊严地活着。

通过这部电影，我意识到渴望平和优雅地死去也是一种傲慢。我们无法掌控死亡的场面调度。一切围绕死亡的场面调度都只是活人的幻想罢了。"慢性的（chronic）"经常用来形容无法治愈的疾病。其实，真正的不治之症是相信自己能选择生死的蔷薇色幻想。尽管如此，我还是想斗争到生命尽头。在死亡降临的那一刻，最后一次呼吸蕴含一生守护的爱、友谊、热情。

包裹疲惫双脚的鞋子

这是一双走了多少路、承受了多少劳动的鞋子啊。每次看到这双鞋，我都会突然哽咽。它让我想起了那段每家每户都承受艰辛劳动的岁月。那个时候，家家都有这样一双鞋。就是这样一双鞋，承载了一个人的一生。农民不分昼夜地与自然变化做斗争，将汗水和泪水都凝结在这双鞋上。而这双不算华丽精致的皮鞋因为附加了农民的故事与心意，笼罩着安静虔诚的氛围。

乍一看，凡·高的《鞋》（1886）似乎尽可能真实地描绘了鞋子。但越是仔细观察鞋子，我们就越会对"穿鞋的人"产生兴趣。这双鞋似乎在喃喃低语着"今天你也辛苦了"。穿鞋的人每天要忍受多久的劳作呢？艺术家的感性是多么温暖，竟能从一双平凡的鞋中捕捉到一个人一生的辛酸。

这双鞋与某人的一生紧密相关，像指纹般刻在他的生命里。它早已不是商品或物品，而是与某人共度一生的老友。脚承担了人类最艰辛的工作，鞋则是供脚休憩之地。承载人类情感和欲望的物件不仅带有岁月的痕迹，还能超越本来的面貌，引导人们走向其中包含的时间和故事。通过凡·高的眼睛、双手和心灵，这双皮鞋成了象征性符号，重生为丰富的信息。

凡·高的鞋上似乎挂着一张难以忽视的面孔。这双"会说话"的鞋伸出手一把将人抓住，令人流着泪停下脚步。当然，这双鞋的主人也可能不是某位农民，而是凡·高自己。但可以肯定的是，这双鞋会令观众自然而然地想象鞋主人的生活。物件的美丽并非在于被人使用，而在于令人回味某段时光。借由各种事物，我们可以想象从未去过的地方、从未有过的生活以及不知何时才会再次降临的奇迹时刻。

315

放下对年龄的偏见

年龄问题强烈刺激到人的自我。"老师，您是几几年生人？我还以为我们是同龄人呢"，到现在还是有很多人爱问年龄。当人不愿谈论自己的年龄时，就到了畏惧老去的时候。现在的我已经不爱问年龄了。放下对年龄的偏见才是在人际关系中避免失误的第一步。

每到年底，我都会担心虚长一岁。这是一种再怎么反复经历，都很难习惯的不安。对于以成就为中心的现代人来说，年末更是反思"今年我究竟做了什么"的痛苦时刻。连自我评价时都要算上业绩的现代人的背影，看起来莫名的凄凉。擅长计算究竟好不好？小时候，数着日子等待郊游的我很激动，但成年之后，计算就成了令人头疼的事。无论是计算存款、年末结算，还是一根根地数着新生的白发，都像在确认有关消亡的倒计时，真是令人悲伤。

"虽然已经40多岁了，还是希望自己看起来像30多岁"，我们应该放下这种自我的贪欲。"不管年龄如何，我想过上幸福的生活"，这才是自性的声音。计算本身并不是一件坏事，但人生的色泽取决于计算的对象。数皱纹的人容易感到悲伤，但数婴儿临产期的准妈妈和数恋爱纪念日的情侣容易快乐；数今年做错的事会捶胸顿足，但数幸福瞬间的时刻又不可多得。

提到"数"，文学史上最美的场景之一就是诗人尹东柱的《数星星的夜》。"一颗星关于追忆／一颗星关于爱情／一颗星关于冷清／一颗星关于憧憬／一颗星关于诗歌／一颗星关于妈妈，妈妈。"诗人数着一颗颗星星，想到了追忆、爱情与冷清等，却在想到母亲时停住。一种刺痛人心的思念令他忘记了计算。数星星很好，但猛然忘记数星星的时候也很好。多亏了这样的瞬间，人生才值得活过。

告别防御机制的练习

总有人能打破我心灵的栅栏。无论我讲的事多难说出口，都有人能如实接受。偶尔，我会对初次见面的人敞开心扉，倾诉一些不为人知的秘密。前不久，在和一家出版公司的总编辑交谈时，我无意中谈起做书的诸多困难，又谈到自己曾因他人不愿敞开心扉而遭受了多大压力。喝完茶之后，正要起身的时候，我猛然意识到这是我们第一次见面。就这样，我把心献给了这个令我的防御机制轰然倒塌的人。原本不愿敞开心扉的我，在不知不觉中吐露了真心。

当我沉浸在"交付真心"这一表达时，某位前辈突然对我说："旋转门不是一直关着的吗？旋转门不也是一直开着的吗？想想看吧。旋转门看起来是开着的，但又总是关着的。当一侧打开时，另一侧总是关闭。"确实如此，旋转门就像只付出一半真心的我。推旋转门的那种感觉真是糟透了，推开门的短暂时分感觉像永恒一般令人烦闷。哪怕置身旋转门的时间再怎么短促，人都会有一种经年累月的漫长感。旋转门就像一座玻璃监狱。

旋转门看似敞开实则紧闭，而福袋是与之相反的存在。奶奶的福袋总是让我急切地盼望着打开。福袋里会有五颜六色的糖果、零用钱和甜甜的泡泡糖。奶奶的福袋里似乎藏着人生的答案。看似封闭的福袋装着奶奶温暖的心。福袋用松散的结锁着，无论系得多么紧，都能被人轻松解开。"福袋"一词大概有着多重含义，既指本身充满福气的口袋，也指给予他人福气的口袋。

我们能否将真心如福袋一般交付给他人呢？比起嘴上说爱、实则回避有关爱的责任，我更想将爱付诸行动。哪怕羞于说爱，我们也要怀着福袋般的心。

317

语言能打开紧闭的心扉

很多人认为，要想在辩论中压倒对手，必须具备出色的逻辑思维和口才。然而，在一场胜负难分的辩论中，在人身攻击泛滥、双方不分上下的情况下，实际发挥作用的是"倾听能力"。哪怕听到难以视作严谨提问的攻击性话语，一个懂得倾听的人也不会因此而动摇。能以开放的心态应对各种质疑与批评的人，会成为最终的赢家。

我们的心就像窗户。敞开心扉虽然无法让人接纳世间的一切，但紧闭的心扉必然会化为一堵硬墙。敞开的窗最美。人有时会为遮挡风雨而暂时关窗，但窗的存在是为了被人敞开。诗人郑浩承在《窗》中如此低语："窗被关上就不再是窗，而是成了墙。窗被关上也不会变成门，只是成了墙。窗存在的意义就是被敞开。"窗户紧闭就会感到憋闷，这是人类心理的一种自然现象。就像理应洞开的窗一样，我们的心也该向他人和世界敞开。我们应该意识到，世上所有的窗户都是为了被敞开而存在。借此，我们能获得尊重个体差异的内在力量。

然而，真正向人敞开心窗并不容易。那些整日喋喋不休的人，不一定是在表达真心，也可能是在掩盖真心。透过窗户，我们能见证人类的千姿百态。大部分人紧关窗门来隐藏自己的生活。但对于部分心态开放的爱幻想人群来说，紧锁的窗户看起来也像在传达某种恳切的信息。为了隔热和隔音，现代社会的窗户达到了双层甚至是三层。与此同时，我们的心也被一层层窗户隐藏起来。这个时代所需要的领导力，就是哪怕别人紧锁心窗，也能读懂其心思的洞察力。

318

偶尔跟着冲动走吧

有什么比追随冲动的旅行更迷人的呢？这种旅行无须准备和计划，只要有一颗想出发的心就行了。某天晚上十一点左右，在调换电视频道时，我看到了一栋殖民地时期的美丽建筑，不由得睁大双眼。疯狂搜索之后，我才知道这是群山市的敌产家屋①。这栋也被称为"广津吉家"的寂静老屋一下子俘获了我的心。于是，我收拾好洗漱用品和换洗衣物，仅用 10 分钟就做好了出发准备。对于无比磨叽的我来说，这么快行动还是第一次。回过神来，我已经到群山了。

到达群山时，已经是凌晨两点半了。我随便找了个地方住下。既然我期待的只是群山两天一夜游，就没理由挑剔住宿环境。睡了一夜好觉后，激动人心的群山之旅开始了。此刻，追随冲动的我没有任何顾忌。在去广津吉家的路上，群山开始与我对话。没有高楼大厦遮挡的开阔视野，令我的心情逐渐平静。古色古香的胡同整洁而安静。这种没有星巴克、巴黎贝甜和麦当劳连锁店的街道，令我不禁想起了小时候家附近的小巷。直到今天，那条小巷都深嵌在我心中。平时很少和陌生人说话的我，开始向穿着校服的女生问路，甚至问了个多管闲事的问题："今天也不是休息日，怎么这么早就从学校里出来了？是不是逃课啦？"眼前的群山少女笑得有些委屈："今天放学早，真的!"

完好保存时光痕迹的地方都有一个共同点，那就是忠实于"地方拥抱人"的原则。人潮涌动的广津吉家饱经风雨，但依旧热情地迎接来客。在管理员的亲切引导下，我穿上事先准备好的拖鞋，慢慢环顾了楼层和房间。阳光灿烂的庭院里，各种可爱的花草静静生长着。随着光线强度、角度的变化而变化的半透明玻璃窗、曲线柔和的屋檐、咯吱咯吱响却干净的地板、铺好榻榻米的房间，都让我浮躁的心平静下来。身处二楼，庭园景色更是久看不腻。哪怕不做任何准备，这次旅行也足够美好。即兴旅行是帮我跨越内心障碍的最佳冒险。

---

① 敌产家屋：在韩国，一般是指在近代及日本帝国主义强占时期日本人建造的建筑物。

319

秘密也是一种防御机制

　　某次，我一时无法将复杂的念头用孩子能听懂的语言来说明，就半开玩笑地对侄子说："噢，这是一个秘密!"出乎我意料的是，侄子立马用气鼓鼓的小脸表达了伤心："我不喜欢秘密。"我问道："你希望姨妈没有秘密吗?"他听后立即脸色明朗，说道："是啊，秘密不好。"我想，孩子也许被某人的秘密伤害过。"自己知道却不告知他人"就是秘密，年幼的他很早便知晓了秘密的含义。当大人说出"秘密"这个词时，孩子纯洁的心灵是否本能地捕捉到大人在紧闭心扉?

　　没有秘密的关系是怎样的呢? 想要没有秘密的话，人就必须毫无保留地交付真心，要有秘密全被别人知道也无妨的松弛感，还要有哪怕展现阴暗面对方也绝不会伤害自己的信念。回想起来，在某个时间点之后，我受伤的频率低了很多。难道是因为变懂事了吗? 以前的我动不动就会受伤，被人伤到心中鲜血直流。反省了曾经过度敏感的自己之后，我突然意识到，现在自己的心之所以没有以前那么痛，并不是因为我变得更成熟或更坚强，而是因为我现在很少把心交给别人。"交付真心"真是了不起的表达。这种表达象征了无限开阔的心扉，意味着我们允许他人随意处置自己的心。

　　过去，我总是毫无顾忌地交付真心。交付真心时，我没有破釜沉舟式的悲壮，只是任由自己起心动念，终于走向别人。因此，我动辄遍体鳞伤。现在的我只会给出一半的真心，并且随时准备抽身而退。这也许是在为心灵加装保险杠，以防自己受伤。"他是个不错的人，但和我不是特别亲近。""就算他让我难过，我也没办法，谁让我们不是什么特别的关系。"这些都是我们小心累积的防御机制，而侄子则令我意识到了这一点。沟通的秘诀大概就是解除内心的防御机制，敢于如实地倾诉自己的秘密。

FRI
电影

倘若不堪言说

为何向最亲近的人吐露秘密是如此艰难？看着电影《珍妮的婚礼》，我想这或许是我们所有人的故事。彷徨许久的主人公珍妮无法向家人吐露自己是女同性恋者的事实。尽管她已经和爱人凯蒂同居了5年之久，但她的家人只当两人是密友。珍妮从小就是备受父母期待的模范生，谁也没想到她会隐藏如此巨大的秘密。当他人将期望投射到自己身上，珍妮很害怕在展现真实自我后丧失以前得到的爱。这种恐惧造就了长期的谎言。珍妮的妈妈没有预料到，可爱的女儿居然会是女同性恋者。一直按照母亲的期望过活的珍妮，总是戴着名为模范生的假面。

然而，珍妮知道不能再把凯蒂当作隐藏的恋人。凯蒂希望珍妮有一天能向家人介绍自己，而不是以室友的名号隐瞒她们的关系。同时，凯蒂又不想给珍妮施加任何压力。终于，当凯蒂的漫长等待与珍妮母亲的患病相撞，两人迎来了向家人坦诚的契机。鼓起勇气向家人坦白的珍妮并未得到好的回应。一直隐藏性取向的她令家人感到被背叛，他们也对女同性恋有很多误解。就连那些年向所有人吹嘘"我们珍妮是个完美孩子"的回忆，都令家人感到羞耻。除此以外，家人也对一直不够了解珍妮而感到歉疚。所有这些复杂的情绪都是心理防御机制。每一颗因害怕唤醒真相而回避真相的心，都必然采取着心理防御机制。最终，珍妮向凯蒂求婚了。珍妮终于醒悟，如果没有凯蒂的话，自己的人生就会只剩一片荒凉。只有和凯蒂在一起，她的人生才会完整。所谓的"自性"，就是洞见某种纯粹明晰的真相。只要我们敢与内在自我达成全然的一致，就能打破自己固守的心理防御机制。

321 | SAT 艺术 | Memento Mori，铭记死亡的勇气

这位怀着强烈的激情写作，仿佛在做生死抉择的人就是圣杰罗姆。他身边的骷髅似乎在絮叨着："你已经时日无多了。在死亡勒紧你的心脏之前，你必须不负使命。"一切激情都要付出痛苦的代价。我们付出的激情越多，生命能量就越被消耗。每当激情的果实结出，我们生命的年轮就会增长，盛放激情的容器——身体也会衰老。

然而，在卡拉瓦乔的画作《圣杰罗姆在写作》（1605—1606）中，白发苍苍的圣杰罗姆并未给人年老多病之感，反而显得比年轻人更加热诚，全身心投入自己的工作。他不是为了活得更久而挣扎的自负老人。为了在有限的时间内忠实履行自己的使命，他将象征可怕死亡的骷髅置于眼前，努力让剩下的时光不被空耗。

对圣杰罗姆来说，每分每秒都是通往死亡的大门，但正是这种时间上的迫切，证实了他还有追寻梦想的权利。名为 Vanitas 的虚空静物画证明了 Memento Mori 的含义，让人不禁思索时间的流逝、人类的诞生及不可避免的消亡。对于圣杰罗姆来说，这些静物绝不是单纯的工具，它们意味着耀眼的神启："上天赋予了你极为特殊的使命，所以不要浪费一分一秒，只朝着你的梦想勇敢前行吧。"他将骷髅放在身旁，时刻感受死亡如风的紧迫，过着再怎么学习和写作都不够的人生。

每次看到这幅画，比起对死亡的恐惧，我都会强烈地感受到生命的可贵。对死亡的恐惧会使充实生命的任务变得迫切。我想如卡拉瓦乔笔下的圣杰罗姆一样，直到白发苍苍都在挖掘生命的真相。对于还有时间去探索生命的幸运，我怀着无限的感激。

SUN
💬
对话

与逝去的诗人交谈

近日，新闻里充斥着人们互相仇恨、啃噬自尊、践踏尊严的场景。如果人类的本性只有攻击性与暴力性，我们早就灭绝了。使人成为人的驱动力是利他性。人们会在困难的情况下互相帮助，有时甚至为了所爱之人而牺牲自己。

最近，每读到尹东柱的诗，我都会思索：即便到了艰难时刻，我们也无法放弃的人性是什么？尹东柱的每首诗都包含了羞愧的情绪。"直到死亡那一刻 / 让我仰望天空 / 心中没有丝毫愧疚"的心愿催生了"树叶上轻轻拂过的风 / 也使我心痛"的诗句。诗人为何会羞愧到无法忍受轻拂过树叶的风呢？在这首《序诗》和其他诗歌中，他从未告白过自己的任何过失。他并非因做错事而感到羞耻，他那纯真的羞耻出自一个根源性问题："我的存在是可耻的吗？"不断叩问自己是否拥有一种错误的感性，是支撑尹东柱诗歌之美的心灵根源。

在尹东柱的《忏悔录》中，更令人惊讶的羞愧正在蠕动。"我要把我的忏悔缩成一行 / 整整二十四年零一个月的时光 / 有什么值得期盼让我活到今天？"年仅 24 岁的他写了一首忏悔人生的诗。原来忏悔能浓缩至一行。"整整二十四年零一个月的时光 / 有什么值得期盼让我活到今天"，每次读到这段诗，我都会感到心碎。我为自己感到和珍视的一切快乐而羞愧。追求快乐是人的天性，但是当我们追求快乐的时候，回顾自己的快乐是否损害了他人的快乐，才是使人为人的力量。

这样反复忏悔过后，重读这首《序诗》时，我终于理解了咏唱星辰的诗人是何种心情。"我要以赞美星星的心 / 去爱正在死去的一切 / 去走指定给我的道路。"诗人知道只有热爱正在死去的一切，才能克服难以忍受的羞愧。当恨意滔天到难以承受，施展《序诗》的咒语吧！让我们热爱正在死去的一切，默默踏上应走的道路。

　　窗户能让人看见一部分事物，却又营造出一种怎么也无法触及的距离感。窗户营造的世界可以被看见，却无法被触摸。哪怕注视着窗内之人享用物品、与人欢聚、欢乐进餐，在窗外的我们也无法直接体验到任何事物。看似帮人沟通的窗户，实则闭塞至极。与其这样令人憋闷，不如直接把窗户变成墙算了。彼得·潘透过窗户窥探温迪的日常生活，第一次强烈渴望拥有一位朋友；弗兰肯斯坦创造的怪物从窗外窥视正常人的世界，羡慕地想着"我也想跟他们一样，能够互相抚慰、亲吻和相爱"。窗户是聚集羡慕的媒介，它让人盯着别人展示的东西并意识到自身的匮乏。

　　对于某些人来说，四周辉煌闪耀的窗户如同囚禁自己的巨大监狱。《了不起的盖茨比》中的豪宅便是展示玻璃宫殿的巅峰之作。盖茨比拥有一座奢华的豪宅，豪宅上覆盖着数百个巨大的玻璃窗。然而，他似乎有意地疏远了自己的财产。作为盛大派对的组织者，盖茨比无法享受其中。人们能够透过盖茨比的窗户看到豪宅的内部，窗户却阻挡了盖茨比望向世界。每个人都在对盖茨比说三道四，但盖茨比无法对任何人倾诉心声。他被囚禁在这个能看到一切的巨大玻璃房里，只能悄无声息。虽然人们向窗内神秘的他投去艳羡的目光，但在窗内的他并不幸福。

　　在赫尔曼·黑塞的《纳尔齐斯与歌尔德蒙》中，歌尔德蒙透过窗户偷看幸福的一家，发现了自己永远无法拥有的幸福安定的世界。为了变成挥洒激情与灵感的漂泊的艺术家，歌尔德蒙不得不离开充满规则与秩序的安定世界。如此一来，窗户就不再彰显占有，而是提醒我们一无所有。对于总从窗外偷看的人来说，窗户是上映"不可得的世界"的灵魂银幕。银幕上既有我们永远失去的东西，也有我们永远无法拥有的世界。

窗户，既是沟通的媒介
也是隔绝一切的墙壁

在地球上的一切生物中，人类最擅长通过"欺骗"来获得想要的东西。哲学家马克·罗兰兹认为，人类与狼之间最大的区别在于欺骗能力。在《哲学家与狼》中，他讽刺了人类的狡猾，认为巧妙地欺骗他人、以谎言取悦他人是"灵长类动物"的一种特殊才能(？)。

看不穿人类把戏的动物经常会撞到玻璃上，不幸重伤或死亡。如果没有窗户，人类就没法好好开车，也没法舒坦地望向车外。然而，对于许多动物来说，玻璃窗是一种危险的杀戮武器。它们甚至没有机会提前了解玻璃窗的危险，就撞死在上面。对于住在窗户里面的人来说，玻璃窗是炫耀和宣传的工具。有些气派的玻璃窗本身就是宝贵的资产。另外，宽大的窗户也彰显了人类眺望外界的贪婪。随着"瞭望权"这一概念的流行，透过玻璃窗看到的外部风景变成了另一种类型的私人财产。

对于《弗兰肯斯坦》中的怪物来说，窗户是获得教育的摇篮。怪物通过窗户偷听人类的对话、学习人类的语言，通过窗户偷听亲切的笑声、偷看温暖的拥抱，学习爱和友谊的珍贵。同时，他痛苦地认识到自己永远无法拥有任何幸福。而对于《呼啸山庄》中的希斯克利夫来说，玻璃窗是他与逝去的爱人会面的唯一媒介。透过玻璃窗，他向凯瑟琳的孤魂呐喊，哀切地邀请她的灵魂归来。这样的场景令读者深受触动。

希斯克利夫打开窗户，看到了在九泉之下徘徊的凯瑟琳的孤魂。凯瑟琳求他放她进去，希斯克利夫则想让她进到房内。生与死之间有一条森严的界线，希斯克利夫最终越过了那条线，他渴望再次见到凯瑟琳。在这一瞬间，被暴风雪吹打的窗户作为悲伤的媒介，重新连接起生者与死者之间被切断的缘分。

WED
日常生活

因不可能而放弃的渴望

为何很多哲学家和作家异口同声地建议人们打理庭院？这是岁月流转后才觉悟到的事。20岁的我自然对此很是不解。庭院不是有钱人和有闲人的专属吗？既没地方建造庭院，又没余力打理庭院的我如此自我辩护："只在内心打理庭院就好吧？"然而，一到了春天，我还是像饥渴的孩童一般，以哀伤的眼神注视着如期而至的鲜花盛宴。那些绚烂的花朵总令我如饥似渴。这种灵魂的饥渴近似于某种无法被填满的匮乏。对我来说，堪比庭院的场所就是学校。学校里四季花团锦簇，高大挺拔的树木总是公平地为每个人投下阴凉。即便不去远处赏花，只要每日勤恳地上学，我就能毫无后顾之忧地享受花卉庆典。

随着时间的流逝，我意识到自己比任何人都更想打理庭院，我也逐渐明白过去的自己为何无法享受庭院的妙趣。某次，我租用了一位韩国留学生的房间，在柏林待了一个月左右。我待的地方从行政区划来说是柏林，但离市中心却很远，远到出租车司机听了都会摇头的地步。在这里，我每天早上都会遇到打理庭院的人。通过他们真诚的动作、细腻的手艺和温暖的表情，我第一次靠近了园艺之美。以前的我只能看到庭院的美丽，却看不到园丁的辛劳。他们以望向子女的眼神盯着日日成长的花朵。我开始理解这种充满价值的生活，在这种生活里，大自然喷发着哲学的香气。

现在，我又开始梦想拥有自己的庭院。虽然不知道这个心愿何时才能实现，但我希望有这样一个地方，能够随时邀请疲于生活的你来做客。比抛弃梦想更糟糕的是，忘记可以拥有梦想。只要还能做梦，我们就有希望开启新生活。

和朋友的离别让我心痛不已

并非只有和爱人离别，才会留下无法抹去的伤痛。朋友、前后辈、上司与下属之间都能产生如家人一般的浓厚感情。然而，提及"离别"一词，人们最先想到的总是"失恋"，这令与朋友的离别之苦看起来不够显眼。事实上，比起与爱人分手的次数，我们与朋友、熟人、前后辈分手的次数要多得多。在歌曲《三十岁之际》中，金光石关于离别的痛苦独白，是在为与人逐渐疏远的短暂人生而哀悼。随着年岁渐长，我们与更多人结缘，也与更多人渐行渐远。

经历了许多次离别，我才明白：离别的瞬间会使一个人真正的价值得以显露。在工作结束后，有些人是再也不会共事的关系，有些人却能持续地见面。始于工作的关系很少能进化到深层次的友谊。在与熟人离别的各种类型中，最令人心碎的是与老友分开。

失去一个老友就像失去一个梦寐以求的世界，令人感到痛苦。如果说与爱人的离别之痛像被尖锐的刀刺伤，那么与朋友的离别之痛就像深藏在体内的内伤，这种痛苦会随着时间的流逝而缓慢蔓延。偶尔，我会收到来自已经生疏的旧友的电子邮件或短信。此时，我最常感受到的情绪是喜悦。那些过去折磨我的情绪，譬如惆怅、委屈、厌恶、怨恨和愤怒，如今都已消失不见。时过境迁，曾经的负面情绪如潮水般消退，只留下对朋友难以停止的思念和无法掩藏的喜悦。

真令人庆幸，原来在我们心中，爱终究是大于恨的。原来就算放任恨意肆虐，它也会逐渐消失。在走向离别的所有缘分中，哪些人能通过"友谊"重遇呢？不如写下他们的姓名。当恨海难填化为无怨无悔，当若有所失化为怡然自得，我们已在无声无息之间被疗愈。

327

FRI
电影

蝙蝠侠，最终拥抱了阴影

"怎样才能与自己的阴影和解呢?""您是如何与创伤和解的?"这是我在心理学讲座中被问得最多的问题之一，也是最难简答的问题之一。克服创伤的漫长过程构成了我迄今为止的人生。如果要详细解释的话，恐怕彻夜也讲不完，但我可以给出一些关键词：与阴影和解就是与阴影合一，也就是全然拥抱并接纳阴影。在电影《蝙蝠侠：黑暗骑士崛起》中，蝙蝠侠将创伤和恐惧化为了自身的珍贵部分。从目睹父母惨遭杀害，到最终成为拯救所有人的英雄，蝙蝠侠的耀眼成长过程就是他与阴影合一的过程。

主人公韦恩将没人能够轻易克服的阴影深埋在心底。目睹父母被残忍杀害的他，又怎么能正常地成长呢？他彷徨了许久，挺过了无数痛苦时分。在山洞里被蝙蝠袭击时，韦恩极度恐惧死亡，但同时他也意识到自己有能力克服这种恐惧。蝙蝠从漆黑的山洞中腾空而起的骇人景象，是他脑海中挥之不去的阴影。但他从普通人重生为超级英雄的地方，也正是聚满蝙蝠的黑暗洞穴。

荣格说，"与阴影合一的过程"对于英雄的诞生至关重要。在与令自己受折磨的存在展开斗争之后，我们最终还是要以包容的心态化敌为友，创造属于自己的"内在神话"和"内在英雄"。起初，"蝙蝠"象征了一切阴影，但蝙蝠侠不断与创伤和恶势力做斗争，最终将"蝙蝠"变成了自己的标志。与蝙蝠（bat）密不可分的蝙蝠侠（batman）将暗黑阴影化成了自身的一部分，而刻在他胸前的蝙蝠形象就是勇气的象征。

三时三餐，最伟大的疗愈性劳动

生命中最重要的能量来源于默默支撑人类的劳动。如果能尊重劳动的价值，我们就可以从很多痛苦中解放出来。当珍惜我劳动的他人和珍惜他人劳动的我一同微笑时，我们的笑容汇聚在一起，创造了真正的自尊感。"做饭"是日日重复却很少被关注的劳动。将一日三餐全包给家庭主妇的残酷时代正在衰落，但家务劳动仍是许多女性无法摆脱的束缚。在凡·高的画作《在壁炉旁做饭的农妇》（1885）中，一位妇人也在做饭。

海伦·聂尔宁在《简朴的饭桌》中说："吃饭要更简单。要以一种无法以言语形容的速度，更快地准备饭、吃好饭。让我们把更多的时间和精力花在写诗、享受音乐、与大自然交谈、打网球和结识朋友上。"这是多么幸福的乌托邦式的幻想啊。如今，都市人正在寻找比以前更美味精致的美食餐厅，擅长烹饪的明星大厨也成了美食节目的常客。但这些华丽的美食节目掩盖了一点：烹饪实质上是一种艰辛的劳动。

对于职业厨师和无偿为家人做饭的家庭主妇来说，做饭是一种既艰辛又需要极大创造力的劳动。365 天都要思考"今天吃什么"，难道不算榨取做饭者的创造力吗？人只有消除对美食的贪婪，才能实现海伦·聂尔宁所谓的"极简烹饪"。对于极其简朴的食物，我们也要保持知足与感恩。凡·高捕捉到的珍贵，来源于日日重复却从未得到过任何称赞的烦琐劳动。

329

分手后还能做朋友吗

有位读者来信说:"前任希望在分手后和我保持朋友关系。我接受不了这种提议。我还没摆脱对他的迷恋,又怎么能做朋友呢?但如果做不了朋友,我就再也见不到他了。这种想法一直在折磨我。他看起来对我毫无留念,这让我很痛苦。"

我如此回复:"我曾经也觉得和热恋过的人做朋友很酷,但现在完全不这么想。我认为友情能发展成爱情,爱情却不能退为友情,尤其是在一方仍未将感情冷却下来的时候。至于友情变成爱情的情况,我认为两个人在最初就已经孕育了爱情的萌芽,只不过彼此都没能意识到罢了。有时,因为两个人早已习惯于毫无隔阂的友谊,突然的心动反倒会让人产生负罪感。

"令人意外的是,很多分道扬镳的男女在很久之后又成了朋友。譬如,有些人会因为孩子与前夫或前妻保持朋友关系。但这种情况并非没有其他的变数,假如其中一人的新伴侣讨厌这种关系,友情自然就难以持续。毕竟,真正珍惜现有关系的人,不会一直做让伴侣讨厌的事。

"有多少昔日的情侣能毫不留恋地相处?有时,过往的回忆会阻碍当下的热情。如果你仍迷恋对方,就要敢于拒绝他的提议。'朋友'这一称呼是陷阱,也许会将你终身围困。如果你还留有一丝念想,试图和对方做朋友,就永远摆脱不了思念对方的惯性。"

越来越多的人正在遭受不明所以的不安。现代人的不安缘于复杂的因素，让人很难断定根源。在这个越来越机械化、资本主义化和碎片化的现代社会中，人类的"安心之处"越来越少是不争的事实。小说《局外人》将现代人这种莫名其妙的不安刻画得刺痛人心。比起唤醒读者的根源性不安，小说主人公默尔索原本就是令人不安的存在。他没有摆出任何社交生活所需的礼仪性姿态，这让目睹这一切的人感到不安。无论何时，小说的开头都显得震撼人心。"今天，妈妈死了。也许是在昨天，我搞不清。我收到养老院的一封电报：'令堂去世。明日葬礼。特致慰唁。'它说得不清楚。也许是昨天死的。"默尔索在母亲的葬礼上没有表现出任何悲伤，这令读者在感到莫名愤怒的同时，也获得了一种奇怪的解脱。是啊，我们根本没必要按照别人的意愿将悲伤的姿态当成一种规范。

《局外人》中的默尔索似乎完全摆脱了一切。至少在表面上，他看起来自由自在。面对母亲离世的重大事件，他显得过分自由。他不仅没有流下一滴眼泪，还不知道母亲的年龄，甚至拒绝看母亲遗体最后一眼。他在遗体前随意地抽烟，喝着美味的牛奶咖啡，不堪忍受汹涌而至的睡意。相反，养老院的朋友们对母亲的去世展现了更多的哀悼。养老院院长责备默尔索说："默尔索太夫人入本院已经三年了。您是她唯一的赡养者。"默尔索既不想在别人面前展示孝顺的一面，又不想被人当成冷酷无情的人。他刚想说以自己的工资很难养活母亲，院长就继续自顾自地说道："您用不着说明，我亲爱的孩子，我看过令堂的档案。您负担不起她的生活费用。她需要有人照料，您的薪水却很有限。把她送到这里来她会过得好一些。"对此，默尔索并不否认。

默尔索看似摆脱了关于死者的仪式性悲伤，但在母亲的死亡面前，在要求他"证明悲伤"的大众面前，他从来没有自由过。在何处都不能彻底安宁的默尔索，永远是这个世界的局外人。对于现代人而言，默尔索的存在见证了未知的不安。

337

即便不完美也要爱自己

有的英语单词无论背得多么滚瓜烂熟还是会忘得一干二净，而有的英语单词则像佛印一样深深刻进心里。例如，"eccentric"一词就是如此。这个词的词源是"脱离（ex-）中心（center）"，用作名词是指"怪人、奇人"，用作形容词是指"奇怪、古怪"。在高中时期背的所有英语单词中，唯独这个词令我心痛。脱离中心就会很奇怪吗？中心总是正确和标准的吗？所有脱离中心的人都很古怪吗？那我是不是也有点怪？我感觉脱离中心的生活看起来很棒啊。我有脱离中心的勇气吗？怀着这种妄想，我久久观察着这个词。

我的心中滋生着双重欲望。我既渴望脱离中心，成为一个了不起的怪人，又恐惧脱离常规时必然会遭受的风险。比如，在青春期，我最讨厌的词就是"不良青少年"。我不仅极其恐惧越轨，害怕成为不良儿童和问题儿童，还害怕我的妹妹和朋友变成那样。不知为何，被大人称为"问题儿童"的孩子有时候也显得很酷。当然，在那个时候，哪怕被称为"问题儿童"，做出的事也只是翘掉自习、早恋、不爱学习之类的程度。说实话，想要同时满足这三点，也需要非同小可的能力。我这种向往怪人却又恐惧成为怪人的心理，或许起源于阅读《丑小鸭》和《匹诺曹》的经历。

丑小鸭和匹诺曹都是被群体孤立的代名词，但它们对群体的应对方式却截然不同。丑小鸭没有抵抗虐待自己的鸭群和其他嘲笑自己的动物，只是一忍再忍，坚持不懈地寻求集体的认同。直到遇到一群与自己长相相似的天鹅，丑小鸭才明白一直苦恼的差异竟是自己的真正特征。既保持个性又能与他人和睦相处，兼顾社会化和自性化，也许就是现代人的关键课题。

　　默尔索错误地干涉了朋友雷蒙的私人恩怨，陷入了无法自拔的泥潭。在几经波折之后，雷蒙对阿拉伯人怀恨在心，而默尔索偶然地参与了雷蒙与阿拉伯人之间的群殴。不幸的是，后来，默尔索拿着雷蒙给他的枪，又在海滩上单独遇见了在群殴中遇到过的阿拉伯人。如果仔细阅读小说《局外人》的上下文，我们就能知道是阿拉伯人先抽出刀子，在阳光下对准了默尔索。因此，默尔索扣动扳机的行为在很大程度上是正当防卫。他在法庭上说自己的杀人行为是"因为太阳起了作用"，这受到许多人的嘲笑。但如果那天的太阳对他来说不是单纯的太阳，而是"和母亲葬礼那天一样的太阳"呢？这种太阳可怕到令人绝望，对于无法向任何人表达悲伤的默尔索来说，无人可依的世界似乎就在这样的阳光下走向了终结。但是，我们无法轻易判断案件的哪一部分属于"心理状态"，哪一部分又属于"事实"。问题在于，这起杀人案没有任何正当的理由，就连默尔索本人也无法为杀人行为提供任何解释。这才是这场意外杀人案件的致命困境。

　　由于这场杀人事件，默尔索彻底告别了心爱的玛丽和周围所有相信他的人。即便身边有人想为他辩护，也全都力不从心。默尔索并不期望得到他人的援助，这也使问题变得异常复杂。检察官对默尔索的情人——玛丽的提问非常严厉，他一直询问玛丽和默尔索初次见面那天的细节。得知两人的关系始于母亲葬礼后的第二天之后，检察官以此为由给默尔索定了罪。在母亲葬礼后的第二天就观看索然无味的影片、和女人建立不当关系、没有流露出任何哀悼之情的默尔索，被当作了危险的怪人。

　　在这场关于杀人案件的判决中，真正将默尔索定罪的不是杀人事件，而是母亲的葬礼。判断默尔索是否具备人性的决定性依据竟是他在母亲葬礼上的态度。对此，默尔索始终感到迷惑不解。虽然玛丽一边哭一边辩称默尔索没有做任何坏事，但没有一个人聆听她的真心话。直到今日，我们都无法从默尔索身上移开目光，或许是因为孑然一身的他从未渴求过任何人的理解。

与人类心灵最相似的事物之一就是玻璃窗。在窗外的人看似能知晓窗里发生的事，其实无法看清内部的情形。我们能看到却看不清的，就算能看清也无法解释的就是心灵。心灵看起来像窗户一样透明。但我们看一个人的时候，也只能看到他的人格面具。至于隐藏在人格面具背后的无数阴影、创伤、情结和无法言说的秘密，只有怀着殷切的渴求进行解读，我们才能勉强理解。

世上的每一扇窗都在细语："不要困于你的小世界中，不要放弃对其他世界的好奇心。"有些窗户关得严严实实，却以隐秘的声音诱惑着外面的人："虽然你不能打破我也不能进入这里，但你可以瞥见里面的生活。窥探与你过着不同生活的人，有时也是一件乐事。"除此以外，文学世界中的每扇窗也在呐喊："让我进到你的窗里去！"

卖火柴的小女孩每到平安夜都透过玻璃窗想象自己无法拥有的生活："请邀请寒冷饥饿的我参加你们幸福的平安夜吧！"彼得·潘低声说："在被失去童心的大人教导之前，去一趟世上独一无二的梦幻岛吧。"希斯克利夫的窗户在呐喊："爱能超越生与死的界限，执着的爱一定会找到它应有的位置！"

如果你的心底有难以示众的深刻伤痕，我想这样对你说：人类的心灵本就如此难以窥探和解释。心灵看似显而易见，实则难以看穿。所以，请不要灰心，要努力表达自己内心深处的故事。正因心灵的难以理解，我们只能缓慢而长久地表达自身的感受。有时，我们会藏在自己构建的痛苦的洞穴里。即便如此，也请给别人一个透过玻璃窗窥视自己的机会。心灵由无尽沉默和无数暗号组成，人总是戴着人格面具与他人交往。尽管如此，为了凿穿层层防御机制，我们仍要表达、解释和沟通心意。

333

格里高尔，陷入义务感的现代人

卡夫卡的《变形记》讲述了某天突然变成甲虫的上班族格里高尔的故事。格里高尔被按时上班的绝对命令所麻痹，丧失了自我关怀的感觉。成为一只甲虫的他，仍然努力承担劳动的义务和一家之主的责任。就算亲眼看见家人更担忧自己的工作而非安危，他也没有感到难过。对他来说，准时上班才是重中之重。他挣扎着数条腿试图下床，却被自己那难以控制的庞大身躯压倒，不禁茫然若失。令他伤心的，并非以虫子的模样不能上班，而是拼尽全力都不能上班。

"虽然今天不能上班，但明天可以上班。我绝对不会被解雇的。要想这样，就不能被经理发现我变成了这样。"比起担心自己变成虫子，格里高尔更害怕被解雇或无法养家糊口。他就是这样的工作狂。不仅如此，格里高尔对照顾家人这件事也到了成瘾的地步。然而，无论是牺牲一切成全他人，还是认为他人不能没有自己，这么想的人最终常被别人抛弃。

"如果我不赚钱，我的家人绝对活不下去"，怀着这种想法的格里高尔最终失去了自己的人生。虽然他打算送妹妹去音乐学校，但在还清父亲的债务之后，他不知道自己真正想做什么。格里高尔深陷必须保护家人的重任中。

当成瘾过于严重时，成瘾本身就成了一种根深蒂固的身份认同。格里高尔沉浸在受害者角色中，这令人完全无法想象他脱瘾后的模样。不上班、不做事、不养家糊口的格里高尔竟如此令人难以想象！养家糊口的信念勉强支撑着格里高尔，他将这种深入骨髓的瘾化为了身份认同。此时，自我早已不复存在，唯有工作、薪水和生存永续。与其说格里高尔是他本人，不如说他被迫成了整个家庭的大家长。

●人类是具有适应性的动物。虽然格里高尔肩负着养家糊口的重任，但当他不能再担任一家之主时，他的家人也就渐渐习惯了。"没有牙齿也得用牙床"不是令人愉悦的赞美，却是残酷的适应法则。

334

最坏的瞬间也能变成最好的瞬间

　　如果能改变生命中的某一刻就好了，哪怕只能改变那一刻也好。有时，我会因为这种遗憾而难以入睡。电影《午夜邂逅》就展现了这种痛彻心扉的悔恨和失而复得的喜悦。

　　尼克为了参加小号试镜而来到纽约，但实际上，他希望能与六年前分手的前女友见上一面。在纽约中央火车站演奏小号时，他捡起了一位路人掉落的手机。这位路人就是布鲁克，她正因错过末班火车而心烦意乱。此刻，她的手机出了故障，丢失了背包和钱包，甚至错过了去波士顿的末班车。得知前女友和其他男人在一起的事实后，原本满怀青云之志的尼克便想放弃小号试镜。电影中，两个陷入绝望的人不期而遇。布鲁克给瞒着自己出轨的丈夫留下了一封分手信，又意识到自己依旧爱着丈夫。然而，包被偷的现实让她无法及时赶回家销毁那封信。一大早就要出差归家的丈夫也许会在她回家之前读到那封分手信。陌生男人尼克想以某种方式帮助布鲁克，以便她能重启与丈夫的爱情。

　　起初，布鲁克因不信任尼克而谎称自己叫"嘉莉"，直到后来，她才逐渐理解了尼克无条件帮助自己的真心。两人在面对自己的阴影时，都感到阵阵火辣辣的刺痛。就算昔日情人已经有了别人的孩子，尼克依旧因无法释怀而痛苦不已。布鲁克则埋怨自己仍然爱着出轨的丈夫。但他们最终还是意识到，哪怕情况再糟糕，留在每个人心中的"真实爱情"也不会发生改变。

　　布鲁克无法放弃爱着另一个女人的丈夫，尼克仍然爱着在另一个男人怀里幸福的前任。世间竟有一个陌生人能了解自己的创伤，这样的事实令两人感到幸福。整晚都在纽约穿行的尼克、在寒冷中瑟瑟发抖的尼克、翻垃圾堆帮自己找包的尼克，令布鲁克体会到了深厚的友谊。最终，本来全盘否定自己人生的她不禁说道："这是我人生中最糟糕的夜晚，但怎么就变成了最美好的夜晚呢？"只要有人能理解我们的伤痛，只要我们敢于正视自己的阴影，生命中最坏的瞬间也能变成最好的瞬间。

335 劳动的力量使人忘记忧愁

劳动有使人忘却不安的纯粹力量。支撑自尊的支柱之一是人类对所行之事的自豪。只要真心热爱手头的事，纵然别人眼中的自己再怎么疲惫艰辛，自己眼中的自己总是坦然兴奋的。这种取悦自性、自爱自重带来的喜悦，在古斯塔夫·卡里伯特的画作《铺木地板》（1875）中被激发。画中的人们仅凭简单的劳动就显得光彩夺目。目睹他们劳动的情景，我总会感到欢欣鼓舞。

在有关衣食住行的劳作中，盖房子可能是最辛苦的。随着工人的刨刮，地板开始散发光泽。正直的劳动和诚恳的日常生活造就了工人强壮的肌肉。为衣食住行所做的劳动对人类来说至关重要，却不够引人注目。在衣食住行中，为了"住"所做的劳动又是最不起眼的。做饭和洗衣是每天在家都能看到的劳动场景，建房子的场景却不常见。为衣食住行所做的劳动都很艰难，其中最难的还是盖房。

这幅画栩栩如生地描绘了工人刨地的模样，提醒人们留意劳动的重要性。最重要的是，这种生动的描绘本身就给观众留下了深刻的印象。被刨子打磨的地板越来越光滑平整。要将大片地面打磨光滑，究竟需要多久的劳动呢？流下大量汗水的工人脱掉衣服，露出了由辛勤劳作铸就的强壮肌肉。正直的劳动与诚恳的日常生活所塑造的肌肉身材体现了体力劳动者特有的健壮。

● 1875年，这幅画的展出被法国最负盛名的沙龙展拒绝了。沙龙展主办方认为，描绘脱掉上衣的工人阶级是"粗俗卑贱"的。对这幅画倾注心血的卡里伯特为此感到受伤，但这幅作品在次年举办的印象派展览上展出，获得了爱弥尔·左拉等作家的盛赞。

致令我忘记不安的朋友

　　长久的友谊是缓解不安的药。基于激情的爱随时会发生改变，基于信任的友谊却能长久地缓解焦虑。因此，失去朋友的悲伤是难以治愈的。一位读者给我寄来了这封信："因为一个小误会，我和最好的朋友已经分开很久了。虽然和爱人离别也很痛苦，但无法与朋友见面的痛苦随着时间的推移而逐渐增强。现在再去联系因琐碎争吵而疏远已久的朋友，会不会太伤自尊了呢？我有时比任何人都想念他。但如果他不接受我的心意，我可能无法承受那种痛苦。"读完这封信后，我感到：重拾友谊才是缓解不安的日常疗法。

　　我如此回复："在'如果朋友不接受我迟来的道歉怎么办'的想法背后，'很久前与朋友分手时受到的伤害'仍然存在。'如果因为朋友受到二次伤害怎么办？如果他不愿重启友情，我好不容易鼓起的勇气化为乌有怎么办？'在这些恐惧背后，隐藏着'我仍未克服创伤'的无意识。然而，如果一直想着过去的痛苦，持续忧虑未来会有的伤害，我们将永远无法与旧友再见。无法轻易联系疏远已久的朋友时，我们的心底会有期望对方先联系自己的私欲，或是含有这样的委屈，'为什么总得我先道歉，一定得我先联系他吗？'越是咀嚼这种受害者心理，关系就会愈加恶化。如果没有人先联络和道歉，任何关系都无法恢复。

　　"在努力恢复一段关系时，最重要的不是自己的创伤，而是别人的伤痛。'真的很抱歉，你当时是不是因为我而难受？'如果能如此重启对话，友谊也能重启。即使对方拒绝了重燃友谊的请求，光是想象对方因自己而感到受伤的心情，我们的灵魂也会因为共情而成长到新的维度。与前任的重聚无比艰难，但与朋友的重聚却能开启比以往更深厚的友谊。"

　　当《丑小鸭》和《匹诺曹》的文本无意识地教孩子区分阶级与人种时，它们就会变成很糟糕的童话。21 世纪的大人不该向孩子传授丑小鸭的忍耐和匹诺曹的顺从，而应先批判孤立丑小鸭的鸭群、质疑只因匹诺曹不是人类就故意折磨他的人。

　　从这个层面来讲，《丑小鸭》文本的问题更大。具有自传性质的《丑小鸭》反映了安徒生终生在阶级自卑感和优越感之间挣扎的心境。也有人认为，《丑小鸭》是安徒生写给心爱女人的一封漫长情书。忍辱负重就能获得他人的心服首肯，这种期许或许只是安徒生美丽的自欺欺人。"我不是平凡的鸭子，而是优雅的天鹅。所以，我根本不用介意自己不被一群蠢鸭理解的事。无论遭受何种指责，都不会改变'我是天鹅，它们只是鸭子'的事实。"

　　每读到安徒生的自传故事，我们都能看到"龙困浅滩"的根源性困境。令我们深感不安的是即便登上最佳"位置"，也无法获得最高的"爱"（或认可）。透过这篇童话，我们能品到天生非龙只有拼命努力才能勉强成龙的悲哀，我们能觉察到活在他人的严厉视线中是怎样一种深切的悲伤。出身低微的安徒生通过艰辛努力进入上流社会并对此感到满足，这种满足感与他痛苦的情结有关。

　　如果丑小鸭不是天鹅，而是火鸡、乌鸦或孔雀呢？火鸡和乌鸦就比天鹅差、孔雀和鹰就比天鹅好吗？是谁决定了这些物种的等级呢？让丑小鸭成为一只优雅高贵的天鹅，以此来报复鸭群的横行霸道，究竟是不是最符合伦理的选择呢？

在人们随意购买、消费、忽视、折磨物品的时候，诗人为了聆听物品中深潜的灵魂的耳语而竭尽全力。现代人拥有数不清的物品，却越来越难感应到物品的存在。面对这种无力感，诗人总是勇敢地反叛。

物品能清楚地揭示一个人的性格。有时，我们不会直接称呼某人的名字，而是以其爱用的物品来起外号。大家会将每次见面都戴围巾的朋友称为"围巾"，将从头到脚都爱穿蓝色衣物的人称为"蓝裤子"。小学时期，我的绰号是"水龙头"。只要一听到令我感到难过的话，我就不自觉地哭出来，像水龙头哗哗流出自来水一样。

我们拥有物品的同时，物品也拥有我们。没拿手机出门或手机没电的时候，我们会突然陷入严重的焦虑。手机成了掌控我们自由的缰绳和督促我们劳动的皮鞭，让我们在休息日也不知疲倦地工作。与物品对人类的拥有相比，我们对物品的拥有脆弱得多。成为"房奴"的现代人被名为"房子"的物品所俘获，背上了沉重的包袱。

执着和依赖物品的瞬间、通过物品获得认同感的瞬间，我们已经被围绕物品的幻想价值捕获了。然而，有些物品还是与我们建立了幸福和谐的温暖联结。

看着忽上忽下的过山车，我不觉想到自己波澜起伏的情绪；看着商店门口随风狂舞的充气人偶，我又念及强颜欢笑的现代人。通过事物观照自身是日常生活中的感官训练。

340

尽情找寻自我的权利

在看重礼节和纪律的维多利亚时代，年轻少女没有徘徊的自由。在《爱丽丝漫游奇境》中，爱丽丝虽然不能像哈克贝利·费恩和汤姆·索亚那样历险，却在兔子洞里体验到了庞大的宇宙。维多利亚时代的"良家少女"既不能跟陌生人走，也不能与陌生人交谈。对她们来说，单独外出更是不可想象的事。然而，摆脱一切繁文缛节的爱丽丝独自四处游荡着。她并非不道德，而是无道德；并非不负责任，而是对责任的概念一无所知。随着冒险的继续，爱丽丝开始认为"没有什么是不可能的"。她不惧怕行为的后果，不追究行为的意图，只将自己交托给命运。

在地下的神秘世界里，爱丽丝与人和动物畅谈。她不断迷路、个子一会儿高一会儿矮、偶尔忘记自己的名字、毫无阻碍地和各种动物交朋友、能够随时忘掉自己是谁。《爱丽丝漫游奇境》既没有固定的叙事结构，也没有迫切的冒险理由。它的莫名魅力究竟发源于哪里呢？或许是因为它像"梦境"一般，将不可理解的图像和不合逻辑的情节混杂在了一起。在这个故事里，"我"与"非我"的区分毫无意义，"时间"与"空间"的区分也消失殆尽。只有在梦中，我们才能摆脱"必须做有意义的事"这一强迫观念，我们才能不认为"没意义的事根本没用"。与进入浩瀚海洋探险的鲁滨孙·克鲁索不同，爱丽丝不必只满足于兔子洞的探险。

爱丽丝不是该被惩罚的小怪物，也不是将周遭事物摸个清楚才安心的淘气包。她那令人费解的神秘冒险、让人摸不到头脑的把戏和对刻板教条的痛快讽刺是一种越轨。爱丽丝的魅力就在于这种无条理和无法以任何理论来分析的"创造性无意义"。

341

FRI
电影

为大人准备的电影，《匹诺曹》

小时候的我经常会苦恼这一点："我犯了很多错误，也撒了很多谎。我真的能成为正常的大人吗？"一撒谎鼻子就会变长的匹诺曹，以震撼人心的视觉形象烙印在我的脑海中。我的鼻子没有像匹诺曹那样变长，但随着成长，我内心那道看不见的瘀青似乎越来越大了。从这个意义来说，匹诺曹也是给我勇气的存在。他不似丑小鸭一般盲目忍耐，而是不断犯错和越轨。那些不可逆转的失败，也促进了他灵魂的成长。

比起"克己大师"丑小鸭，我更喜欢容易屈服于诱惑的匹诺曹。他违背对仙女的承诺、屈从于诱惑的场景，无论何时看都很可爱有趣。这大概就是"儿童的乌托邦"吧。行善后的匹诺曹，最终变成了他迫切渴望成为的人类。和父亲杰佩托从鲸鱼肚中逃出来之后，匹诺曹开始像人一样行动，最终从木偶变成了人。匹诺曹不是一个突然改邪归正的问题儿童，失败、创伤和错误是构成他个性的宝贵组成部分。如果扯掉失败与创伤的板块，我们就拼不出一个完整的匹诺曹。

电影《美丽人生》的导演罗伯托·贝尼尼将匹诺曹的故事拍成了电影并亲自在该电影中出演。他没有采取驯服或管教匹诺曹的视角，而是将中心放在了"父爱改变孩子"这一点上。他的电影中没有突出匹诺曹为了成人所作的努力，而是强调了杰佩托对匹诺曹的爱。

在电影《匹诺曹》的最后一幕中，褪去原有衣物的匹诺曹前往了学校。这一幕似乎暗示了匹诺曹终将被人类驯服的未来。但匹诺曹并没有让自己的"影子"进入教室。这说明，匹诺曹在与世界和解的同时，还保留了自己珍贵的阴影。《匹诺曹》之所以成为永不干涸的魅力之源，是因为它的主旨是，我们无法以标准教育的范式捕捉每个人的个性。

借由青春期少女的恐惧来学习

我永远不会忘记第一次看到这幅画时受到的冲击。这幅画将我在青春期感受到的恐惧，如镜子般生动地映照出来。到了青春期，我的身体迎来了迅速的成长，但心灵又跟不上发生急剧变化的身体。那时的我，特别讨厌周遭世界要求的"大人范"和"女人味"。成熟的女性气质就像枷锁一样沉重，我无论如何都无法摆脱。爱德华·蒙克在画作《青春期》（1894—1895）中，生动地捕捉了这种青春期少女的原始恐惧。

进入青春期的时候，我第一次强烈感到被周遭世界完全疏远。我为身心的完全分离而深感痛苦，为心灵跟不上身体的变化而深感恐惧，更为别人眼中的"我"和自己眼中的"我"完全脱节而感到无比绝望。

《青春期》里投下的暗影与荣格心理学中所说的阴影非常相似。一到了青春期，少年少女原本明朗的灵魂，就会投下名为创伤和情结的阴影。然而，随着这种阴影的加深，人反而会迎来真正的成长的契机。这个时候，我们究竟是被阴影压垮，还是安抚与自己共存的阴影，甚至以阴影为催化剂实现内心的成长，完全取决于我们自己。

通过艺术作品感受到的情感能帮助我们逐渐认清真实的自己。艺术本质上脱胎于文明之内，但一件好的艺术作品必须具备由内向外追寻文明的双重性。伟大的艺术作品不会受困于文明所承诺的蔷薇色幻想，它们能以体内的透视镜敏锐地凝视文明的阴暗面。那些如镜子般映照我们心灵的杰作，钟爱人类孤独的瞬间和真正成为自己的时刻。父母能够传给我们身体，但无法传给我们灵魂。这幅画既展现了成长过程中的苦涩孤独，也展现了成长过程中的耀眼美丽。

343 | SUN 对话 | 最了解自己的人

一位读者给我寄来了这封信："俗话说，越亲近就越容易受伤。夫妻之间最需要注意的是什么呢？"这确实是长期关系中至关重要的一个问题。

我如此回复这位读者："'他们永远幸福地生活在了一起'，一提起幸福的结局，很多人的脑海中都会浮现出这句话。童话里的主人公往往在婚前坎坷不断，但在现实生活中，婚后的艰难险阻更令人悲伤。我们对于婚后要面临的困难，并没有做好充分的准备。很多夫妻对住什么样的房子、去哪里度蜜月、选择什么样的室内设计充满热情，但却没有好好讨论'婚后该如何生活'。实际上，这才是需要好好讨论的问题。

"夫妻双方应该具备共同守护的价值观。这一任务不能仅仅局限在新婚期间，还应当延续终身。恋爱时，有些情侣因为心动和紧张，在还没了解清楚对方的情况下就匆匆结婚了。等到被对方根深蒂固的价值观和世界观冲击，很多夫妇才后悔当初急着结婚。我们总是希望自己认为对的事，伴侣也能认为对，但大多数情况并非如此。就算这样，只要对彼此仍有爱意，我们就不应轻言放弃。我们不应试图通过改变对方来达到自己的目的。只要不放弃对彼此的爱和信任，夫妻间就一定能建立更深厚的情谊。

"在婚姻关系中，最重要的是双方都得控制自己的极端表达。'现在真的结束了''不要再和我说一句话''我们暂时分开吧'这种暗示分手的话，会给对方带来不可挽回的伤害。另外，对伴侣家庭的批评性言论也是要小心的部分。结婚是两个人的事，但婚姻生活是两个家庭的事。过分挑剔的批判性发言很容易伤害到对方，因此要以更加老练幽默的方式来寻找关系的突破口。哪怕传递相同的信息，只有采取让对方更容易接受的方式来交谈，伴侣之间的关系才会更和谐。有时，'如何传递信息'比'传递什么信息'重要得多。"

面对最了解自己的人，我们要拿出更多的温暖和亲切。如此一来，我们就能在对方面前做自己。

俗语"有棱角的石头挨凿子"真是刺痛心扉。每次听到令我难受的话，我都会陷入疑惑："难道是因为我不够圆滑？还是因为我过于敏感和挑剔？"但是，这句谴责石头太有棱角的俗语是否掩盖了一种暴力性？为什么就不能尊重每块石头的不同形状呢？世上又不是只有圆润光滑的石头。对于有棱角的石头来说，这该有多么不公平呀！它们本就生得如此模样，又能如何呢？棱角分明的石头也很有价值。在这个世界上，并非每一种锋利都意味着危险。有时，这个世界就需要某种锋利。

正当我为此陷入思考的旋涡，前辈给出了一个很酷的建议："拔掉尖刺，竖起刀刃！"听到这句话的瞬间，我似乎找到了锋利和粗糙的甜美藏身处。"尖刺"是攻击的武器，"刀"是完成任务的工具。例如，如尖刺一般的嫉妒、憎恶、怨恨和愤怒，能在不知不觉中变成攻击他人的凶器。而"刀"的重要性则体现在作为"工具"的使用上。厨师要将菜刀磨得更锋利，农民要将镰刀和锄头磨得更坚实。尖刺指向敌人，刀锋则指向材料。哪怕我们一动不动，尖刺也会刺痛靠近自己的人，而刀刃只会适时地发挥力量，准确地命中目标。

我的问题在于无法爱真实的自己。我的纯真朴实，容易让人误会成缺乏个性。小时候，如果随便应付学习或成绩一落千丈，等待我的只有父母的斥责。不学习甚至会令我感到痛苦。在这种痛苦的进退两难中，我的青春令人惋惜地凋零了。

许是人人心底留根刺。那么，你心中的刺又是什么？是不断喷涌而出的情结、对优秀之人的嫉妒和无端羡慕，还是一定要胜过他人的执念与强迫观念呢？这些刺伤自己和他人的尖刺该被拔除，而才华、热情和努力则该被打磨得更锋利。还有信仰、哲学、意志和正义，这些无论被磨炼得多锋利都不为过。

彼得·潘和爱丽丝，做自己的开始

彼得·潘和爱丽丝厌倦了安静平和的日常生活，变为混乱的制造者。我们遗失的童心并非只包含着纯真。在尚未定型的自我中，有着两种极端——精灵的微笑和海盗船长胡克的谋杀。孩童既能自由地翱翔于蓝天，也能因憎恶大人而杀人。

孩童能让已建立起身份认同的大人怀念曾经存在的所有可能。孩童缺乏经验，也就少有压抑；孩童没建立起身份认同，也就少有束缚。正因如此，我们对童年的怀念化为了一种特殊的乡愁。所以，就算刻意避开孩子，我们也很难从他们的身上移开双眼。每个大人暗地里至少都有一两个童心未泯的爱好。在我们形成某些固定的行为模式之前，在环境和经验决定我们的欲望和性格之前，我们总是不断地在成人童话和成人漫画中，重复着这种隐约的乡愁和未曾实现的可能性。

在不小心掉进兔子洞之后，爱丽丝遇到了一大堆人和动物。不管是身高、年龄、脸型，还是身材、家庭、语言，都无法证明爱丽丝是人类。面对身份受到质疑的情况，爱丽丝没有生气或抱怨，只是将自己交托给了无限的可能。通过爱丽丝，我们体验了一切未曾实现的可能性和未曾体验过的人生。

彼得·潘和爱丽丝的冒险使我们踏上了追溯潜能的旅程。因此，我们心甘情愿地忽视彼得·潘的自大傲慢和爱丽丝的装模作样，将他们捧作心中永远的偶像。童年的真正意义不只在于昙花一现的纯真和易被驯服的柔顺。越不容易被驯服，我们灵魂中潜藏的能量就越无限膨胀。为何重返童年是一种永恒的诱惑？因为我们渴望逃离作为大人的身份认同。

塑造自我的美妙过程

我内向敏感的性格大抵是在学生时代形成的。直到今日，看到小时候就开朗的人，我还是很羡慕。忆起学生时代，一种苦涩的"被剥夺感"总是涌上我的心头。那段原本能够尽情享受的自由时光，好像被人偷走了一样。童年时光本该是美好的，我实在没必要将自己锁在令人窒息的封闭里；在如花般的年纪，我也没必要残忍地以成年人的世俗标准来衡量自己的价值。我本来就很珍贵啊！可惜的是，那时的我从来没感受到这一点。理想的教育应当致力于让人以自己的方式获取幸福，而不是不断贪求他人的认可。

话语有时会变成刺痛人心的尖刺，有时又会变成精准命中目标的刀刃。话语比文字更易成为尖刺。文字可以边写边编辑，写完后也可以删除，但冲动之下吐出的话却难以收回。说话时，我们的表情、声音、姿势以及当日的氛围都会影响信息传递。

我们需要将自己的实力和才能制成"武器"，却不能放任仇恨或嫉妒等侵略性情绪如尖刺般疯长。"拔掉尖刺，竖起刀刃"这句话就是让我们该控制情绪时控制情绪，该发挥才能时发挥才能。拔掉尖刺的原因是尖刺不可控，竖起刀刃则是因为刀刃易被操控。

让我们静静品味俗语"有棱角的石头挨凿子"吧。如果说棱角分明的石头维持了"自性化"，那对这种石头进行"敲打"就是完成"社会化"。人类固然需要借助"社会化"过程来融入社会，但通过"自性化"找寻自我的过程也很迫切。"社会化"能帮人适应秩序和制度，"自性化"则能令人培养个性，以过上真正渴望的生活。世上所有棱角分明的石头啊！不要强行将自己磨圆好吗？热爱自己的锋利棱角吧。正是你的凹凸不平令你能做自己。

在弗里达·卡罗的自画像中,《受伤的鹿》(1946)是我最喜欢的作品。每次看到这幅画,我都会产生浓厚的依恋,感到画家画的就是我自己。居然还能这样画自画像!虽说弗里达·卡罗的每一幅自画像都使人受到冷冽的冲击,但这幅画似乎以最深邃的目光凝视了画家的灵魂。这个有着鹿的身体和人类面孔的"女人"就是弗里达·卡罗。被许多支箭射中的鹿依旧维持着站立的姿态,这真让人啧啧称奇。鹿女站得笔直,从未屈服于痛苦。

弗里达·卡罗曾在一场车祸中被巴士内的一根金属扶手刺穿身体,这是她一生中最大的一次事故。在这种绝境下,活着就已经是奇迹了。但她不仅顽强地活了下来,还将生存的奇迹升华成为更宏大的艺术的奇迹。卧床不起的她裹着石膏,像蹒跚学步的孩子一样开始绘画。这样的选择改变了她的人生。与墨西哥国宝级画家迭戈·里维拉的婚姻使她一跃成名,但直到去世后,她的艺术作品才开始真正得到世人的认可。

一直以"迭戈·里维拉的不幸妻子"而闻名的弗里达·卡罗,不仅热爱作为画家的生活,也不愿放弃作为女性的生活。得知丈夫与自己的亲妹妹有染后,她依旧无法停止对丈夫的爱恋。哪怕医生和身边的人万分阻拦,她也不想放弃拥有孩子的愿望。也许是感知到母亲的身体过于痛苦,她的孩子每次都是没能出生就离去了。

车祸造成的后遗症并没有结束。弗里达·卡罗一直饱受慢性疼痛的折磨,为此足足接受了35次大手术。3次流产的痛苦创伤不仅留在她的身体上,还刻在了她的心里。无法成为渴望已久的母亲,令她遭受到最深的挫败。但这位"受伤的鹿女"从未放弃,哪怕周围是一片被火烧焦的森林,她的眼神依旧在满目疮痍中熠熠生辉。

弗里达·卡罗似乎在如此窃窃私语:"你们认为这样的我是不正常的吗?但是,我没有你们想的那么痛苦悲伤。我还好。我还能独自生活下去。"

FRI
▶
电影

弗里达·卡罗，勇气的化身

电影《弗里达》讲述了艺术家弗里达·卡罗波澜壮阔的爱情故事和充满曲折的冒险人生。这部电影仿佛是她对自画像《受伤的鹿》的自我解说。纤细的鹿腿本该因痛苦而倒下，但她却笔挺地立在地上，盯着整个世界。这显示了画家不愿逃往其他任何地方的决心。一场车祸曾让弗里达的脊椎、肋骨、骨盆、右腿、腹腔满是创伤，但她没有因此而气馁。就连身上留下的可怕伤痕，都被她当作了美丽的绘画素材。

在这部电影中，观众还能看到另外一幅令人感动的作品——弗里达·卡罗身穿钢铁紧身衣的自画像。接受治疗脊椎的大手术之后，她几乎要永远卧床生活。不愿放弃的弗里达又进行了一场名为"钢铁紧身衣"的伟大冒险。身穿钢铁紧身衣的她不顾右腿截肢的痛苦，飞跃到了自画像创作的全盛期。在自画像《受伤的鹿》中，鹿腿上分明还渗着鲜血，但鹿并没有低头舔舐伤口，只紧盯着整个世界。这种眼神不是出于埋怨或憎恨，而是在坚定地宣称"我没事"；这种眼神并非旨在唤起观者的悲伤与怜悯，而是充满了超脱和圣洁。

值得注意的是，《受伤的鹿》左下角刻有"业力（karma）"一词。由此可见，弗里达已完全将一切残酷和痛苦视为"不可避免的命运"。这种命运无法否认，有些痛苦也只得忍耐。在这种超脱的接纳中，她的艺术世界愈加成熟。

在墨西哥的传统中，将折断的树枝放在墓地是对亡者的哀悼。鹿女周围的断枝象征了画家对死亡的预感。她仿佛要堂堂正正地接受即将到来的死亡，接纳临死前未尽的一切痛苦。什么都无法摧毁她的灵魂。不管是丈夫的不断外遇、世人的冰冷目光，还是永远无法成为母亲的绝望，都不能使她崩溃。

莫迪利亚尼的画令我变得孤独，让我感到一种熟悉的寂寞在加深。通过这幅画，观众能感受到艺术家那看破孤独的眼神。画中之人为何没有眼瞳呢？这可能就是"注视"的宿命。也许是画家在注视人物，但人物没有看向画家。不，应该说是画家对模特有所注视，但却缺乏注意。说不定画家正因模特直勾勾的视线而感到负担。为了只关注自己投向模特的视线，画家刻意抹去了模特的眼瞳，以此避开了她的视线。

看着莫迪利亚尼的画作《戴帽子的女人》（1917），我想到了"视线的不对称性"。我们自以为客观地凝视他人，但是否其实已经将幻想中的形象强加到了对方身上？另外，在我们努力看向他人的同时，对方有没有阻挡我们的视线呢？画家、记者和作家在观察、分析和描述某个客体时，都会有视线不对称的问题。注视者总是不可避免地肆意裁断、分析和利用被注视者。然而，莫迪利亚尼的画作没有停止在这种悲伤的体认。如果以"爱"的视角来看，这幅画也表现了"爱的本质"。

无论我们多爱一个人，都只能通过自己的双眼望向对方。在相爱的时分，我们渴望能彻头彻尾地了解对方，也确实会得偿所愿。但若面临不可预知的状况，所爱之人不会按照我们的想象行动。纵使彼此相爱，我们也有完全无法理解对方的时候。这就是莫迪利亚尼所描绘的，哪怕凝视某人的双眼也看不清眼瞳的迷惑瞬间。再怎么望眼欲穿，我都看不透你的内在。这一刻，我感到一种席卷全身的极致孤独。无论我们如何相爱，都不得不共同踏上一条超越孤独和疏离的内在成熟之路。在这条路上，每个人都不可避免地忍受孤独。

350

直言不适的勇气

为了守护自己，我们必须保护自己免受他人的言语攻击。在许多读者的信件中，讲述了因言语而受伤的经历。有封来信内容如下："有些人说话就像机关枪一样。跟这种人对话时，我经常会感到受伤。这时该如何应对呢？怎样才能不被别人的话伤害呢？"

我如此回复这位读者："有的人说话总带刺。他们的话如刀箭一般，每一句都刺痛人心。听他们讲话的时候，我甚至想捂住耳朵。家人之间也会如此，譬如过分强迫孩子学习的父母、将金钱和成功等世俗价值视为伟大真理的父母、拿子女和自己比较并嚷嚷着'我都能做到，你为什么不能'的父母。因为这些攻击性言论，我们时不时就会受伤。这时，我们应该尽量进行自我防御，比如直接表达不快，'这种话听起来有点儿让人不舒服。'此外，转移话题的方法看似不错，但如果只是转移话题，对方很容易意识不到自己的错误。虽然这并非易事，我还是建议你给出感到受伤的暗示。拿我自己来说，我曾因听到难以忍受的话而逐渐疏远他人，以至于最终失去了很多朋友。我没有好好解释感到受伤的缘由，自然也就无人懂得我为何感到辛苦。

"逃避、转移话题、若无其事地摆出扑克脸都对解决问题毫无帮助。我们应该以礼貌郑重的表达，堂堂正正地讲清楚自己的不适。我们没有道理从他人那里听到无理之言。如果因为与某人亲近就睁一只眼闭一只眼、装作能理解对方或不情不愿地包容对方，矛盾就会在日后化为不可控的破坏力，最终像回旋镖一样奔向我们自己。不管以何种方式，我们都要表达出不快和痛苦。即便情况不会很快得到改善，为了自己的精神健康，至少要间接吐露内心的创伤。"

所谓坚守自我的勇气，就是勇于保护自己不为言语所伤。

351

不被自尊感束缚

最近，"自尊感"一词频繁出现在公众视野。《自尊感课程》《心理学，拜托了自尊感》《名为自尊感的毒》等深究自尊根源的书籍吸引了大众的视线。不知从何时起，我们陷入了"应当自爱却无能为力"的情绪中。随着越来越多的人遭遇自尊受挫，自尊被人们不断理想化，最终升级为一种极其珍贵的情感。然而，自尊感强的人未必幸福。很多人为了维持强大的自尊感而伤害他人，也有很多人因沉溺于自恋而对他人毫无关心。

自尊感确实是被高估的价值。另外，比起敞亮地接受真实的自己，自尊感一词的实际感情色彩更接近于"自视甚高"。如果只有将自己视为伟大闪耀的存在才能幸福的话，这种心态真的算健康吗？我们何时才能摘下"自尊感"和"自恋"的情感窗帘，迎来真正认识自己的时刻呢？难道就没有一条道路能让我们正视自己，不为繁杂的欲望所左右吗？

据安东尼·斯托尔的《孤独：回归自我》所说，以下有关"自我"的单词被创造于17世纪末以后：自给自足（self-sufficient）、自我了解（self-knowledge）、自力更生（self-made）、利己主义者（self-seeker）、自省（self-examination）、个性（selfhood）、自私自利（self-interest）、自觉性（self-knowing）、自欺（self-deception）。如果将这些由"自我"衍生出的单词聚集在一起，我们就能感受到人类不可避免的自我中心性。

凝视着关于"自我"的一连串单词，我内心的孤独变得更加浓厚。现代社会的本质难道就是将人商品化和物化？与追求君子、大人等理想人格的东方哲学不同，西方哲学一直致力于培育个人意识、自我实现等自我中心主义人格。虽然东西方哲学无法被如此简化，但比起将个人放在首位的自我中心式世界观，渴望与万物达成和谐的"物我一体"的哲思更能赋予人自由吧？

在莎士比亚的戏剧《威尼斯商人》中，威尼斯商人安东尼奥和夏洛克之间的憎恶已经凝成了胶着状态，在这寸步不让的关系中找到突破口的是一位"女扮男装"的律师。看着担忧安东尼奥的恋人巴萨尼奥，鲍西亚决心展开人生最大的一场冒险。女扮男装的她伪装成律师，出面应对一场严肃的判决。在法庭上，鲍西亚巧妙地对两个商人的借条给出新的解释。在安东尼奥向夏洛克借钱之后，设下圈套的夏洛克试图索取安东尼奥身上的一磅肉。鲍西娅聪慧地答应夏洛克可以剥取安东尼奥的任何一磅肉，但是不能流下一滴血，否则夏洛克就得用自己的性命及财产来补赎。充满智慧的鲍西亚独辟蹊径，以崭新的解释创造出阻拦夏洛克的方法。

当被问到为何非要割下安东尼奥身上的一磅肉时，夏洛克这样说道："即使他的肉不中吃，至少也可以出出我这一口气。他曾经羞辱过我，夺去我几十万块钱的生意，讥笑着我的亏蚀，挖苦着我的盈余，侮蔑我的民族，破坏我的买卖，离间我的朋友，煽动我的仇敌；他的理由是什么？只因为我是一个犹太人。"夏洛克发泄着身为犹太人所遭受的一切委屈与愤恨。"难道犹太人没有眼睛吗？难道犹太人没有五官四肢、没有知觉、没有感情、没有血气吗？"此刻，一直被塑造为冷血形象的夏洛克刺痛了读者的心。要求安东尼奥以一磅肉来抵债的夏洛克自然极度残忍，但在这种残忍爆发之前，他的周围也弥漫着对犹太人的歧视和压迫。夏洛克的角色不仅代表了他自己，还代表了犹太人忍受歧视和压迫的历史。

这场判决以夏洛克的彻底败北而告终。故事的最后，夏洛克不仅被剥夺了全部财产，还被强制改信基督教。夏洛克的女儿和安东尼奥的朋友结婚的情节，或许埋藏了作家对斩断憎恶之链的期盼。但在喜剧结束的瞬间，最孤独不幸的人就是夏洛克。对于失去了女儿和财产、被迫改信基督教的夏洛克，作家没有施舍任何慈悲。如果安东尼奥和夏洛克没有上演相互憎恶的战争，而是与威胁和平的种族歧视展开斗争的话，《威尼斯商人》会不会成为更加精彩的作品呢？

●在《威尼斯商人》中，安东尼奥和夏洛克长期相互厌恶。安东尼奥为了帮助好友巴萨尼奥娶得鲍西亚，决定向仇家——放高利贷的犹太人夏洛克借钱。两人协定如果无法按期还钱，安东尼奥就得割下自己的一磅肉抵债。随着商船在海上遇险，安东尼奥陷入了死亡危机。

353

问候，身体与身体的交感

亲密感是如何形成的呢？人人都希望建立更加深厚温暖的关系，但这种期望却越来越难实现。随着媒体技术日益尖端，人们的孤独感似乎愈加浓厚了。我们很容易在博客和Facebook上给出"好喜欢""太酷了""了不起"之类的称赞，但在现实生活中，我们又很难对他人展现友好的态度。在无须公开姓名或直接露面的网络世界里，我们能随心所欲地畅聊，但实际与人见面的话，我们又会感到恐惧。为何会如此呢？

原因在于，人是靠身体进行移动和沟通的存在。人与人之间只有直接见面、亲耳聆听对方的声音、注视对方的神情、观察对方的动作、进行眼神的互动和交流，才能拥有最佳的沟通体验。从这个意义来说，通过轻敲键盘来进行沟通确实是更容易的选择。然而，替代品并非总给人带来舒适，替代品产生的效果，有时也会与原本的目的渐行渐远。当电话和电子邮件代替了正式会面，直接见面往往变得尴尬又无话可说。随着对媒体的熟悉，我们对面对面交流的方式也变得迟钝。然而，通过机器和媒体进行的会面，并不能代替人与人直接见面伴随的亲密感。

热情的问候能开启身体和身体之间的对话。仅凭问候，我们就能与人突然亲近起来。问候可以始于有关天气的闲聊，也可以始于问安。在学校上课时，我也感受到了问候的重要性。能以"轻松的心"开始学习的孩子，大多与我愉快开朗地打招呼。而对不爱打招呼的孩子，我选择率先发问："周末过得好吗？周末都做什么了？"这种问候虽然很简单，却有利于引出后续的各种话题。本就不亲近的情况下，连招呼都打得马马虎虎的话，人与人之间的关系很难升温。真诚热情地打招呼只是一个极其微小的举动，但能帮助我们开启温暖的人际关系。

354

THU
人

人与人之间的亲密感

　　唤醒亲密感的最佳方法之一就是无条件地倾听他人的故事。当然，关心并共情对方的苦恼也是唤醒亲密感不可或缺的基础。如果原本就喜欢对方，当然能够做到这样。但有些时候，我们是在偶然得知某人的苦恼之后，才对他产生兴趣的。这时，与其忧虑自己该如何帮他解决烦恼，不如稍微问一下苦恼的缘由，然后以朋友的身份陪在对方身边。小时候，我自然而然地就能如此。但长大成人后，随着对关系越来越恐惧和悲观，这种坦率的情感表达对我来说变得艰难。

　　毕加索曾说过这样的话："我15岁就能画得像委拉斯开兹一样，但为了画得像孩童一样，我整整花了80年。"正如这位天才画家所吐露的，比起精通绘画技巧，更难的是怀着孩童般的心，不去察言观色，只追随自己内心迸发的灵感。人际关系也是如此。请不要相信"构建关系的技巧"之类的指南，这样的秘诀并非适用于每个人，而且人际交往也不存在这种捷径。真正的关系无关技巧。最难学习的并非技巧，而是孩童的坦率自然和婴儿的天真烂漫。如果真心喜欢一个人，人甚至会在某个瞬间放下自尊。

　　这些原则不仅适用于恋人关系，也适用于朋友关系。即便年龄相差很大、生活背景大不相同、处于无法亲近的环境中，只要一个人内心的防线被攻破，便会被另一个人吸引。如果你的心扉因对关系的负担和恐惧而紧闭，那在心扉敞开的瞬间，更加坦诚地展现自己吧！熬夜倾听他人的苦恼也是一件不错的事。在敞开心扉比任何时候都艰难的当下，我们每个人都需要能真诚展现内心的温暖朋友。

了解我难言苦痛的人

看电影《相助》时，我感叹于黑人保姆的美好精神。仅凭有色人种这一理由，她们就要忍受各种不正当歧视。她们向马上就要崩溃的自己，向和自己一样受苦的人呐喊着"我很棒，我很可爱，我是善良的"。这原本就是理所当然的事实，但却无人承认。"我很棒，我很可爱，我是善良的。因此，我今天受到的虐待是不正当的。"

艾比里恩是一名黑佣。为了抚养白人的孩子，她甚至没空抚养自己的孩子。艾比里恩的孩子刚过20岁就死于一场意外事故。事故当时，如果没有白人医生不能治疗有色人种的规定，她年轻的孩子或许还能活下来。

艾比里恩的挚友米妮是一位烹饪大师，她做的菜令人难以忘怀。但是，米妮有一个致命的弱点（？），就是非要将一忍再忍的话全吐出来。米妮从母亲那里接受了这种教育："白人不是你的朋友。哪怕一个白人女人抓到自己的丈夫和隔壁的女人在一起，你也应该装作不知道。"不过，无法让心中正义斗士噤声的米妮不会故作不知。既然可以对抗，为什么不对抗呢？

斯基特是一位梦想成为作家的白人女性。对她来说，女佣康斯坦丁是母亲般的存在。哪怕亲生母亲抱怨女儿既调皮又不淑女，康斯坦丁也还是握着斯基特的手，说："决定你价值的人是你自己。除你以外，没有人可以随意衡量你的价值。"

在这座属于白人的小镇里，四处响着"你一文不值"的无声警报。"我很棒，我是个好人，我值得被爱"的催眠旋律是黑人女性唯一的避风港。当女主人的女儿因为"生得不漂亮"而不被爱时，艾比里恩为她演奏了一首优美的自我催眠旋律："我很珍贵，我很善良，我很可爱。"

在这个故事里，黑佣康斯坦丁拯救了白人女孩斯基特，长大后的斯基特又拯救了康斯坦丁的朋友艾比里恩和米妮。在这个过程中，斯基特不仅拯救了自己，还改变了全美种族歧视问题最严重的州——密西西比州的氛围。这不是白人拯救黑人的故事，而是人与人之间互相沟通，拯救彼此的匮乏与绝望的故事。

356 | 镜中映照出名为"我"的幻想

"只要他不认识自己，他就能活到很老。"这句预言不仅适用于纳西索斯，也适用于所有现代人。描绘纳西索斯的画作数不胜数，但每每看到卡拉瓦乔的《纳西索斯》（约1597—1599），我都会产生一种被卷入画中的错觉。

纳西索斯的悲剧始于过分自恋，但更大的悲剧是他始终没能醒悟：湖水就是照映自己的镜子，他倾慕的对象就是自己。纳西索斯一直误以为自己爱着的是"生活在水中的另一个人"。希腊神话中关于纳西索斯的预言令人毛骨悚然："只要他不认识自己，他就能活到很老。"此言非虚。在纳西索斯没有亲眼看见自己的形象时，他的人生没有走向不幸。无法阻挡的爱恋没有烧遍他的全身，为他带去那样强烈的痛苦。

纳西索斯在湖中映出自己形象的那一刻，他终于看到了"自己"。不能说他已了解自己，但他的确目睹了自己。如果他对自己一无所知，也就不会与自己坠入爱河了。这种诅咒不仅在纳西索斯身上生效，似乎也在所有现代人身上生效。现代人与前人的不同之处在于，总是过分依赖媒体这一巨大湖泊。在华丽的媒体图像面前，我们的脸是多么渺小普通呢？如果说纳西索斯是因为夸大了自己的形象而遭受痛苦，那么被绚烂的媒体图像所压迫的现代人，或许是因为过分低估自己的形象而备受煎熬。

在纳西索斯对着湖面自我欣赏的同时，我们能否打破媒体这一巨镜，闯过名为媒体的巨大湖泊，一头扎进真实的世界呢？这一切应该发生在自我形象固化之前，发生在我们陷入有关自己的幻想之前，发生在我们再也无法与他人建立联结之前。

357 | SUN 对话 | 不被名为"爱"的监狱囚禁

Q1：因为心爱的人，我一直没能剪掉长发。他说喜欢我留长直发。看到这样的我，有人指责不够独立，也有人认为我对他的依赖心太重。我真的因为爱情迷失自我了吗？

A1：首先，我想问你一件事。如果你讨厌做某事，你爱的人应该也会考虑你的想法吧？如果是彼此相爱的话，我相信他会如此。对于相爱之人来说，哪怕一方再想做某件事，只要另一方感到不情愿，两人就不得不反复思考事情的可行性，甚至不惜放弃做这件事。爱情不该依赖或屈从于伴侣的一时决定，而应取决于自己的态度。有时，爱情甚至能粉碎人们的习惯和欲望。更准确地说，爱情就横亘在"因为你，我可以抛弃熟悉的我"和"因为你，我可以放下自私的要求"之间。为了爱人固守长直发的你，如果能从对方脸上看到幸福的笑容，大概也算证实了自己的爱意吧？

独立和依赖等有关单向权力关系的词，其实不适合与爱情搭配。当然，爱情关系也是权力关系的一种。但有关于爱的权力，并非压制对方的权力，而是温暖包裹对方疲惫臂膀的相互关怀之力。在爱情里，不是 A 对 B 单方面行使支配权，而是 A 和 B 共同创造神秘的能量磁场，使身边人也被他们的幸福感染。真正的神仙眷侣不会做出让身边人惊慌失措的过分举动，他们不沉溺于具有排他性的爱，反而能将他人纳入关怀的氛围中。无论是结伴还是独行，相爱之人创造的爱情史都会给他人带来有关创造的灵感。起初，爱情始于一种"现在只看着你"的排他性共情，但它会蔓延成一种更强大的能量："因为你，我终于能看到他人的存在了。"

358

为何不能站在自己这边

在30岁之前，我从未想过"幸福"这回事。我忙着成为父母眼里的好女儿、老师眼里的优秀学生、符合社会规范的大人，唯独没能成为自己。在学习心理学的过程中，我了解到社会化和自性化之间的差异，进而意识到自己是一个没能完成自性化的人。从前，我总是忙着成全别人的期待，却不曾成为自己期望的模样。这份觉醒令我感到痛苦，但这种痛苦却教会了我更多。我开始明白，无论我多么努力地学习、多么真挚地追逐梦想，只要人生的重心不在自己身上，我就只能沦为某人的临时演员，沦为父母和社会投射热切期望的幻影。

即便已经过了30岁，也有很多人这样问我："这种情况下我该怎么办？""这种情况应该怎么处理？"每当这时，我在给出建议的同时都会感到心痛不已。比起给出针对特定问题的具体建议，我更想表达的其实是：这种重要的问题应该先问自己，而不是先问别人。心理学授予我的最佳武器就是"人人都能在内心找到一种守护自己的武器"这一事实。哪怕家人保护不了我们，哪怕自己暂时无法发挥任何力量，我们也要凝聚一切智慧和勇气来自我守护。通过亲自与生活碰撞，我们会逐渐成长起来。很多时候，如果不自我守护，就没人能守护我们。即便如此，许多自感手无寸铁的人还是盼望能含着银汤匙出生，或是遇到一位拯救自己于水深火热之中的无敌导师。自我共情意味着站在自己这边，也意味着反省自己为何至今都没能站在自己这边。为此，我们要先相信自己是能够自我守护的战士。

"原来我还隐藏着这样的伤痛啊"，意识到这一点的我潸然泪下；"我已经有克服创伤的勇气和智慧了"，迎来这一刻的我如释重负。发觉自己被创伤囚禁后，为了不再继续被操纵，我每天都在进行直面创伤的训练。现在我很清楚地知道，创伤无法令我屈服，因为我是比创伤更坚韧的存在。这份觉悟是比任何其他财产都更有价值的内在资产。无论在何处跌倒，我都能够在不依靠别人的情况下，靠自己的力量重新站起来。

如果你比别人更敏感的话

　　"你是不是动不动就哭?""别太敏感了。"小时候,这是我常从大人那里听到的指责。现如今,哪怕我已经长大成人,一听到"你太敏感"的指责,我都会严严实实地关上心门,收窄人际关系的范围。但我也逐渐明白,敏感就是我创造力的源泉。有时,人们会问我:"你是怎么想到这个的?""我跟你读了一样的内容,但从来没有想到这些。"为什么有人指责我过于敏感,有人却说我奇特有趣呢?仔细想来,敏感与奇特有趣是同源异流,都源自极度的敏锐与纤细。

　　对于高敏感人群而言,给过我许多安慰的《天生敏感》是必读之作。因过于敏感而忙于躲避一切刺激的作者,在成为心理学家后撰写了这本书。书中如此说道:"极度敏感的人并不清楚自己拥有怎样惊人的能力。很多极度敏感的人在社会上得到了极高评价,展现出伟大的创造力、洞察力、热情和同情心。"对于过度敏感而畏惧世界和错过机会的人,作者给出的劝告是:要更积极地捍卫自己,寻找能令自己发挥创造力的空间。

　　如果你也因身心过于敏感而难以建立人际关系,这本书将给你足够的勇气。自性化过程有助于实现我们的独特性。而想要完成自性化,就要学会在嘈杂的环境中倾听自己内心的声音。如果你发觉,找寻真正自己的过程,即"解放"的过程进展得有些缓慢,也不要太过担心。敏感是一种特殊能力,那些具有发达直觉或强大第六感的人,在人类历史上发挥过诸多作用。如果你也被"太过内省"或"不够开朗"之类的话伤害过,一定不要忘记敏感发挥的巨大作用。对于任何一个可持续发展的社会来说,能够提前感知危险并做出细致判断的高敏感人群都必不可少。高敏感人群就像生活在清澈水质中的细鳞鲑一样,是衡量一个社会是否干净的细致尺度。一个能捍卫敏感的社会才是能让更多人感到安全和幸福的社会。敏感从来都不是病,敏感意味着能感知更多潜力,是创造性的别名。

被阅读和写作治愈的痛苦

　　读书是最好的避风港。只有在读书时，我才能与世间的一切痛苦隔离。当我完全沉浸在书中，没人能切断我和书之间的美妙联系。如果能完全沉浸在书中，人和书之间就不会渗入任何杂质。如此一来，阅读就成了阻挡嘈杂尘世的盾牌。此外，阅读还是无法被轻易突破的坚实的心灵要塞。我们读到与领悟到的东西，是任何人都无法夺走的心灵财富。热爱阅读的人在万般静默中，反倒能坚韧不拔。

　　读完一本好书，人会变得非常健谈。这种时候，往往是万般言语涌上心头。哪怕已经到了不吐不快的地步，我还是建议大家将想说的话埋在心底，以沉淀阅读带来的感动。比起即刻表达这种感动，不如将其慢慢发酵、待其熟透。对于有责任发声的人来说，这种深思熟虑和等待更为必要。

　　仅凭一部手机，我们就能过上每天读写的生活。问题在于，人该读写怎样的文字？读什么、写什么决定了人要过何种生活。写作是两个人之间的孤独进行攀谈的过程。独处或孤独的人更易听清创作者的心声，因为阅读必然要求读者的"投入"。

　　每当心绪不宁时，我都会拿起面前的一本书，随便翻开一页，开始大声朗读。朗读是孤独与我的交谈。在人前大声朗读时，我们不仅在读给别人听，也在读给自己听。当朗读的声音响彻耳畔，"声音"开始比"眼睛"包含更多意义和余韵。我们希望能通过阅读和写作，一点点地编织生命的意义。这种希望促使我们不断阅读和写作、不断修改和完善某些东西。希望我写的文章里，包含着一个满怀希望、更具勇气的我；希望在我读过的书和写过的文字里，盛着一个比昨日更好的我。

361

弗吉尼亚·伍尔夫，
写作的疗愈力量

　　作家弗吉尼亚·伍尔夫向我展示了写作的疗愈力量。她在著作《存在的时刻》中如此写道："任何东西只有被转换成语言才能完整。所谓完整，就是失去了伤害我的力量。"如果将一切艰难的事件"语言化"，我们就能与之保持心灵上的距离。无论是多么疼痛的伤口，只要能以文字记叙，它便不会那么刺痛人心。如果创伤能以文字表达，创伤就能以文字治愈。因此，一部好的文学作品具有救死扶伤的力量。文字表达的创伤与刀枪或实际事件不同，它更加发人深思。

　　我们的躯体会倒在刀枪下，我们的灵魂会崩溃于惊人的现实前，但以文字表达伤痛却让我们思考某件事的"意义"和"影响"。文字能够拉近不同团体间的心理距离。在以文字见证创伤之后，我们决心要杜绝某类事件的发生，并为此迈出自己的一步。我们开始相信只要自己改变，世界就会一点点地改变。

　　弗吉尼亚·伍尔夫为得到一间只属于自己的房间而奋斗，这不仅唤醒了世上无数女性有志于拥有"只属于自己的房间"，更引发了人们的思考：在自己的房间里究竟该做些什么？如果说拥有专属房间的过程是"经济独立"，那么思考之后要做什么，就是践行"灵魂独立"。在一间来之不易的房间里，我们到底要做什么呢？弗吉尼亚·伍尔夫选择了持续不断地阅读和写作。

　　弗吉尼亚·伍尔夫不愿看上司、读者和出版社的眼色，她将灵魂独立作为毕生课题。这是一条荆棘密布的道路。通过选择这条道路，她走上了不向任何人妥协的自由之路。对我来说，"阅读和写作"是在名为"世界"的巨大迷宫中找到自己的一种方式。然而，在广阔迷宫中找寻自己的道路不似"阿里阿德涅的线"一般，仅仅存在一条。通往自己的道路艰难又易变，这条路的改变取决于我们如何调整航线和如何适应世界。

362

走向爱情尽头的勇气

从未被任何人爱过的敲钟人卡西莫多，不知该如何处理突然袭来的莫名情感。他从未生活过，只是在生存。除了圣母院的钟声响起时，他能感受到短暂的狂喜以外，他的人生没有任何欢愉。被巴黎人群殴时，濒死的他如此恳求："给我一口水吧！不，一滴也行！"这时，一个倩影出现在他模糊的视野里。是他曾想掳走的吉卜赛姑娘埃斯梅拉达。不觉间，他的眼眶中有一滴热泪滑落。对此，作家维克多·雨果亲切地解释道："这恐怕是这个不幸的男人流下的第一滴眼泪。"对于天生独眼、驼背、跛足的卡西莫多来说，埃斯梅拉达是他唯一向世界敞开的窗。

没有母亲、朋友、爱人的卡西莫多，因为吉卜赛姑娘的纯粹善意而初次落泪。这时，他才明白人们为何会为爱悲喜，甚至献出自己的生命。卡西莫多不像流浪诗人格兰瓜尔那样善用优美言辞，不像克洛德那样同时拥有财富、名望和权力，也不像菲比斯那样以完美容貌和领袖魅力吸引女人。然而，卡西莫多有着他们都匮乏的勇气，只有他敢为所爱之人付出一切。

当卡西莫多在人头攒动的巴黎圣母院前将埃斯梅拉达解救，他成了无与伦比的英雄。在他救下她的瞬间，悲喜交加的观众狂热地跺着脚。眼前这个被众人鄙视、践踏和厌恶的敲钟人，此刻美得令人肃然起敬。卡西莫多第一次意识到自己的"强大"。他不仅拯救了初恋的生命，还令她摆脱了命运的残酷束缚。此外，他不仅仅救了一个女人，还终于介入了只属于一部分人的巴黎街。从此，他不再是一个敲完钟就消失的面目全非的群众演员，而是纠正错位世界的一条决定性线索。卡西莫多，这个像破烂一样被人忽视的孤儿，终于意识到自己是坚强而有尊严的人。如果说以前的他是流放者，那么在此刻，他终于有机会掌控驱逐自己的社会，终于能够嘲弄专属于一部分人的法律与制度。为杀死埃斯梅拉达而出动的警官、法官和混混，都是听从王命的人。因此，卡西莫多不仅拯救了一个女人，还与国王对抗、与全世界为敌。

363 | SAT 艺术 | 听作家亲口朗诵的喜悦

　　如果能听到荷马亲口吟咏著名的《伊利亚特》，那该有多么令人激动！劳伦斯·阿尔玛–塔德玛的画《读荷马》（1885）便展现了这一场景。画家会认为这幅画源于"想象"，但从观众的视角来看，这幅近似于"回忆"的画作展现了听作家亲口诵读的感动。原来，人类曾经有过这样的日子。一个被推测为荷马本人的年轻人翻开置于膝上的卷轴，给听众朗诵着自己笔下的故事。头戴桂冠的荷马年轻轩昂又充满活力。听众的面部表情和肢体语言彰显了故事的趣味性。一位男子趴在地板上，失魂落魄地听着故事。他仰起下巴，紧盯荷马的脸庞，眼中盛满了对故事的热爱。

　　像是恋人的一对年轻男女亲密地牵着手，也完全陶醉在荷马的故事中。拿着铃鼓的女人和身侧放着乐器的男人似乎停下了演奏，任由自己沉醉其中。趴在两人面前的年轻人毫不介意不舒服的姿势，只是直勾勾地盯着荷马的脸。大理石墙壁外一望无际的蔚蓝大海，象征着希腊的荣耀和伟大精神。孕育荷马的希腊和孕育《伊利亚特》的荷马，在这幅画中被描绘成了永恒的创造力源泉。

　　通过阅读和写作，我们每天都在创造深厚而富饶的内在资源。如果日日都能阅读和写作，我们就能归属于更宽广的疗愈共同体。一个喜欢阅读的人已经拥有了他所需要的一切。如果能每日读写并向他人分享自己的故事，我们就已经拥有了自己所需的一切资源。永远归属于能彼此共情的共同体，意味着拥有了最佳的内在资源和复原力。

363

爱情应给予人自由而非执念

一位恋爱中的读者给我寄来了这封信："一旦喜欢上一个人，我就会因为陷入形形色色的幻想而兴奋。越是感到幸福，我就越期待更多。陷入爱情的我总会变得执念深重。难道真的没有办法控制自己的心吗？我的性格比较优柔寡断，不擅长斩断已经建立的关系。现在，我喜欢上一个人的第一反应就是害怕。我怕我一旦开始喜欢，就执着于了解对方的一切。当这种担忧成真并最终搞砸关系，我又免不了自责。面对这种情况，我该如何控制自己的心呢？"

我回信说："有时，控制心灵是一种幻想。控制情绪并不能使情绪完全消失。如果强行切断情绪的源头，被压抑的情绪早晚会以某种方式寻找愤怒的出口。因此，我们需要与情绪逐步协商。比起节制和根除欲望，将欲望转化成其他东西要好得多。过分执着的悲剧后果是令别人撤回爱。执着是为了不失去某人所做的挣扎，但越是执着，人与人之间越容易渐行渐远。尽管你将此辩称为'对爱情的执念'，但实际上，爱情最可怕的敌人就是执念。

"在弗吉尼亚·伍尔夫的《黛洛维夫人》中，年轻的黛洛维夫人在两个男人之间周旋。从激情的层面来看，彼得固然非常强劲，但黛洛维夫人最终选择了冷静宽厚的瑞查得。彼得过分关注和解读她的一举一动，这令她感到难以喘息。黛洛维夫人渴望自由思考的权利，渴望偶尔沉迷于疯狂想象的权利，渴望能超越家庭和女性的局限、追逐不凡梦想的权利。因此，比起执着于自己的男人，她还是选择了能让自己自由思考的男人。

"真正的爱令人敢于想象与当下不同的人生。所以，请爱那些真正能给予我们自由的人。拥有真正的自由后，我们能在更深沉的爱中担任主角。到时候，我们不仅能爱自己的伴侣，还能爱整个世界。"

只要你好好的，我就很好

我偶尔会在 SNS 平台上传达问候。这样的地方对我来说很淳朴，能让我将正在读写的故事讲给熟人听。某天，我不经意间在 SNS 上流露出强烈的情感。当天的天空极美，美到令人诚觉世事尽可原谅。想要分享湛蓝天空的我，上传了一张照片和简短的文字："只要抬头仰望天空，就觉得今天很不错。今天原本身心俱疲，但当我仰望天空，就感觉一切都好起来了。希望和我看着同一片天空的你们，也能一切安好。"当时，我的核心诉求是分享天空，顺便传达心情有所好转的消息。但令我没想到的是，在我上传文字和图片之后，问候我是否安好的短信纷至沓来："是不是很累？""你现在真的还好吗？"比起刨根问底地追问我为何如此，大家更在意我是不是真的没事了，或是向我送来温暖的安慰。

这一瞬，我意识到自己浸润在浩大的爱里。如果将所有来信汇总起来，就会发现它们在传递同一个信息："你很累吗？没关系，你的身边还有我呢。"我好像不能再胡乱伤心了。真的很累的话，我要偷偷地难过，然后轻松地站起来。很抱歉让大家担心了。我想，连这种愧疚的心情，也源于我内心深处的爱。爱就是这样吧？爱是害怕对方痛苦和难过，爱是哪怕长久等待也不知疲倦。看到爱的人不适，我们就会心不在焉。无数细小而暖心的关怀汇聚在一起，造就了我们的今天。

在学习心理学的过程中，我每天都感觉离自己爱的人更近一点。哪怕道阻且长，我也不会放弃。只有领悟当下的珍贵，对生命充满热爱，我们才能迎来终极疗愈。在充满感恩、友谊、关怀和共情的共同体中，我感到无限平和。只要能与你一同感受世间的美好，只要能和你看着同一片天空，我就能暂时忘记今天的所有痛苦。

译者后记
通向自性化之路

  翻译这本书的过程中，我忆起了学心理学的初衷。6年前，渴望走出困境的我将心理学当成了疗愈创伤的工具。因此，当作家郑丽蔚讲到"克服创伤的漫长过程构成了我迄今为止的人生"，我体认了这种沮丧且骄傲的心境。在创伤事件发生的当下和很长一段时间里，人不可避免地遭受冲击，而知晓伤痛在人生中的意义，是历经漫长岁月才能懂得的事。在这样的岁月流转之间，心理学对每个人来说，都是充满关怀的安全基地。在郑丽蔚的安全基地里，荣格心理学的身影不容忽视。

  作为精神分析学的创始人，弗洛伊德提出了"无意识""本我、自我、超我""俄狄浦斯情结""力比多""心理防御机制"等概念。他的《梦的解析》使荣格对神经症和压抑机制有了进一步的理解，但关于压抑的源头，荣格并不赞同弗洛伊德所谓的"性创伤"。此外，两人在梦、灵性、情结、宗教等方面的观点也有差异。以梦为例，弗洛伊德认为具有伪装性的梦隐晦地表达了被压抑的欲望，荣格则认为梦不需要伪装，他将传达某种意义的梦视为无意识的呈现，致力于分析梦中反复出现的原型意象。原型是文学和心理学中的重要概念，我们可以将荣格心理学中的原型理解成某种特定的心理模式。荣格心理学中的四大模型，分别是"阿尼玛""阿尼玛斯""阴影"和"自性"。"人格面具"是迎合社会期待的原型，"阴影"则是埋藏创伤和情结等阴暗面的原型。只有解开情结、疗愈创伤并接纳阴影，我们才能走向荣格心理学中的核心概念——自性。简单来说，自性的过程就是成为自己的过程。当我们对生命的意义产生怀疑或遭遇重大创伤事件，就会逐渐内省并追求人格上的完整，这样的过程就是自性化过程。

  在这本书中，作家没有以负面的态度强调梦的压抑性，而是将梦视为充满灵性和智慧的启迪。她对阴影的积极态度和对自性化过程的推崇，烘托了荣格心理学的独特魅力。在创建分析心理学的过程中，荣格从心理学、哲学、宗教、神话、人类学和民俗中汲取了营养。著作等身的荣格对道教、藏传佛教和禅宗均有深入的研究，而他所提倡的自性，被许多东方学家用以比较本土的哲学概念。从这个层面来讲，本书不仅能让人一窥韩国社会的现状，还能使人感受到西方心理学与东方禅宗的融合。

看似冰冷的心理学，能否以一种诗意的感性来书写？借由这本书，郑丽蔚给出了温暖的回答。她以共情为底色的文字如同一束火焰，以不可阻挡之势穿透纸面，在我的心底燃起了一盏希望的灯。诚如她在书中所说的那样，"我们生活在很难开口谈论痛苦的文化里"。以诚实的书写直面苦痛，这样的行为体现了超越国家和民族的人文精神。希望每位读者朋友都能从这本书中获得作家竭力传达的抚慰。愿这盏希望的灯，也能燃在你的心底。

在此感谢家人、老师和朋友的支持，感谢万榕书业对这本书的引进。最后，我想特别感谢裴楠编辑，是她的坚持和鼓励，让这本书得以出版。

刘煜菡

2023 年春

于风筝之都潍坊